全国中等职业学校电工类专业一体化教材

全国技工院校电工类专业一体化教材（中级技能层级）

电子技术基础

（第二版）

朱春萍　主编

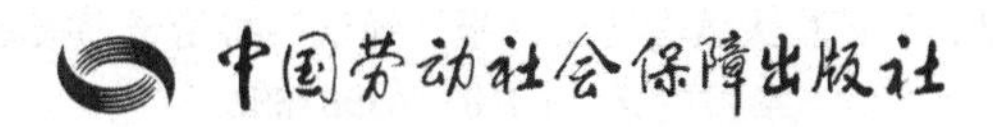

简　介

本书是全国中等职业学校电工类专业一体化教材/全国技工院校电工类专业一体化教材（中级技能层级），主要内容包括半导体器件及其应用、放大电路及其应用、直流稳压电源、集成运算放大器及其应用、晶闸管及其应用、组合逻辑电路及其应用、时序逻辑电路及其应用。

本书由朱春萍任主编，朱振华、徐军、宗慧参与编写；郭赟审稿。

图书在版编目（CIP）数据

电子技术基础/朱春萍主编．--2 版．--北京：中国劳动社会保障出版社，2023

全国中等职业学校电工类专业一体化教材　全国技工院校电工类专业一体化教材．中级技能层级

ISBN 978-7-5167-5810-6

Ⅰ．①电…　Ⅱ．①朱…　Ⅲ．①电子技术-中等专业学校-教材　Ⅳ．①TN

中国国家版本馆 CIP 数据核字（2023）第 177535 号

中国劳动社会保障出版社出版发行

（北京市惠新东街 1 号　邮政编码：100029）

*

北京谊兴印刷有限公司印刷装订　新华书店经销

787 毫米×1092 毫米　16 开本　17.25 印张　399 千字

2023 年 10 月第 2 版　　2023 年 10 月第 1 次印刷

定价：35.00 元

营销中心电话：400-606-6496

出版社网址：http://www.class.com.cn

http://jg.class.com.cn

前　言

为了更好地适应全国技工院校电工类专业的教学要求，全面提升教学质量，适应技工院校教学改革的发展现状，人力资源社会保障部教材办公室组织有关学校的一线教师和行业、企业专家，在充分调研企业生产和学校教学情况、广泛听取教师使用反馈意见的基础上，吸收和借鉴各地技工院校教学改革的成功经验，对 2010 年出版的中级技能层级一体化模式教材进行了修订（新编）。

本次教材修订（新编）工作的重点主要体现在以下几个方面。

完善教材体系

从电工类专业教学实际需求出发，按照一体化的教学理念构建教材体系。本次除对现有教材进行修订，出版《电工基础（第二版）》《电子技术基础（第二版）》《电工电子基本技能（第二版）》《电机变压器设备安装与维护（第二版）》《电气控制线路安装与检修（第二版）——基本控制线路分册》《电气控制线路安装与检修（第二版）——机床控制线路分册》《PLC 基础与实训（第二版）》七种教材外，还针对产业应用和行业技术发展，开发了《PLC 基础与实训（西门子 S7-1200）》《光电照明系统安装与测试》等教材。

创新教材形式

教材配套开发了学生用书。教材讲授各门课程的主要知识和技能，内容准确、针对性强，并通过课题的设置和栏目的设计，突出教学的互动性，启发学生自主学习。学生用书除包含课后习题外，还针对教学过程设计了相应的课堂活动内容，注重学生综合素质培养、知识面拓展和能力强化，成为贯穿学生整个学习过程的学习指导材料。

本次修订（新编）过程中，还充分吸收借鉴一体化课程教学改革的理念和成果，在部分教材中，按照“资讯、计划、决策、实施、检查、评价”六个步骤进行教学设计，在相应的学生用书中通过引导问题和课堂活动设计进行体现，贯彻以学生为中心、以能力为本位的教学理念，引导学生自主学习。

提升教学服务

教材中大量使用图片、实物照片和表格等形式将知识点生动地展示出来，达到提高学生的学习兴趣、提升教学效果的目的。为方便教师教学和学生学习，针对重点、难点内容制作了动画、微视频等多媒体资源，使用移动设备扫描即可在线观看、阅读；依据主教材内容制作电子课件，为教师教学提供帮助；针对学生用书中的习题，通过技工教育网（http://jg.class.com.cn）提供参考答案，为教师指导学生练习提供方便。

致谢

本次教材的修订（新编）工作得到了江苏、山东、河南、广西等省（自治区）人力资源社会保障厅及有关学校的大力支持，在此我们表示诚挚的谢意。

人力资源社会保障部教材办公室

2022 年 11 月

目 录

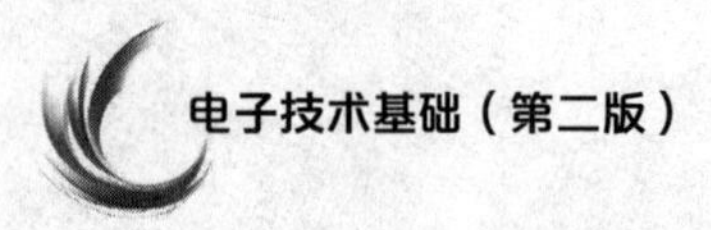

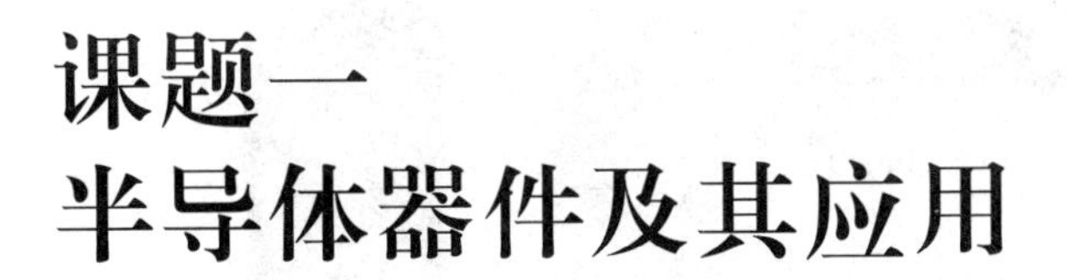

课题一 半导体器件及其应用

半导体器件是利用半导体材料的特殊电特性来完成特定功能的电子器件，具有体积小、质量轻、使用寿命长、输入功率小、功率转换效率高等优点，在电子技术中得到了广泛应用。由半导体器件发展而成的集成电路，特别是大规模和超大规模集成电路，大大推进了电子设备的微型化、可靠性和灵活性。

任务1 半导体二极管及其应用

学习目标

1. 掌握二极管的结构、图形符号和工作特性，了解二极管的主要参数和分类。
2. 熟悉二极管的识别、检测方法。
3. 熟悉二极管的实际应用。

任务引入

现代生活中，电子数码产品的使用已非常普遍，如图 1-1-1 所示的笔记本电脑、平板电脑和手机。这些电子数码产品的工作电源是不同电压等级的直流电，除了可以使用电池外，还可以使用 50 Hz 的交流电，那如何把交流电转换为直流电呢？这就是本任务中半导体二极管可以解决的问题，其电路组成框图如图 1-1-2 所示，包括整流电路、稳压电路和状态显示电路，可以分别使用不同类型和特性的二极管来实现，其电路板如图 1-1-3 所示。

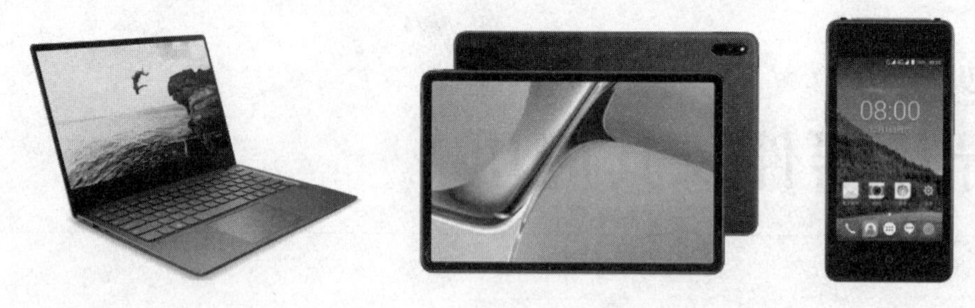

图 1-1-1　电子数码产品

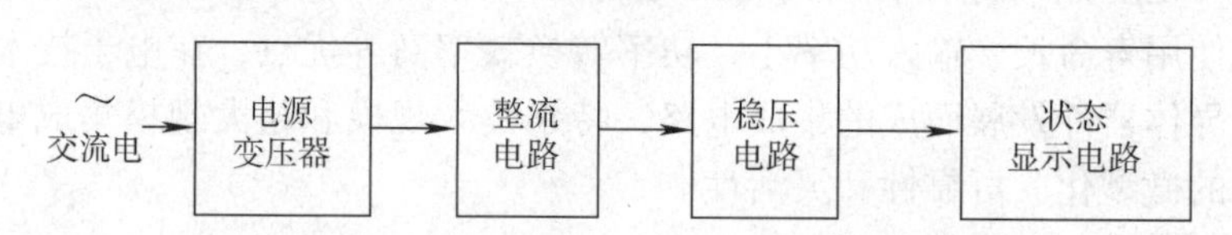

图 1-1-2　二极管整流、稳压、显示电路组成框图

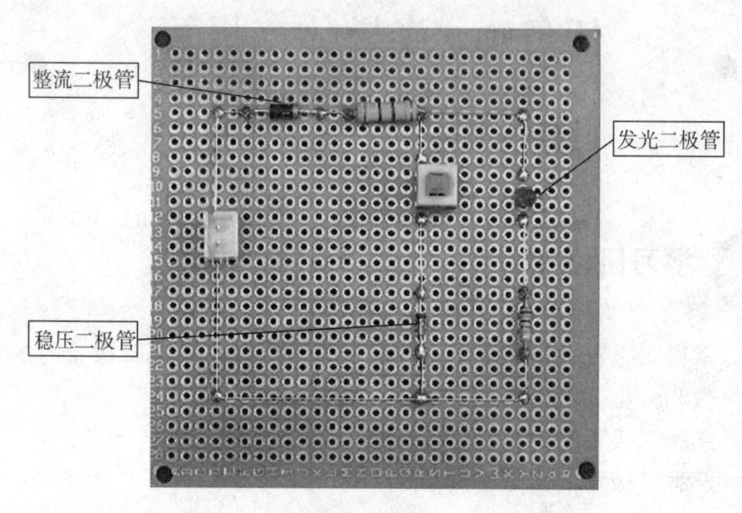

图 1-1-3　二极管整流、稳压、显示电路板

本任务是认识二极管，熟悉二极管的识别、检测方法，熟悉二极管在整流、稳压、显示电路中的应用。

相关知识

一、二极管的结构和图形符号

半导体二极管又称为晶体二极管，简称二极管，是一种采用半导体材料制成的电子器件，制造材料主要是硅、锗及其化合物。二极管用途广泛，可用于产生、控制、接收、变换信号和进行能量转换等。如图 1-1-4 所示，各种交通信号灯、LED 显示屏、红外遥控器和装饰灯等都要用到二极管。

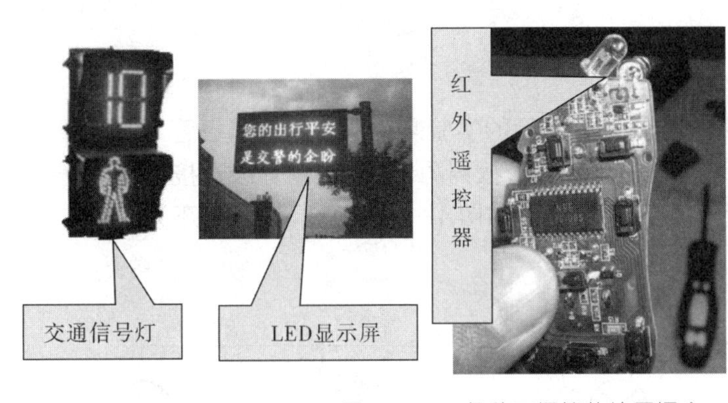

图 1-1-4　各种二极管的使用场合

想一想

还在哪些地方见过二极管？它起什么作用？

所谓半导体材料是指导电性能介于导体和绝缘体之间的材料，常用的有硅和锗两种。纯净的半导体称为本征半导体。在本征半导体中加入不同的杂质元素，可制成 P 型半导体和 N 型半导体。例如，在硅单晶体中加入微量的硼元素，可得到 P 型硅；在硅单晶体中加入微量的磷元素，可得到 N 型硅。

二极管是在硅或者锗单晶基片上加工出 P 型半导体区和 N 型半导体区，从 P 型半导体区引出二极管的正极（阳极），用符号“A”表示，从 N 型半导体区引出二极管的负极（阴极），用符号“K”表示。两个区域之间的结合部形成一个特殊的薄层，称为 PN 结。二极管的内部其实就是一个用硅或者锗材料制造的 PN 结，二极管的结构和图形符号如图 1-1-5 所示。

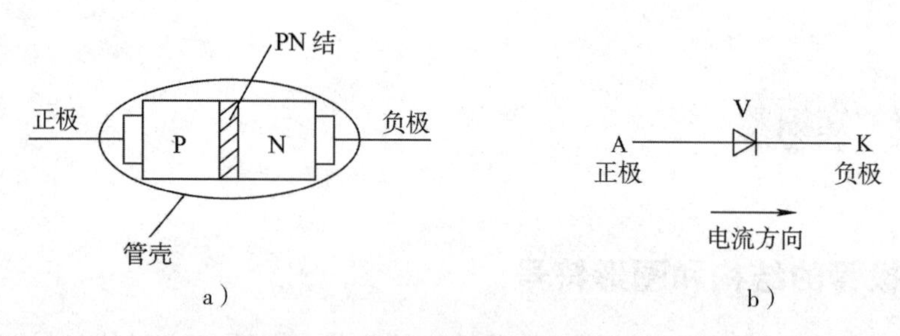

图 1-1-5　二极管的结构和图形符号

a）结构　b）图形符号

二、二极管的工作特性、主要参数和分类

1. 二极管的工作特性

（1）二极管的单向导电性

二极管的导电性能可以通过图 1-1-6 所示的实验来说明。先将二极管 V、可调直流稳压电源 E、开关 S、限流电阻器 R 和指示灯 HL 按照图 1-1-6a 用导线连接，合上开关，观察指示灯的状态。再将二极管的正负极对调，如图 1-1-6b 所示，合上开关，观察指示灯的状态。

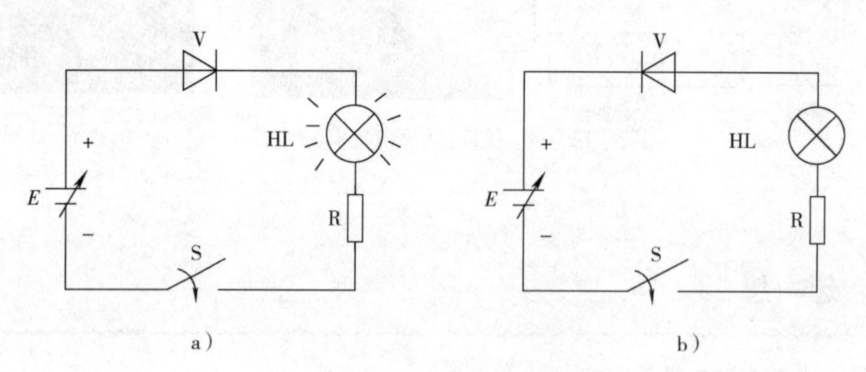

图 1-1-6　二极管的导电性能实验

a）正偏状态　b）反偏状态

图 1-1-6a 中的指示灯亮，说明此时二极管的电阻很小，导电性能良好，称为“导通”状态。图 1-1-6b 中的指示灯不亮，说明此时二极管的电阻很大，导电性能极差，称为“截止”状态。

二极管导通时，其正极电位高于负极电位，此时的外加电压称为正向电压，二极管处于正向偏置，简称“正偏”；二极管截止时，其正极电位低于负极电位，此时的外加电压称为反向电压，二极管处于反向偏置，简称“反偏”。

二极管在加正向电压时导通，加反向电压时截止，这就是二极管的单向导电性。

（2）二极管的伏安特性

二极管的伏安特性曲线即二极管两端的电压与通过二极管的电流之间的关系曲线如图 1-1-7 所示。位于第一象限的曲线表示二极管的正向特性，位于第三象限的曲线表示二极管的反向特性。正向特性是指给二极管加正向电压时的特性，反向特性是指给二极管加反向电压时的特性。

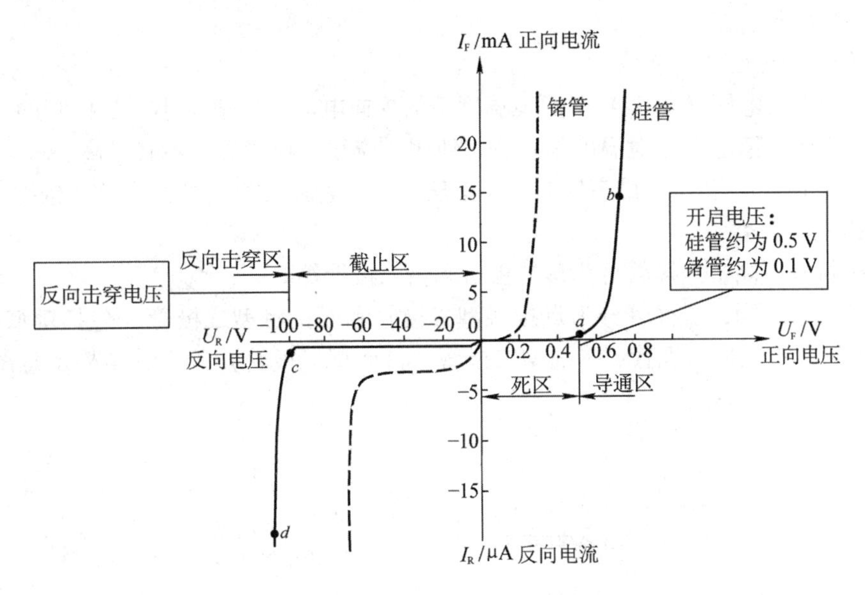

图 1-1-7 二极管的伏安特性曲线

1）正向特性。在第一象限曲线的起始阶段（0*a* 段），当正向电压很小时，二极管呈现很大的电阻，正向电流很小，二极管几乎不导通，这个正向电压很小的范围称为死区。使二极管开始导通的临界电压称为开启电压或门限电压，用 U_{on} 表示，硅管的开启电压约为 0.5 V，锗管的开启电压约为 0.1 V。

当正向电压超过 U_{on} 值后，正向电流迅速增大，二极管电阻变得很小，此时二极管处于导通状态，对应曲线的 *ab* 段，*ab* 段曲线较陡直。当正向电压超过 *b* 点电压值时，二极管两端的电压几乎不再变化，此时的电压称为正向压降，硅管的正向压降为 0.7 V 左右，锗管的正向压降为 0.3 V 左右。

2）反向特性。在第三象限曲线起始的一段范围内（0*c* 段），反向电流很小，且几乎不随反向电压而变化，该反向电流称为反向饱和电流或反向漏电流，简称反向电流，0*c* 段称为截止区。通常硅管的反向电流为零点几微安，锗管的反向电流为十几微安。在实际应用中，反向电流越小，二极管的质量越好。

当反向电压增大到超过某一值时，反向电流突然急剧增大，这种现象称为反向击穿，对应曲线的 *cd* 段。反向击穿时的电压称为反向击穿电压，用 U_{BR} 表示。二极管在正常使用时应避免出现反向击穿，因此所加的反向电压应小于 U_{BR}。二极管反向击穿时并不一定损坏，只是在没有限流措施时，反向电流超过一定限度，PN 结过热才会烧毁，造成永久性损坏。

2. 二极管的主要参数

（1）最大正向工作电流 I_{FM}

二极管长期运行时允许通过的最大正向电流。实际工作时二极管的正向电流不得超过此值，否则二极管可能会因过热而损坏。

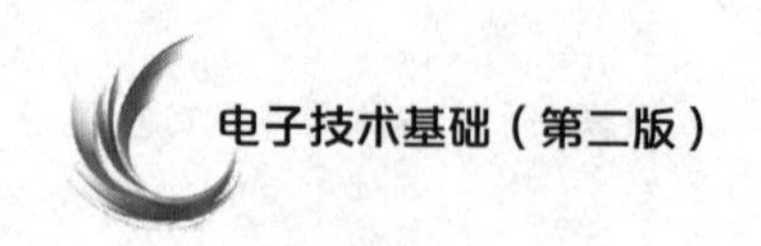

（2）最高反向工作电压 U_{RM}

二极管正常工作时所允许外加的最高反向电压。若二极管两端反向电压超过此值，可能导致二极管反向击穿。

（3）反向电流 I_R

在规定的反向电压（$<U_{BR}$）和环境温度下的反向电流。此值越小，二极管的单向导电性能越好，工作越稳定。I_R 对温度很敏感，使用时应注意环境温度不宜过高。

最大正向工作电流 I_{FM}、最高反向工作电压 U_{RM} 是选用二极管的两个重要依据。

3. 二极管的分类

（1）按材料不同，二极管分为硅二极管和锗二极管等。

（2）按构造不同，二极管分为点接触型二极管和面接触型二极管（包括键型二极管、合金型二极管、扩散型二极管、平面型二极管、台面型二极管）等，其结构示意图及特点如图 1-1-8 所示。

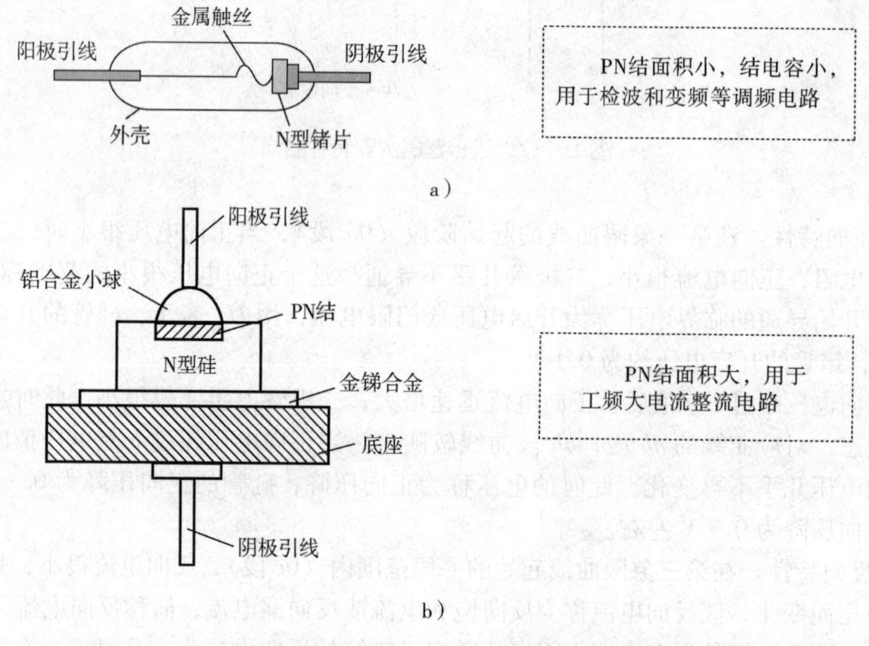

图 1-1-8　点接触型、面接触型二极管的结构示意图及特点

a）点接触型　b）面接触型

（3）按用途不同，二极管可分为整流二极管、稳压二极管、发光二极管、光电二极管等。

1）整流二极管。整流二极管的内部结构为一个 PN 结，其外形包括金属封装、塑料封装和玻璃封装等多种形式。整流二极管主要用于整流电路，利用二极管的单向导电性，将交流电转换为直流电。由于整流二极管的正向电流较大，因此，整流二极管多为面接触型二极管，结面积大、结电容大，但工作频率低。本任务中使用的整流二极管型号是 1N4007，其图形符号和外形如图 1-1-9 所示。

2）稳压二极管。稳压二极管在电子电路中起稳定电压的作用。稳压二极管的外形包括金属封装、塑料封装等形式。

稳压二极管在起稳定作用的范围内，其两端的反向电压值，称为“稳定电压”，用符号 U_Z 表示。不同型号的稳压二极管，稳定电压是不同的。本任务中使用的稳压二极管型号是 1N5242，其图形符号和外形如图 1-1-10 所示，其稳定电压为 12 V，即当加在稳压二极管两端的反向电压超过 12 V 时，其两端电压就会稳定在 12 V。

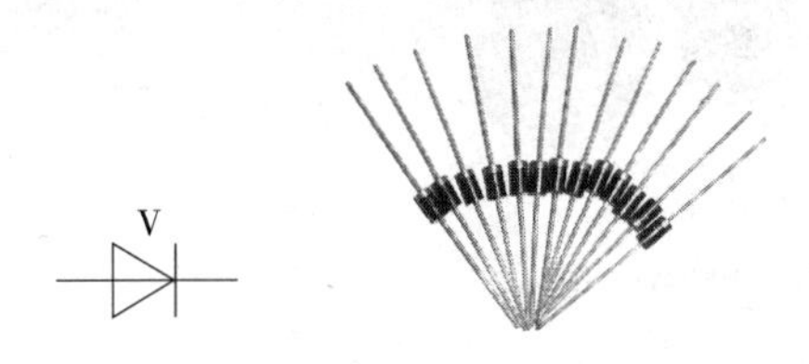

图 1-1-9 整流二极管的图形符号和外形

图 1-1-10 稳压二极管的图形符号和外形

提示

当稳压二极管的反向电压增大到击穿电压时，反向电流开始急剧增大，但只要小于允许值，稳压二极管就不会被击穿而损坏，此时反向电流变化很大，而两端的电压几乎不变，这就是稳压二极管的稳压特性。如果反向电压减小或者撤除，稳压二极管还可以恢复到击穿前的状态，故能反复使用。

3）发光二极管。发光二极管采用砷化镓、磷化镓、磷砷化镓等材料制成。不同材料制成的发光二极管，可以发出不同颜色的光。例如，磷化镓发光二极管发出绿色光，磷砷化镓发光二极管发出红色光，砷化镓发光二极管发出红外光，此外还有双向变色发光二极管（加正向电压时发红色光，加反向电压时发绿色光）、三颜色变色发光二极管等。发光二极管的外形包括圆形、方形、三角形等，发光形式包括透明和散射、无色和单色等。其外形包括金属封装、陶瓷封装和全塑料封装三种形式，以陶瓷封装和全塑料封装为主。本任务中使用的是红色发光二极管，其图形符号和外形如图 1-1-11 所示。

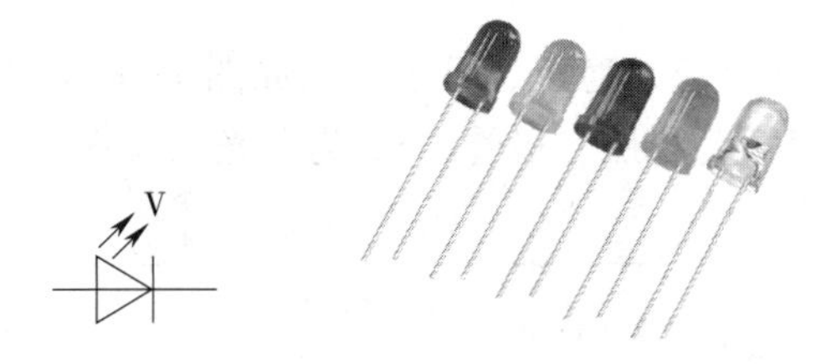

图 1-1-11 发光二极管的图形符号和外形

提示

发光二极管的内部结构为一个 PN 结，具有二极管的特性，即单向导电性。当发光二极管的 PN 结加正向电压时，二极管发光。

4）光电二极管。光电二极管和普通二极管一样，是由一个 PN 结组成的半导体器件，具有单向导电性，其图形符号和外形如图 1-1-12 所示。在电子电路中通过光电二极管将光信号转换为电信号。

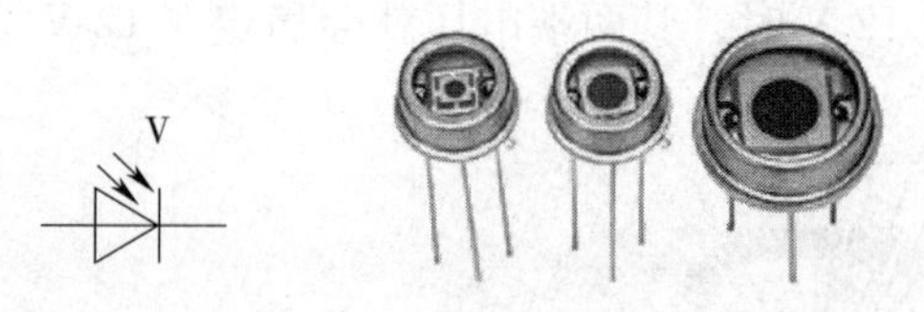

图 1-1-12　光电二极管的图形符号和外形

提示

光电二极管是如何把光信号转换为电信号的呢？众所周知，普通二极管在反向电压作用下处于截止状态，只能流过微弱的反向电流。光电二极管的 PN 结面积相对较大，以便接收入射光。光电二极管是在反向电压作用下工作的，没有光照时，反向电流极其微弱，称为暗电流；有光照时，反向电流迅速增大到几十微安，称为光电流。光的强度越大，反向电流也越大。光照强弱的变化引起光电二极管电流的变化，这种将光信号转换为电信号的器件称为光电传感器件。

除以上四种外，还有很多其他不同用途的二极管，如变容二极管、检波二极管、开关二极管、红外光电二极管、红外发光二极管、激光二极管等，在电子电路中也得到了较为广泛的应用。

任务实施

任务实施使用的二极管整流、稳压、显示电路如图 1-1-13 所示。图中，T 为电源变压器，V1 为整流二极管，V2 为稳压二极管，V3 为发光二极管。

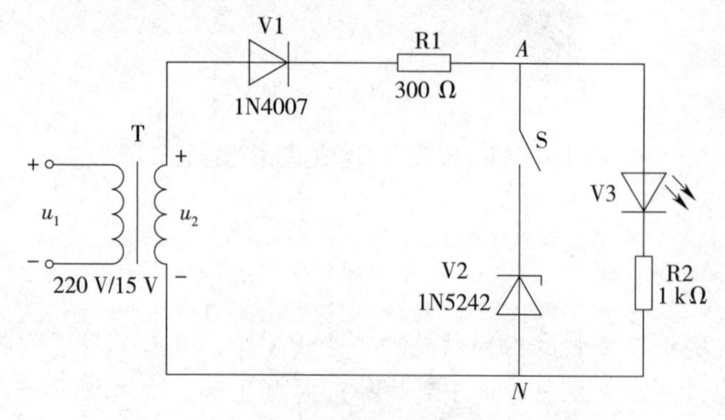

图 1-1-13　二极管整流、稳压、显示电路

软件仿真

在进行实训操作前，使用 Proteus 软件进行电路仿真以验证电路的工作原理。

Proteus 是常用的电路分析与实物仿真软件，运行于 Windows 操作系统上，可以仿真、分析各种模拟器件和集成电路，具有模拟电路仿真、数字电路仿真、单片机及其外围电路组成系统的仿真等功能。软件包含各种虚拟仪器，如示波器、逻辑分析仪、信号发生器等。

一、启动 Proteus

双击电脑桌面上的“Proteus 8 Professional”图标，或者依次单击屏幕左下方的“开始”→“程序”→“Proteus 8 Professional”，弹出图 1-1-14a 所示的启动界面，然后进入 Proteus 8 Professional 的主界面，如图 1-1-14b 所示。

a）

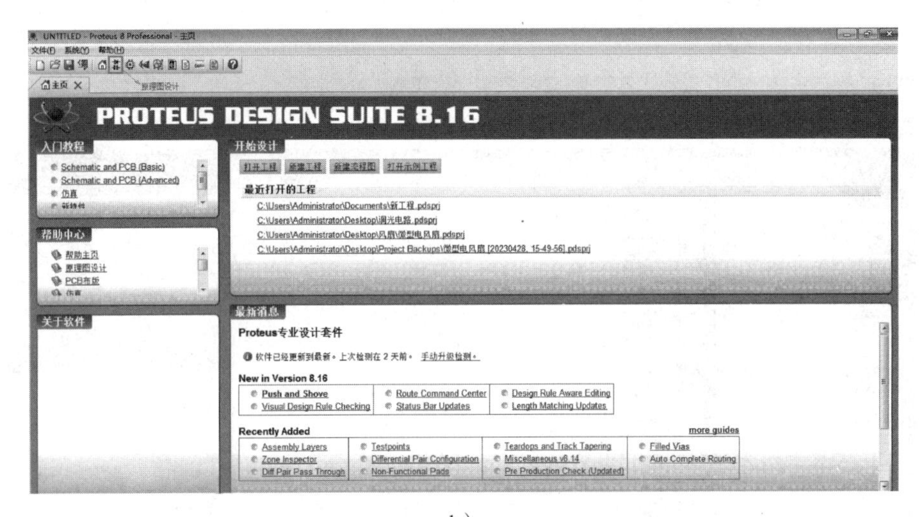

b）

图 1-1-14　启动 Proteus

a）启动界面　b）主界面

二、进入原理图设计界面

在 Proteus 8 Professional 的主界面，单击工具栏中的“新建工程”图标或者“开始设计”模块中“新建工程”命令，弹出“新建项目向导”对话框（见图 1-1-15a）；在“新建项目向导”对话框的“工程名称”模块中，输入合适的名称（注意扩展名为 . pdsprj），选择合适的路径，单击“Next”按钮，进入原理图模板选择界面（见图 1-1-15b）；一般不需要修改，采用默认选项，单击“Next”按钮，进入完成界面（见图 1-1-15c）；单击“Finish”按钮，进入原理图设计界面（见图 1-1-15d）。也可以单击工具栏中的“原理图设计”图标直接进入原理图设计界面。

原理图设计界面包括标题栏、菜单栏、标准工具栏、绘图工具栏、预览窗口、对象选择按钮、对象选择器窗口、仿真进程控制按钮和图形编辑窗口。

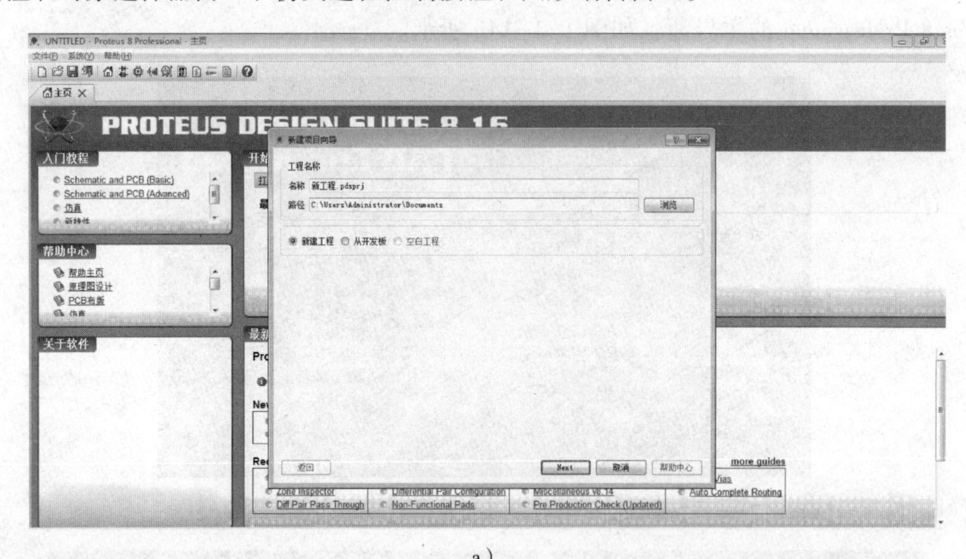

a）

b）

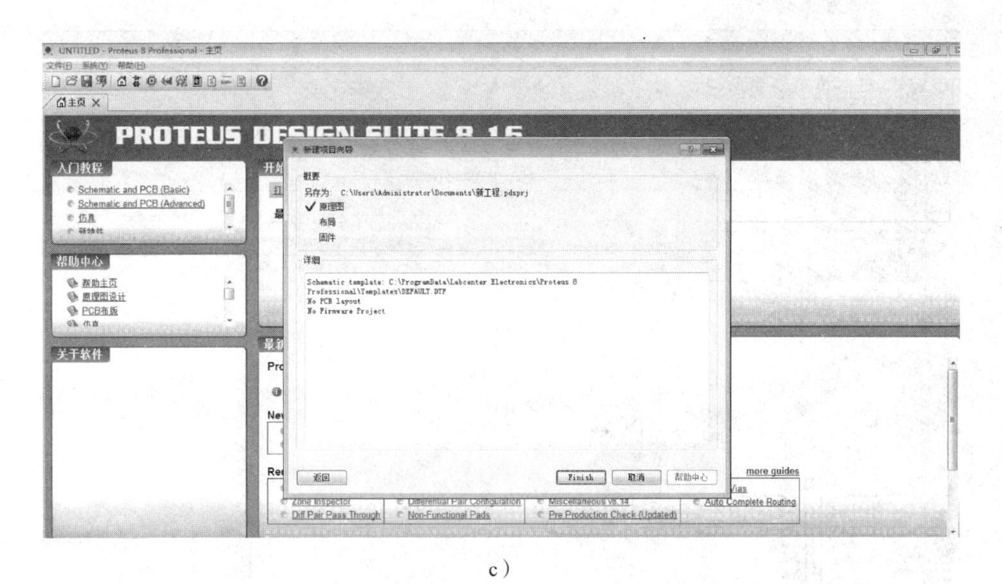

c）

d）

图 1-1-15　进入原理图设计界面

a）“新建项目向导”对话框　b）原理图模板选择界面　c）完成界面　d）原理图设计界面

三、绘制原理图

1. 选择对象

使用对象选择按钮，从元器件库中选择变压器、整流二极管、稳压二极管、发光二极管、电阻器等元器件（即对象），如图 1-1-16a 所示，并置入对象选择器窗口，再放置到图形编辑窗口，如图 1-1-16b 所示。对象显示的内容包括设备、终端、图形符号、标注和图形。

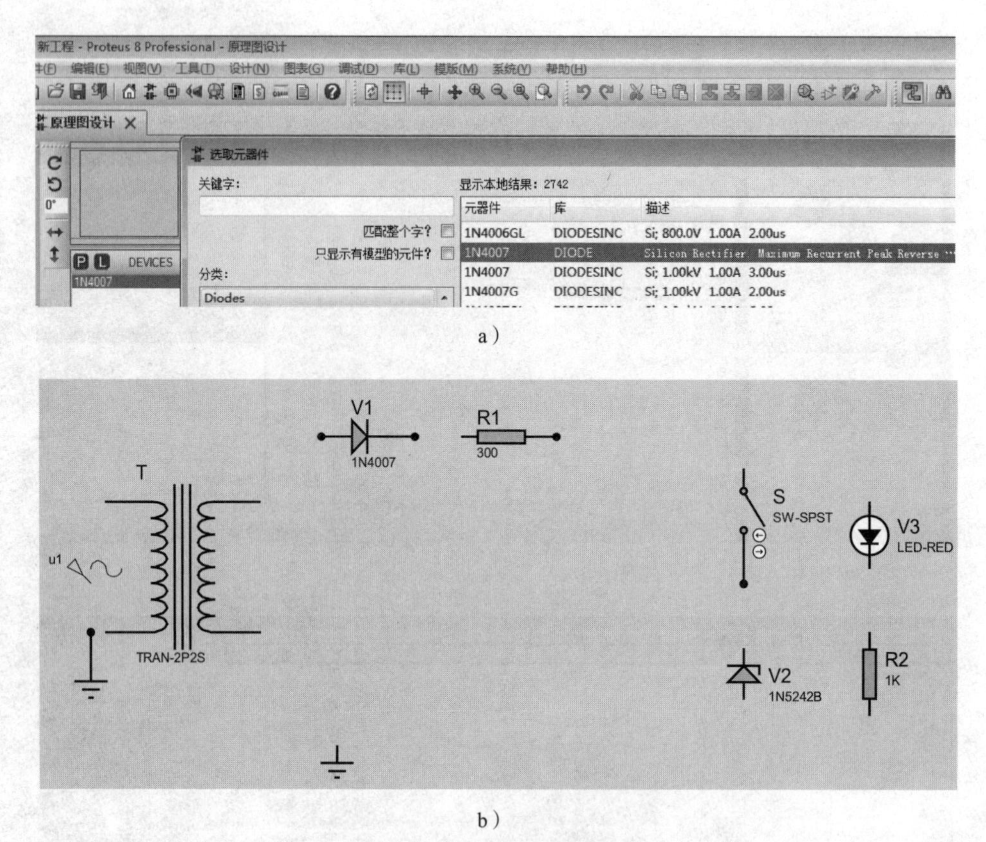

a）

b）

图 1-1-16　从元器件库中选取元器件放置到图形编辑窗口

a）从元器件库中选择对象　b）将元器件放置到图形编辑窗口

2. 布线

Proteus 的智能化可以在布线时进行自动检测。当鼠标指针靠近一个元器件的连接点时，鼠标指针就会变成“×”符号，单击元器件的连接点，移动鼠标（不需要一直按着左键），连接线由粉红色变为深绿色，如果再单击另一个元器件的连接点，软件将自动选择一个合适的线径，这就是 Proteus 的线路自动路径功能（WAR）。WAR 可通过工具栏里的“WAR”命令按钮控制关闭或打开，也可以在主菜单中的“Tools”菜单下找到。如果需要自己决定走线路径，只需在拐点处单击鼠标左键即可。在此过程中的任何时刻，都可以按“ESC”按钮或者单击鼠标右键放弃布线。绘制好的二极管整流、稳压、显示电路仿真原理图如图 1-1-17 所示。

四、仿真调试

单击绘图工具栏中的“虚拟仪器模式”按钮，在对象选择器窗口中选择“AC VOLTMETER”（交流电压表）、“OSCILLOSCOPE”（示波器），添加到图形编辑窗口的仿真原理图中，按照图 1-1-18a 所示布置，并接好连线。按下仿真按钮，改变开关 S 的状态，观察并记录发光二极管的状态、示波器的波形和各个交流电压表的测量值，如图 1-1-18b 所示。

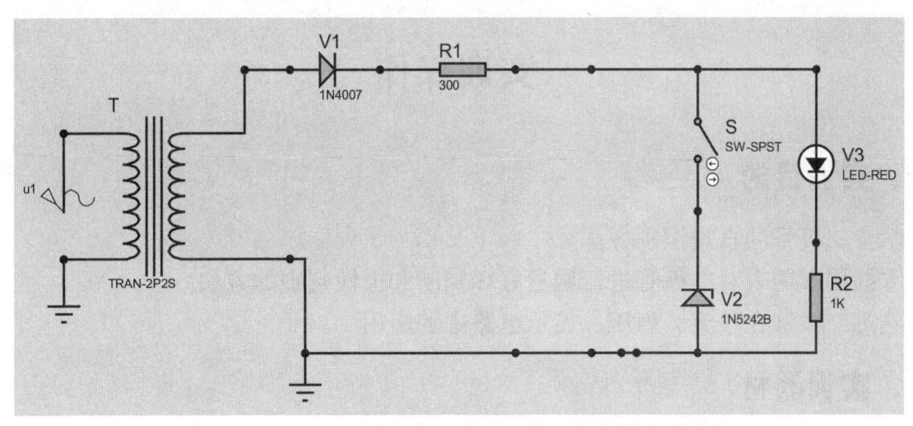

图 1-1-17　二极管整流、稳压、显示电路仿真原理图

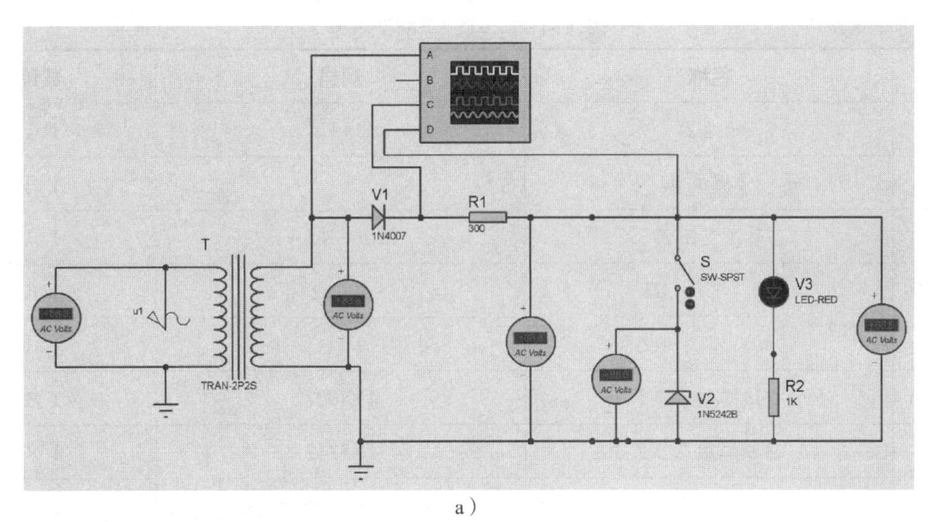

a）

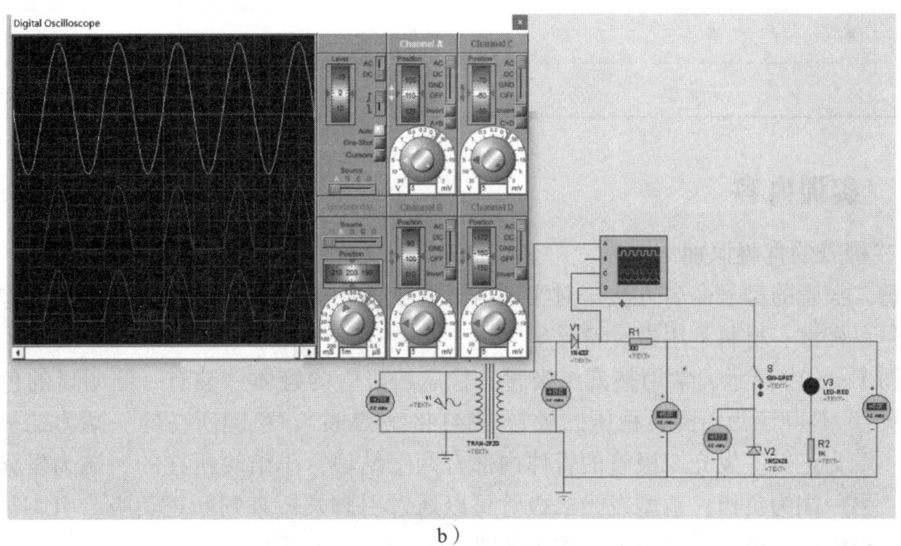

b）

图 1-1-18　二极管整流、稳压、显示电路仿真

a）仿真布置　b）仿真调试

实训操作

一、实训目的

1. 学会二极管的直观识别方法。
2. 掌握用万用表对二极管进行质量好坏判断和极性判别的方法。
3. 熟悉二极管在整流、稳压、显示电路中的应用。

二、实训器材

实训器材明细表见表 1-1-1。

表 1-1-1　实训器材明细表

序号	名称		规格	数量
1	示波器		通用	1 台
2	常用工具		—	1 套
3	电源变压器		220 V/15 V	1 只
4	电阻器	R1	300 Ω	1 只
5		R2	1 kΩ	1 只
6	整流二极管 V1		1N4007	1 只
7	稳压二极管 V2		1N5242	1 只
8	发光二极管 V3		ϕ5 mm，红色	1 只
9	开关 S		单刀单掷	1 个
10	实验板		—	1 块

三、实训内容

1. 二极管的直观识别

熟悉二极管的型号命名方法，对实训器材明细表中的二极管进行直观识别，包括二极管的型号、极性、材料、用途、符号等。

如图 1-1-19 所示，常用整流二极管、稳压二极管的管体一端有一圈明显的色圈（如整流二极管 1N4007 为白圈、稳压二极管 1N4148 为黑圈），色圈所在的一端为二极管的负极，另一端为正极。发光二极管的管体内部有两个结块，小结块所在的一端为发光二极管的正极，另一端为负极；新型发光二极管可以通过引脚长短来判断正负极，引脚长的一端为发光二极管的正极，引脚短的一端为负极。

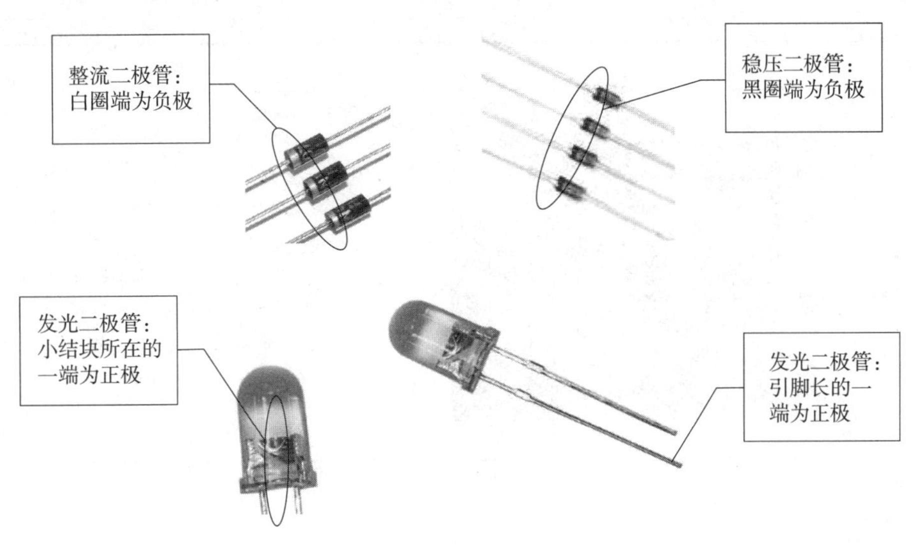

图 1-1-19　二极管的直观识别

2. 二极管的检测

（1）用指针式万用表检测二极管的方法见表 1-1-2。

表 1-1-2　用指针式万用表检测二极管的方法

步骤	图示	说明
1. 指针式万用表的欧姆调零		将万用表置于 R×100 或 R×1k 挡，并且将两表笔短接，进行欧姆调零。注意，此时万用表的红表笔与表内电池的负极相连，而黑表笔与表内电池的正极相连
2. 二极管正向电阻值和反向电阻值的测量	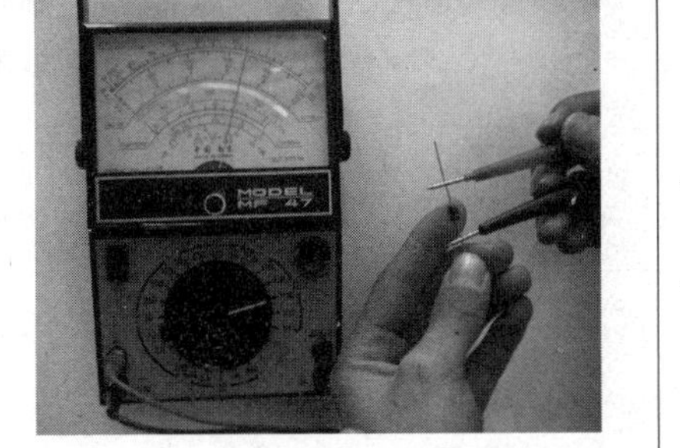	（1）测量二极管的正向电阻值：红表笔接二极管的负极，黑表笔接二极管的正极 （2）测量二极管的反向电阻值：红表笔接二极管的正极，黑表笔接二极管的负极

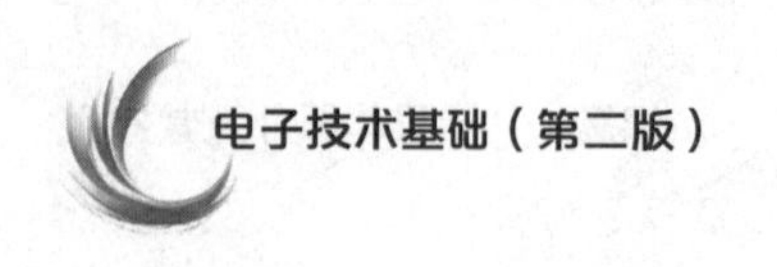

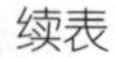
续表

步骤	图示	说明
3. 二极管质量好坏的判断和极性的判别		将红、黑两表笔跨接在二极管的两端，再将红、黑两表笔对调后跨接在二极管的两端，分别测量电阻值。若一次电阻值较小（几千欧以下），另一次电阻值较大（几百千欧），则说明二极管质量良好。测得的电阻值较小时，黑表笔所接的一端为二极管的正极，红表笔所接的一端为二极管的负极

提示

如果用指针式万用表测得二极管的正、反向电阻值都很小（接近零），说明二极管内部已经短路；如果测得二极管的正、反向电阻值都很大，说明二极管内部已经开路。

（2）用数字式万用表检测二极管的方法见表 1-1-3。

表 1-1-3　用数字式万用表检测二极管的方法

步骤	图示	说明
1. 数字式万用表表笔的插入和挡位的设定		（1）将红表笔插入“V/Ω”插孔，黑表笔插入“COM”插孔，此时红表笔连接表内电源正极，黑表笔连接表内电源负极 （2）将万用表置于二极管挡

续表

步骤	图示	说明
2. 二极管正向压降和反向压降的测量		（1）测量二极管的正向压降：红表笔接二极管的正极，黑表笔接二极管的负极，二极管正偏，显示值为二极管的正向压降 （2）测量二极管的反向压降：红表笔接二极管的负极，黑表笔接二极管的正极，二极管反偏，显示值为“1”
3. 二极管质量好坏的判断和极性的判别		将红、黑两表笔跨接在二极管的两端，正、反各测一次压降。若一次显示“1”，另一次显示 100~800 之间的数字（如图中显示 547），则说明二极管质量良好。测量显示 100~800 之间的数字时，红表笔所接的一端为二极管的正极，黑色表笔所接的一端为二极管的负极

提示

如果用数字式万用表测得二极管的正、反向压降都接近零且基本相同，说明二极管内部已经短路；如果测得二极管的正、反向压降都显示“1”，说明二极管内部已经开路。

3. 二极管在整流、稳压、显示电路中的应用

按照图 1-1-13 进行电路安装，安装完成的二极管整流、稳压、显示电路板如图 1-1-3 所示。电路的调试过程见表 1-1-4，其检修流程如图 1-1-20 所示。

表 1-1-4　二极管整流、稳压、显示电路的调试

步骤	图示
1. 断开开关 S，用示波器观察 u_2 和 u_{AN} 的波形	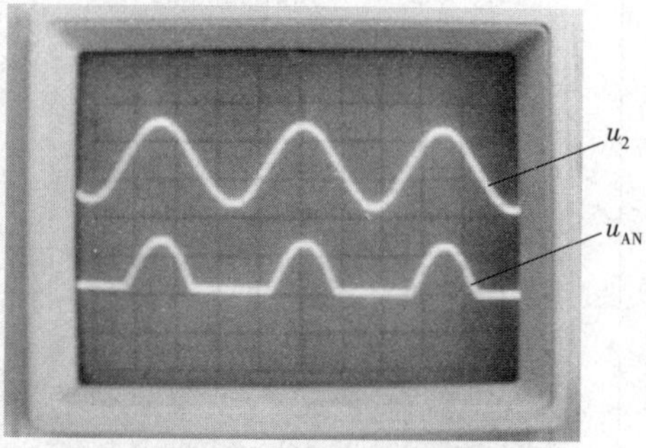 u_2 u_{AN}
2. 合上开关 S，用示波器观察 u_2 和 u_{AN} 的波形	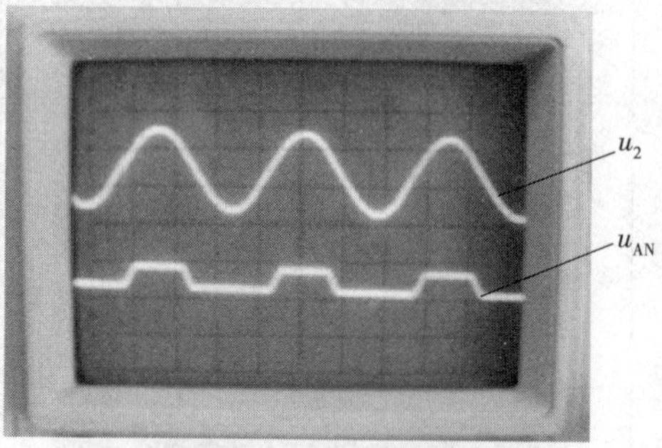 u_2 u_{AN}
3. 测量稳压二极管 V2 的反向电压（即稳定电压）	
4. 观察发光二极管 V3 的状态，用万用表测量其导通电压	

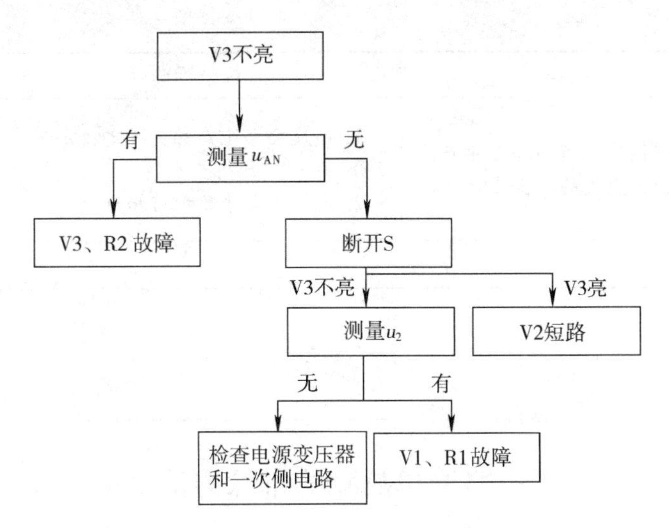

图 1-1-20　二极管整流、稳压、显示电路检修流程

四、实训报告要求

1. 画出二极管整流、稳压、显示电路原理图。
2. 完成调试记录。
3. 分别说明二极管 V1、V2 和 V3 的类型及其在电路中的作用。
4. 分析二极管 V2 被击穿短路后，电路的故障现象。

五、评分标准

评分标准见表 1-1-5。

表 1-1-5　评分标准

姓名：________　　学号：________　　合计得分：________

内容	要求	评分标准	配分	扣分	得分
二极管的识别	正确识别二极管的极性、材料、类型，画出其图形符号	1. 名称漏写或者写错，每处扣 3 分 2. 极性、材料、类型漏写或者写错，每处扣 3 分 3. 不会识别，每件扣 10 分 4. 不会画图形符号，每件扣 2 分	30		
二极管的检测	正确使用万用表判别二极管极性及质量好坏	1. 万用表使用不正确，每步扣 3 分 2. 不会判别极性，每件扣 5 分 3. 不会判别质量好坏，每件扣 5 分	30		
二极管整流、稳压、显示电路的调试	熟悉常用二极管，正确测量稳压二极管的稳定电压和发光二极管的导通电压	二极管参数测量错误，每项扣 10 分	30		

续表

内容	要求	评分标准	配分	扣分	得分
安全生产	遵守国家颁布的安全生产法规或企业自定的安全生产规范	1. 违反安全生产相关规定，每项扣2分 2. 发生重大事故加倍扣分	10		
合计			100		

知识链接

电路简单故障的排除方法

排除电路故障的操作技能，技术要求高、难度大，必须熟练掌握相关的理论知识和专业操作技能，通过大量实践，积累丰富的经验，才能学好这项技能。

一、电路故障排除的一般步骤

观察故障现象→判断故障范围→查找故障点→排除故障→检查电路功能。

1. 观察故障现象

电路发生故障后，肯定会影响其正常功能，因此通过仔细的观察（包括眼看、耳听、鼻闻、手摸及借助仪器测量、检查）就能发现故障。例如，二极管整流、稳压、显示电路中，若输出电压不正常（如无电压、电压低、电压高），可以通过万用表测量发现。

2. 判断故障范围

判断故障范围是排除故障过程中难度较大的环节，应根据电路的工作原理和故障现象确定故障发生的部位。检修人员必须非常熟悉电路的工作原理，了解并掌握故障现象，通过逻辑推理，合理地缩小故障可能发生的范围。

3. 查找故障点

确定故障发生的部位后，要选择合适的检修方法找到故障点（故障元件）。常用的检修方法包括直观法、电压测量法、电阻测量法、电流测量法、波形测试法、信号注入法等。查找故障点必须在确定的故障范围内，顺着检修思路逐点检查，直至找到故障点。

4. 排除故障

找到故障点后，必须进行故障排除（如更换新件、焊接、修补等）。更换新件时应使用相同的规格、型号，并进行性能检测，确定性能完好后方可替换。

5. 检查电路功能

故障排除后，应重新通电检查电路的各项性能指标，必须符合技术要求，恢复原来的功能。

二、电路故障检修方法

1. 直观法

直观法是不使用仪器仪表，仅靠检修人员的感觉（听觉、视觉、嗅觉和触觉）来发现故障的方法。检查时，通过感官直观检查元器件是否变形、发热、烧焦和出现异味。这种方法掌握得好，不但能快速查明故障部位，而且能将明显故障（如元器件脱焊、连接导线断线、烧焦变色等）直接加以排除。

直观法虽然简单易行，但是毕竟只停留在表面上，要真正检查出电路故障，尤其是元器件内部损坏就必须用其他方法检查确定。

2. 电压测量法

电压测量法是使用万用表测量电路的工作电压，将测量结果与正常值比较，从而发现故障的方法。电压测量法是使用最普遍的一种电路故障检修方法。

任何电路中的工作电流、电压都是电路设计时确定好的。只要电路工作正常，其工作电流、电压的数值必定在允许范围内，符合规定要求。当电路出现故障（如元器件短路、开路、变值、漏电等）时，便会导致工作状态发生相应的变化，这就给找到引发故障的元器件提供了可靠依据。电压测量法适合判别直流电路的故障。

电压测量法一般以公共接地点为参考点，测量某点电位值，即为该点电压值。反映单元电路功能正常与否的电压值称为关键点电压，测量时应先测量关键点电压，以缩小故障范围。

3. 电阻测量法

电阻测量法是使用万用表电阻挡直接在电路中测量元器件的性能，大致判断其质量好坏的方法。注意，电阻测量法的测量结果要充分考虑周边电路对其测量值的影响；测量时，必须在电路断电的情况下进行，绝不允许带电测量；测量的结果只能作为初步判断，要准确判断故障元器件，还须将该元器件拆下来再测试确定。

电阻测量法可以大致判断电阻器、电容器、电感器、二极管和三极管是否正常，万用表一般置于较小量程（R×10 挡）。检测电阻器时，应测量正、反两次电阻值，测量电阻值均应小于或等于标称电阻值，若其中一次测量电阻值大于标称电阻值，说明该电阻器可能发生开路或变阻故障；检测电容器时，测量电阻值若等于零，说明该电容器可能发生短路故障，对电容器开路故障一般无法判断；检测电感器时，测量电阻值若等于无穷大，说明该电感器可能发生开路故障，对电感器匝间短路故障一般无法判断；检测晶体管 PN 结单向导电性时，可通过测量 PN 结的正、反向电阻值，来判断其是否正常。

任务 2 半导体三极管及其应用

学习目标

1. 掌握三极管的结构、图形符号和工作特性，了解三极管的主要参数和型号命名方法。
2. 熟悉三极管的识别、检测方法。
3. 熟悉三极管的实际应用。

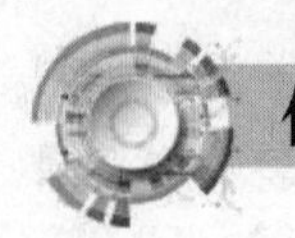

任务引入

照明开关在生活中非常常见，一般常用机械式开关，如图 1-2-1a 所示。随着电子技术的发展，声控、光控和遥控开关相继出现，极大地方便了人们的生活，图 1-2-1b 所示为遥控开关。在这些新型的开关电路中，有的使用了三极管驱动电路，其电路板如图 1-2-2 所示。

a）

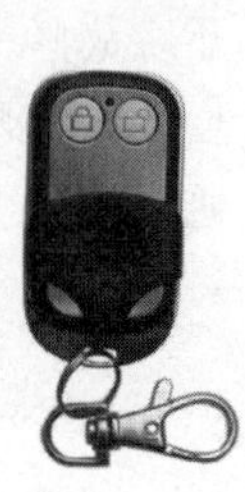

b）

图 1-2-1 照明开关

a）机械式开关 b）遥控开关

本任务是认识三极管，熟悉三极管的识别、检测方法，熟悉三极管在驱动电路中的应用。

图 1-2-2　三极管驱动电路板

一、三极管的结构、图形符号和分类

半导体三极管又称为晶体三极管，简称三极管，由于其工作时半导体中的电子和空穴两种载流子都起作用，因此属于双极型器件，也称为双极结型晶体管（bipolar junction transistor，简称 BJT），是放大电路的重要元件。

三极管分为 NPN 型和 PNP 型两种类型，其结构和图形符号分别如图 1-2-3 和图 1-2-4 所示。三极管是一个三层结构、内部具有两个 PN 结的器件，它的中间层称为基区，基区的两边分别称为发射区和集电区，发射区和集电区是同类型的半导体。基区的半导体类型与发射区和集电区不同，在基区与发射区、基区和集电区之间分别形成两个 PN 结，发射区与基区之间的 PN 结称为发射结，集电区与基区之间的 PN 结称为集电结。三个区引出的电极分别称为基极B（b）、发射极 E（e）和集电极 C（c）。三极管图形符号中的箭头表示发射结加正向电压时的发射极电流方向。

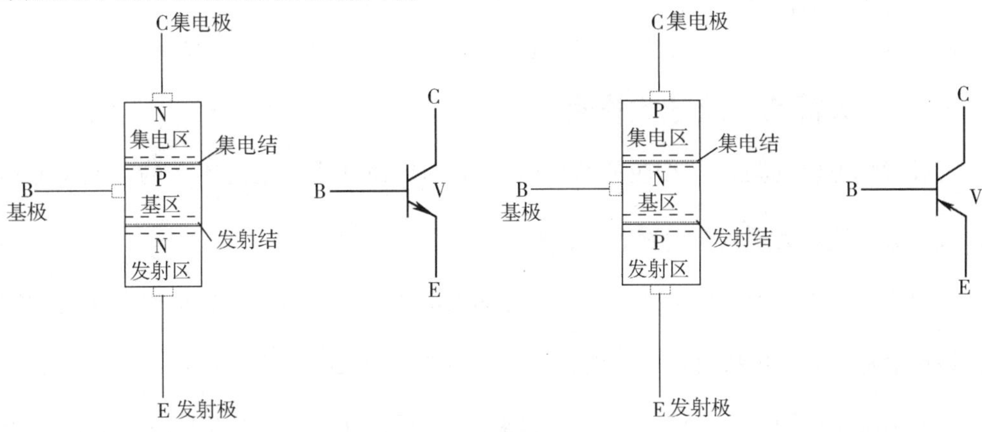

图 1-2-3　NPN 型三极管的结构和图形符号　　图 1-2-4　PNP 型三极管的结构和图形符号

提示

按照所用材料不同，三极管分为硅三极管和锗三极管。按照工作频率不同，三极管分为低频三极管（工作频率小于3 MHz）和高频三极管（工作频率不小于 3 MHz）。按照功率不同，三极管分为小功率三极管（耗散功率小于1 W）和大功率三极管（耗散功率不低于1 W）。按照用途不同，三极管分为普通放大三极管和开关三极管。各种三极管的外形如图 1-2-5 所示。

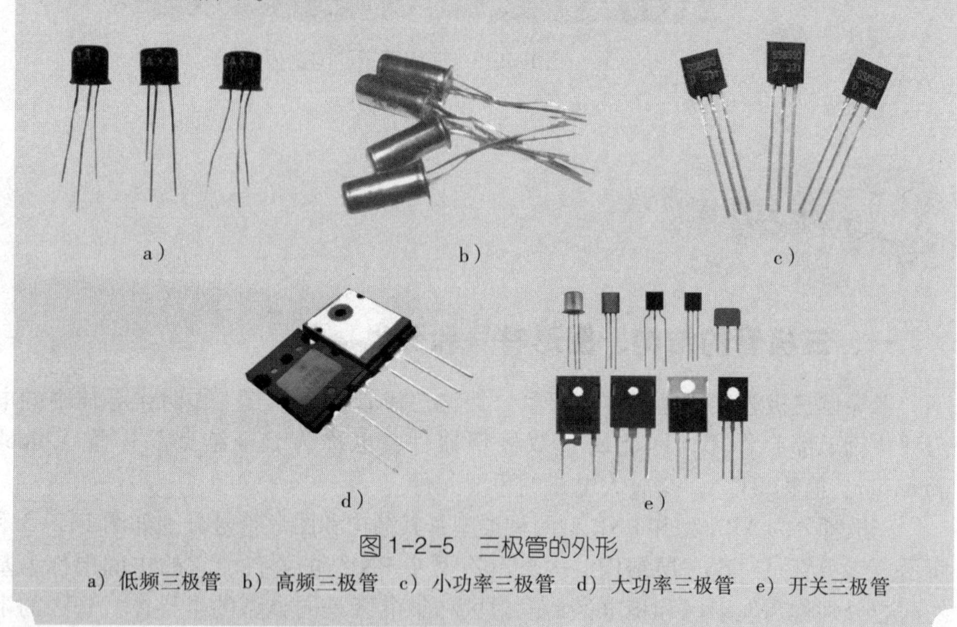

图 1-2-5　三极管的外形

a）低频三极管　b）高频三极管　c）小功率三极管　d）大功率三极管　e）开关三极管

二、三极管的电流分配关系

三极管的发射极电流=集电极电流+基极电流，即 $I_E=I_C+I_B$。

由于基极电流很小，因此集电极电流与发射极电流近似相等，即 $I_C \approx I_E$。

三、三极管的电流放大作用

三极管集电极电流 I_C 与相应的基极电流 I_B 的比值几乎是固定不变的，该比值称为共发射极直流电流放大系数，用 $\overline{\beta}$ 表示，$\overline{\beta}=\frac{I_C}{I_B}$。

三极管集电极电流变化量 ΔI_C 与相应的基极电流变化量 ΔI_B 的比值也几乎是固定不变的，该比值称为共发射极交流电流放大系数，用 β 表示，$\beta=\frac{\Delta I_C}{\Delta I_B}$。

一般情况下，同一只三极管的 $\overline{\beta}$ 比 β 略小，实际应用中并不严格区分。

若 $\beta=50$，则 $\Delta I_C=\beta\Delta I_B=50\Delta I_B$，说明集电极电流的变化量是基极电流变化量的 50 倍。

当基极电流发生微小的变化时，就能引起集电极电流较大的变化，这种现象称为三极管的电流放大作用。

提示

β 值的大小表示三极管电流放大能力的强弱。必须强调的是，这种放大能力实质上是基极电流对集电极电流的控制能力，因为无论基极电流还是集电极电流都来自电源，三极管本身是不能放大电流的。三极管实现电流放大作用的条件是：发射结加正向电压，集电结加反向电压。

四、三极管的伏安特性

三极管各极上的电压和电流之间的关系，可通过伏安特性曲线直观地描述。三极管的伏安特性主要包括输入特性和输出特性两种。

1. 输入特性

三极管的输入特性是指在集电极—发射极间电压 U_{CE} 一定的条件下，基极电流 I_B 与发射结电压 U_{BE} 之间的关系。三极管的输入特性曲线如图 1-2-6 所示。三极管的输入特性曲线与二极管的正向特性曲线相似，只有当发射结正向电压大于开启电压（硅管约为 0.5 V，锗管约为 0.1 V）时，才产生基极电流，此时三极管处于正常放大状态。需要说明的是，当 U_{CE}>1 V 时，U_{CE} 的变化对三极管的输入特性曲线影响不大；但是环境温度变化时，三极管的输入特性曲线也会发生变化。

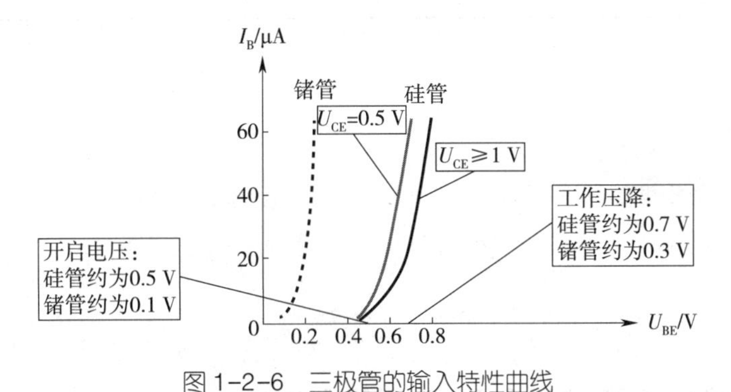

图 1-2-6 三极管的输入特性曲线

2. 输出特性

三极管的输出特性是指在基极电流 I_B 一定的条件下，集电极电流 I_C 与集电极—发射极间电压 U_{CE} 之间的关系。三极管的输出特性曲线如图 1-2-7 所示。三极管的输出特性曲线分为三个工作区域，对应三种不同的工作状态，其条件和特点见表 1-2-1。

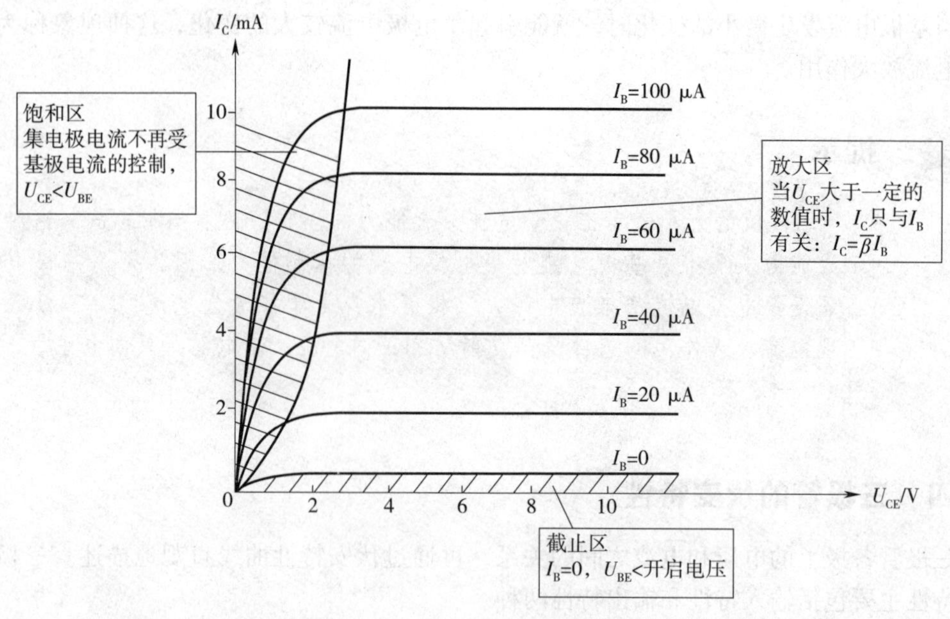

图 1-2-7　三极管的输出特性曲线

表 1-2-1　三极管的三个工作区条件和特点

工作区域	截止区	放大区（线性区）	饱和区
条件	发射结反偏或零偏，集电结反偏	发射结正偏，集电结反偏	发射结正偏，集电结正偏或零偏
特点	$I_B=0$、$I_C\approx0$	$\Delta I_C=\beta\Delta I_B$	I_C 不再受 I_B 控制

提示

三极管饱和时的 U_{CE} 值称为饱和压降，记作 U_{CES}，小功率硅三极管的 U_{CES} 约为 0.3 V，小功率锗三极管的 U_{CES} 约为 0.1 V。

五、三极管的主要参数和型号命名方法

1. 共射极电流放大系数

（1）共射极直流电流放大系数 $\bar{\beta}$（或用 h_{FE} 表示）。

（2）共射极交流电流放大系数 β（或用 h_{fe} 表示）。

同一三极管在相同工作条件下，$\bar{\beta}\approx\beta$。

2. 极限参数

（1）集电极最大允许电流 I_{CM}

集电极电流在很大范围内 β 值基本不变，但当集电极电流增大到一定数值时，三极管

的β值减小，一般规定β值减小到正常值的2/3时，所对应的集电极电流称为集电极最大允许电流。

（2）集电极—发射极间反向击穿电压$U_{(BR)CEO}$

当基极开路时，加在集电极和发射极之间的最高允许电压。当U_{CE}高于此值后，I_C急剧增大，可能造成三极管被击穿。在使用三极管时，其集电极电源电压应低于此值。

（3）集电极最大允许耗散功率P_{CM}

集电极电流流过集电结时会消耗功率而产生热量，使三极管温度升高。根据三极管的最高温度和散热条件来规定最大允许耗散功率P_{CM}，要求$P_{CM} \geq I_C U_{CE}$。

例如，低频小功率三极管3CX200B的$\overline{\beta}$值为55~400，$I_{CM}=300$ mA，$U_{(BR)CEO}=18$ V，$P_{CM}=300$ mW。

3. 国产三极管的型号命名方法

国产三极管的型号如图1-2-8所示。

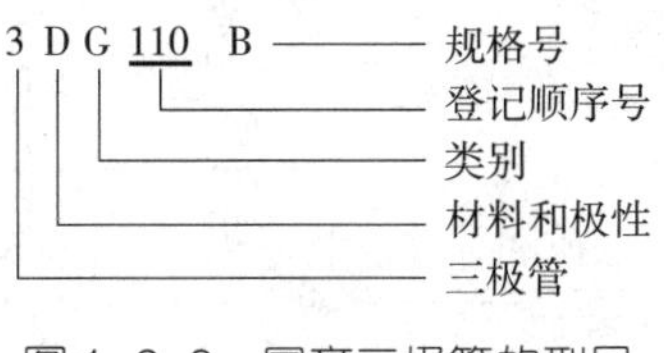

图1-2-8 国产三极管的型号

其中，第二部分和第三部分符号的意义如下：

第二部分：A表示PNP型锗管，B表示NPN型锗管，C表示PNP型硅管，D表示NPN型硅管。

第三部分：X表示低频小功率管，D表示低频大功率管，G表示高频小功率管，A表示高频大功率管，K表示开关管。

任务实施

任务实施使用的三极管驱动电路如图1-2-9所示。

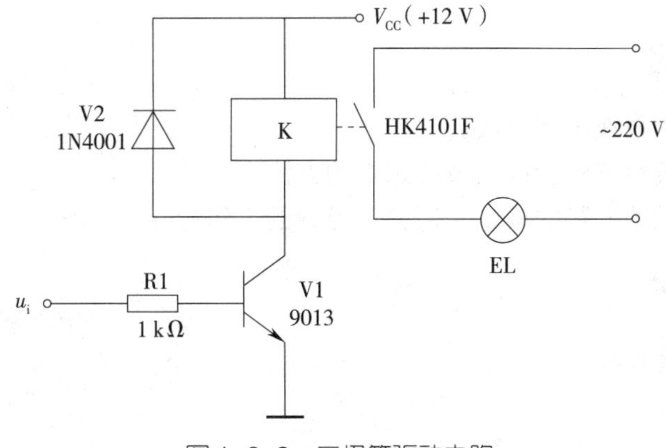

图1-2-9 三极管驱动电路

软件仿真

三极管驱动电路仿真如图 1-2-10 所示。注意：为了便于观察，仿真时增加了按键和两个电阻器控制三极管的输入。

仿真调试时，分别打开和闭合按钮，观察并记录白炽灯的状态和电压表、电流表的读数，分析三极管的工作状态。

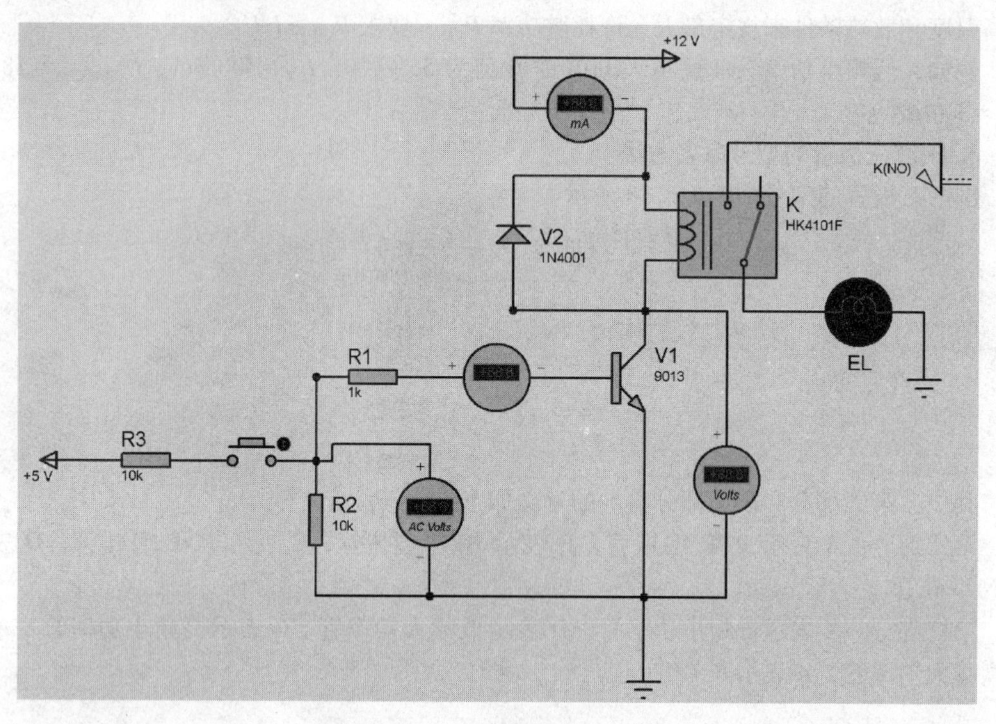

图 1-2-10　三极管驱动电路仿真

实训操作

一、实训目的

1. 学会三极管的直观识别方法。
2. 掌握用万用表对三极管进行极性判别的方法。
3. 通过三极管驱动电路的调试，理解三极管的工作特性。

二、实训器材

实训器材明细表见表 1-2-2。

表 1-2-2　实训器材明细表

序号	名称	规格	数量
1	5 V 和 12 V 直流稳压电源	通用	2 台
2	常用工具	—	1 套
3	三极管 V1	9013	1 只
4	二极管 V2	1N4001	1 只
5	电阻器 R1	1 kΩ	1 只
6	继电器 K	HK4101F	1 只
7	白炽灯 EL	40 W	1 只
8	实验板	—	1 块

三、实训内容

1. 三极管的直观识别

（1）识别三极管外壳上符号的含义。

（2）根据三极管的型号规格，识别其材料、类型和用途。

将三极管直观识别的内容填入表 1-2-3 中。

表 1-2-3　三极管的直观识别

序号	型号规格	类型	材料	符号
1				
2				
3				
4				
5				

2. 三极管的检测

（1）用指针式万用表检测三极管

1）判别基极和管型。如图 1-2-11 所示，将万用表置于 R×100 或者 R×1k 挡，黑表笔接三极管任一引脚，红表笔先后接其余两个引脚，如果测得的电阻值均较小（或均较大），则黑表笔所接的引脚为基极。两次测得电阻值均较小的是 NPN 型管，两次测得电阻值均较大的是 PNP 型管。如果两次测得的电阻值相差很大，则应调换黑表笔所接引脚再测，直到找出基极为止。

2）判别集电极和发射极。确定基极后，如果是 NPN 型管，可以将红、黑表笔分别接在两个未知引脚上，表针应指向无穷大处；再用手指将基极和黑表笔所接引脚同时捏紧（注意两引脚不能接触，即相当于接入人体电阻），如图 1-2-12 所示，记下此时万用表测得的电阻值。然后对调表笔，用同样方法再测得一个电阻值。比较两次结果，电阻值较小的那次测量时，黑表笔所接的引脚为集电极，红表笔所接的引脚为发射极。若两次测量表针均不动，则说明三极管已经失去放大能力。

PNP 型管的检测方法相同，但在测量时，应用手指同时捏紧基极和红表笔所接引脚。按上述步骤测量两次电阻值，则电阻值较小的那次测量时，红表笔所接的引脚为集电极，黑表笔所接的引脚为发射极。

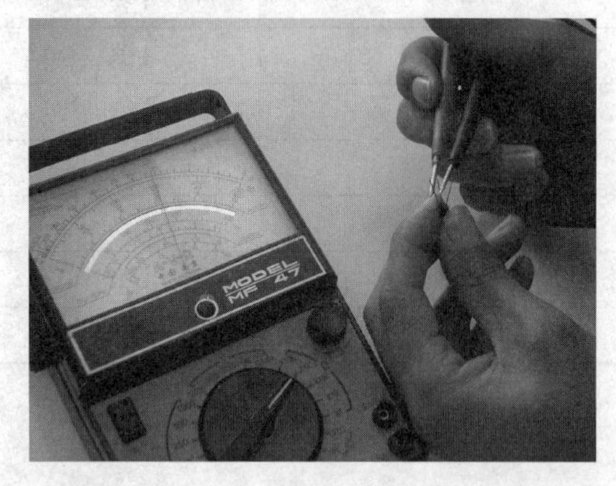

图 1-2-11　判别三极管的基极和管型

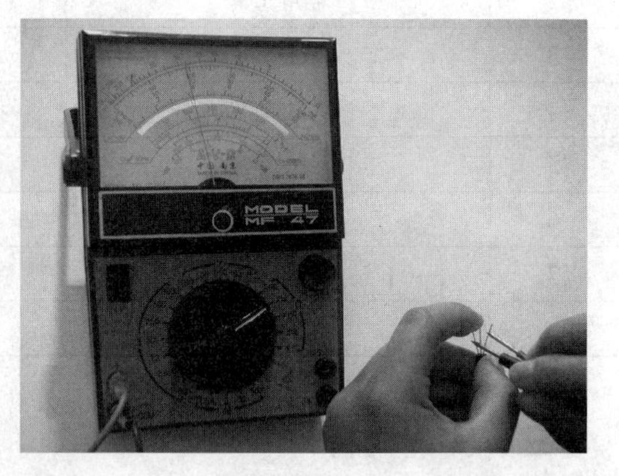

图 1-2-12　判别三极管的集电极和发射极

（2）用数字式万用表检测小功率三极管

1）判别基极和管型。将数字式万用表置于二极管挡，红表笔插入“V/Ω”插孔，黑表笔插入“COM”插孔。假设任意一个引脚为基极，用其中一支表笔固定接假设的基极，另一支表笔先后接其余两个引脚，如果两次测量都显示“1”，则调换表笔重新测量；直至两次测量都有示数（示数均为“0.7”或“0.3”左右），则假设的基极是正确的。此时，可根据固定表笔的颜色来判别管型，若固定表笔为红表笔，则该三极管为 NPN 型；若固定表笔为黑表笔，则该三极管为 PNP 型。

2）判别集电极和发射极。确定基极后，若为 NPN 型管，将数字式万用表置于电阻量程高位挡，红、黑表笔分别接三极管的另外两个引脚，用手指同时捏住已知基极和红表笔所接的引脚（注意两引脚不能接触），记下此时测得的电阻值，然后对调红、黑表笔，用同样的方法再测得一个电阻值，比较两个电阻值的大小，电阻值较小的那次测量时，红表笔所接的引脚为集电极，黑表笔所接的引脚为发射极。

PNP 型管的检测方法相同，但在测量时，应用手指同时捏住基极和黑表笔所接引脚。按上述步骤测量两次电阻值，则电阻值较小的那次测量时，黑表笔所接的引脚为集电极，红表笔所接的引脚为发射极。

3. 三极管在驱动电路中的应用

如图 1-2-9 所示，继电器驱动电流一般需要 20～40 mA 或更大，线圈电阻值为 100～200 Ω，因此要加驱动电路。三极管 V1 可视为控制开关，电阻器 R1 主要起限流作用，降低三极管 V1 的功耗，电阻值为 1 kΩ，二极管 V2 为续流二极管，能反向续流，抑制浪涌。三极管 V1 的集电极接继电器的线圈，继电器的常开触头与白炽灯 EL 串联后接 220 V 交流电压。

当三极管 V1 的基极输入高电平时，三极管导通，集电极变为低电平，因此继电器线圈通电，常开触头吸合。当三极管 V1 的基极输入低电平时，三极管截止，继电器线圈断电，常开触头复位。

按照图 1-2-9 进行电路安装，安装完成的三极管驱动电路板如图 1-2-2 所示，检查电路功能是否正常。电路的调试过程见表 1-2-4，其检修流程如图 1-2-13 所示。

表 1-2-4 三极管驱动电路的调试

步骤	图示
1. 准备三极管驱动电路板、直流稳压电源（+5 V 和+12 V），三极管驱动电路板接通 220 V 交流电压	220 V交流电压接线
2. 将电路的+12 V 电源端、地端分别与+12 V 直流稳压电源的输出端、地端相连，且接通+12 V 直流稳压电源，观察白炽灯 EL 的状态是否为熄灭	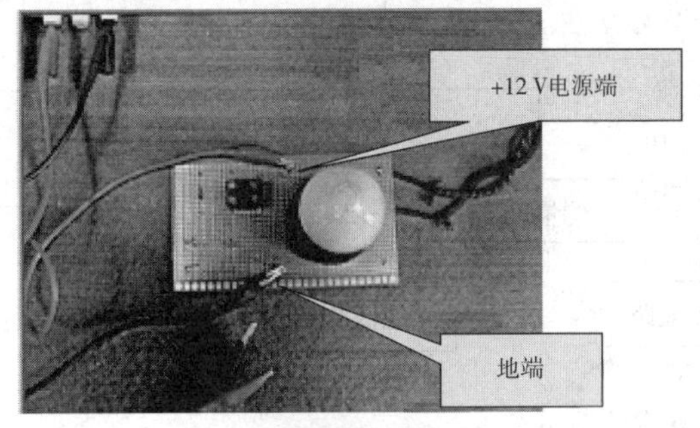
3. 再将电路的输入端 u_i、地端分别与+5 V 直流稳压电源的输出端、地端相连，同时接通+12 V 和+5 V 直流稳压电源，观察白炽灯 EL 的状态是否为常亮	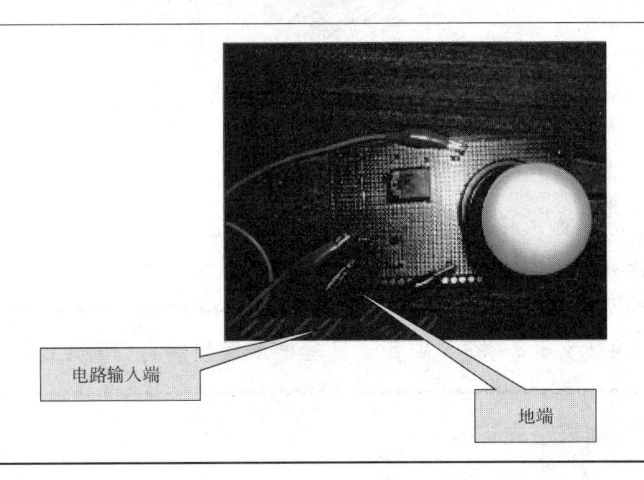

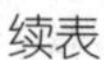
续表

步骤	图示
4. 接通 +12 V 直流稳压电源，关闭+5 V 直流稳压电源，观察白炽灯 EL 的状态是否为熄灭	

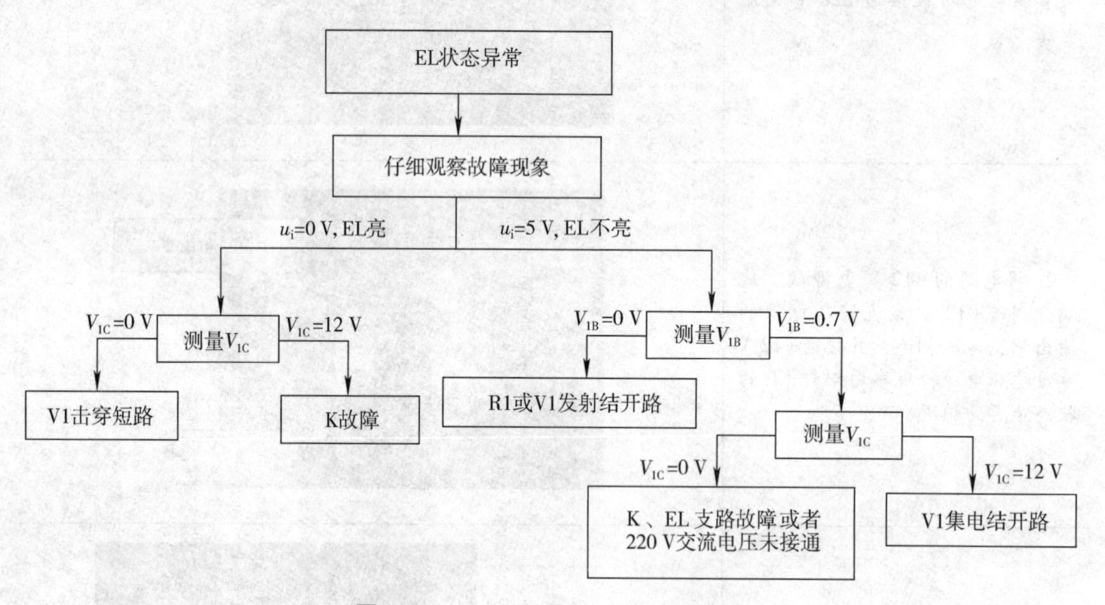

图 1-2-13　三极管驱动电路检修流程

想一想

为什么开、关+5 V 直流稳压电源能控制白炽灯 EL 的亮和灭？

四、实训报告要求

1. 画出三极管驱动电路原理图，分析电路工作原理。
2. 完成调试记录。
3. 分析通过改变输入电压 u_i 能控制白炽灯状态的原因，说明三极管在电路中的作用。

五、评分标准

评分标准见表 1-2-5。

表 1-2-5　评分标准

姓名：________　　学号：________　　合计得分：________

内容	要求	评分标准	配分	扣分	得分
三极管的识别	正确识别三极管的极性、材料、类型，画出其图形符号	1. 名称漏写或者写错，每处扣 3 分 2. 极性、材料、类型漏写或者写错，每处扣 3 分 3. 不会识别，每件扣 10 分 4. 不会画图形符号，每件扣 2 分	30		
三极管的检测	正确使用万用表判别三极管极性及质量好坏	1. 万用表使用不正确，每步扣 3 分 2. 不会判别极性，每件扣 5 分 3. 不会判别质量好坏，每件扣 5 分	30		
三极管驱动电路的调试	熟悉操作步骤，检查电路功能	操作错误，每步扣 5 分	30		
安全生产	遵守国家颁布的安全生产法规或企业自定的安全生产规范	1. 违反安全生产相关规定，每项扣 2 分 2. 发生重大事故加倍扣分	10		
合计			100		

知识链接

场效应晶体管

三极管是一种电流控制型器件，是利用较小的输入电流控制较大的输出电流。场效应晶体管（简称场效应管）是利用输入电压在晶体管内部产生的电场效应，控制输出电流大小的另外一种半导体器件，是一种电压控制型器件。其外形如图 1-2-14 所示。

图 1-2-14　场效应管的外形

场效应管输入电阻很高，具有噪声较低、热稳定性好、功率损耗小、使用寿命长、制造工艺简单等特点，适合制作中、大规模集成电路，因而得到广泛应用。场效应管按其结构不同分为结型和绝缘栅型两大类。

一、结型场效应管

如图 1-2-15a 所示，在 N 型半导体区的两侧分别扩散一个 P 型半导体区，形成两个 PN 结，从两个 P 型半导体区引出的电极并联在一起作为一个电极，称为栅极（G），从 N 型半导体区两端引出的电极分别称为源极（S）和漏极（D）。中间的 N 型半导体区是电子的通路，称为导电沟道，因此，这种场效应管称为 N 沟道结型场效应管。图 1-2-15b 所示为 N 沟道结型场效应管的图形符号。如果在 P 型半导体区的两侧分别扩散一个 N 型半导体区，形成两个 PN 结，则构成 P 沟道结型场效应管，其图形符号如图 1-2-15c 所示。图形符号中箭头的方向是 PN 结正向电压的方向。

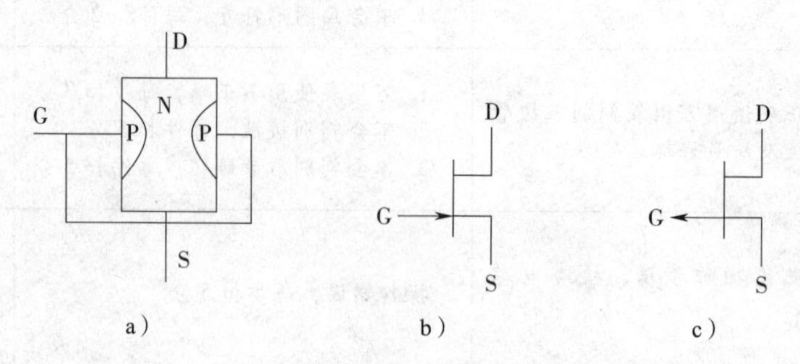

图 1-2-15　结型场效应管的结构和图形符号

a）N 沟道结型场效应管的结构　b）N 沟道结型场效应管的图形符号　c）P 沟道结型场效应管的图形符号

场效应管与三极管一样具有电流放大作用。场效应管的栅极相当于三极管的基极，源极相当于发射极，漏极相当于集电极，所不同的是，场效应管是用栅源电压 U_{GS} 控制漏极电流 I_D。

二、绝缘栅型场效应管

N 沟道绝缘栅型场效应管的结构如图 1-2-16a 所示，在 P 型半导体基片（称为衬底）上制作两个 N 型半导体区，在其上覆盖一层二氧化硅绝缘层，再在绝缘层上喷涂一层金属铝，从金属层和两个 N 型半导体区引出 3 个电极，分别称为栅极（G）、源极（S）和漏极（D）。图 1-2-16a 中从上到下为金属、氧化物、半导体，因此，这种场效应管称为金属-氧化物-半导体场效应管，简称 MOS 管。N 沟道 MOS 管称为 NMOS 管，图 1-2-16b 为其图形符号。如果在 N 型衬底上制作两个 P 型半导体区，则可以得到 P 沟道 MOS 管，简称 PMOS 管，其图形符号如图 1-2-16c 所示。使用时衬底也引出一个电极，衬底引线的箭头方向是 PN 结正向电压的方向。

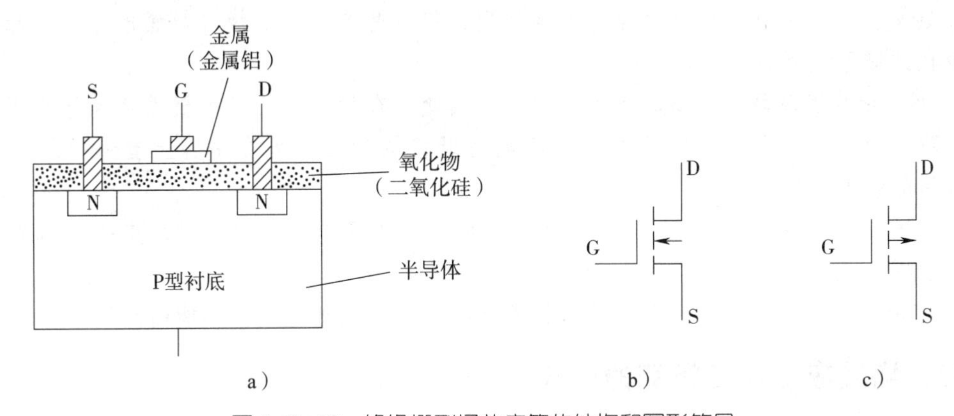

图 1-2-16　绝缘栅型场效应管的结构和图形符号

a）N 沟道绝缘栅型场效应管的结构　b）N 沟道绝缘栅型场效应管的图形符号

c）P 沟道绝缘栅型场效应管的图形符号

MOS 管的 N 沟道和 P 沟道两类中，每一类又可分为增强型和耗尽型两种，因此共有 4 种类型，其图形符号见表 1-2-6。衬底一般与源极 S 相连。衬底引线箭头向内表示为 N 沟道，反之为 P 沟道。漏极 D 和源极 S 极之间为三段断续线表示增强型，连续线表示耗尽型。

表 1-2-6　绝缘栅型场效应管的分类及图形符号

N 沟道 MOS 管		P 沟道 MOS 管	
耗尽型	增强型	耗尽型	增强型
D G S	D G S	D G S	D G S

场效应管的伏安特性也有三个工作区域：可变电阻区、恒流区和夹断区。当利用场效应管组成放大电路时，应使其工作于恒流区。

对于增强型场效应管，必须建立一个栅—源电压，只有当栅—源电压值达到开启电压时，才会形成导电沟道，产生漏极电流；对于耗尽型场效应管，则不加栅—源电压时已存在导电沟道，只有栅—源电压达到某一值时，才能使漏—源极之间电流为零，此时的栅—源电压称为夹断电压。

三、场效应管的使用注意事项

1. 绝缘栅型场效应管一般不允许用万用表检测，以防被高压击穿；结型场效应管可用判定三极管基极的方法来判定栅极，但漏极和源极用此方法不能判定。

2. 场效应管的漏极和源极通常可互换使用，但有些产品的源极与衬底已连在一起，此时漏极和源极不能互换使用。

3. 由于绝缘栅型场效应管输入电阻很大，因此，存放时应将三个极用金属导线短接起来，以防栅极击穿。取用时应注意人体静电对栅极的影响，可在手腕上套一接地的金属箍，以消除静电的影响。

4. 焊接场效应管时，最好切断电源后利用余热进行焊接。焊接时，应先焊源极、漏极，最后焊栅极。

5. 使用场效应管时，应注意电压极性不能接错，电压和电流值不能超过最大允许值。

四、场效应管与三极管的比较

场效应管与三极管的比较见表 1-2-7。

表 1-2-7　场效应管与三极管的比较

项目	三极管	场效应管
控制方式	电流控制	电场（电压）控制
类型	PNP 型、NPN 型	P 沟道、N 沟道
放大参数	β=50~100 或更大	g_m=1~6 mS
输入电阻	10^2~10^4 Ω	10^7~10^{15} Ω
抗辐射能力	差	在宇宙射线辐射下，仍能正常工作
噪声	较大	小
热稳定性	差	好
制造工艺	较复杂	简单，成本低，便于集成化

使用时，可以把场效应管和三极管的各个电极加以对应，有利于对电路的理解，即栅极和基极相对应，源极与发射极相对应。

课题二 放大电路及其应用

利用电子器件将微弱的电信号（如电压、电流、功率）增强到所需数值的电路称为放大电路。放大电路在实践中有非常广泛的应用，无论日常使用的收音机、扩音器还是精密的测量仪器和复杂的自动控制系统，都有各种各样的放大电路。

所谓放大，表面上看是将信号的幅度由小增大，其本质是实现能量的控制。由于输入信号的能量过于微弱，不足以推动负载，因此需要另外提供一个能源，由能量较小的输入信号控制这个能源，使之输出较大的能量，然后推动负载。

任务1　单管放大电路及其应用

学习目标

1. 了解固定偏置放大电路的组成、工作原理和图解分析法。
2. 掌握分压式射极偏置放大电路的组成和稳定静态工作点原理。
3. 掌握射极输出器的组成和工作特点。
4. 熟悉单管放大电路的安装、调试与检修。

任务引入

在居家生活中，经常使用到门铃，它类似敲门，可以发出声音提醒主人有客人来访。各式各样的门铃中，电子类占多数，如常见的音乐门铃，如图 2-1-1a 所示，按动门外的触发按钮，门内的扬声器就会播放一段音乐，将电信号转换为声音信号。采用单管放大电路的音乐门铃电路组成框图如图 2-1-1b 所示。单管放大电路板如图 2-1-2 所示。

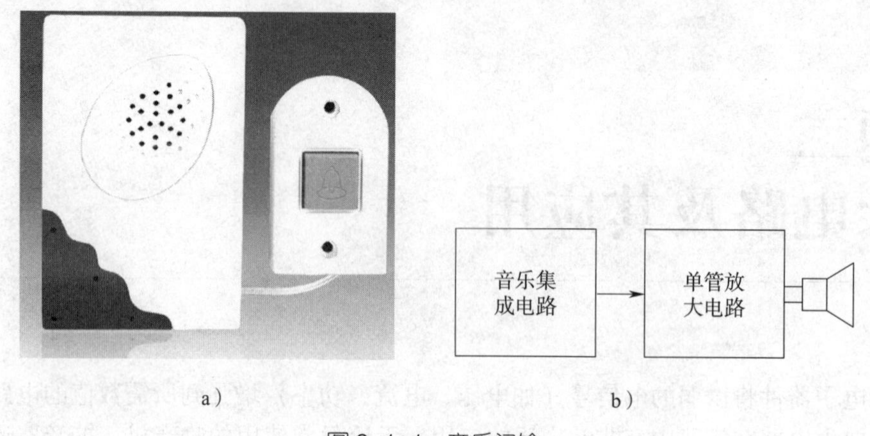

a） b）

图 2-1-1 音乐门铃

a）实物 b）电路组成框图

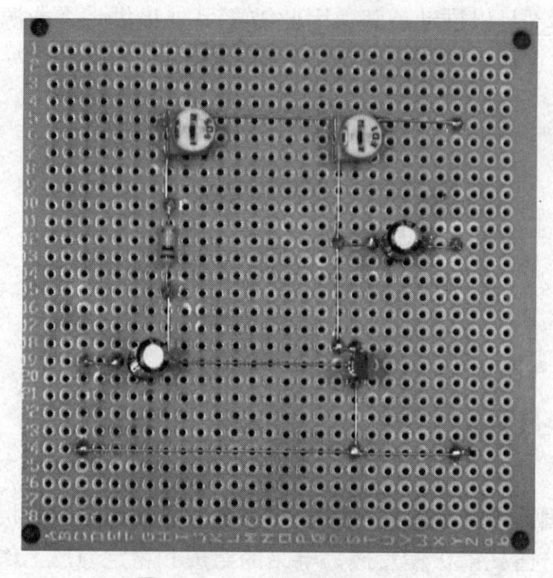

图 2-1-2 单管放大电路板

本任务是学会安装单管放大电路，理解单管放大电路在音乐门铃电路中的作用，熟悉单管放大电路的调试与检修方法。

相关知识

放大电路按三极管的连接方式，可分为共射极放大电路、共集电极放大电路和共基极放大电路三类。共射极放大电路是最常用的放大电路，具有电压和电流放大能力。共射极基本放大电路的静态工作点是通过设置合适的偏置电阻来实现的，所以又称为固定偏置放大电路。

一、固定偏置放大电路的原理与分析

1. 电路组成和工作原理

（1）电路组成

固定偏置放大电路如图 2-1-3 所示，组成元器件及其作用见表 2-1-1。

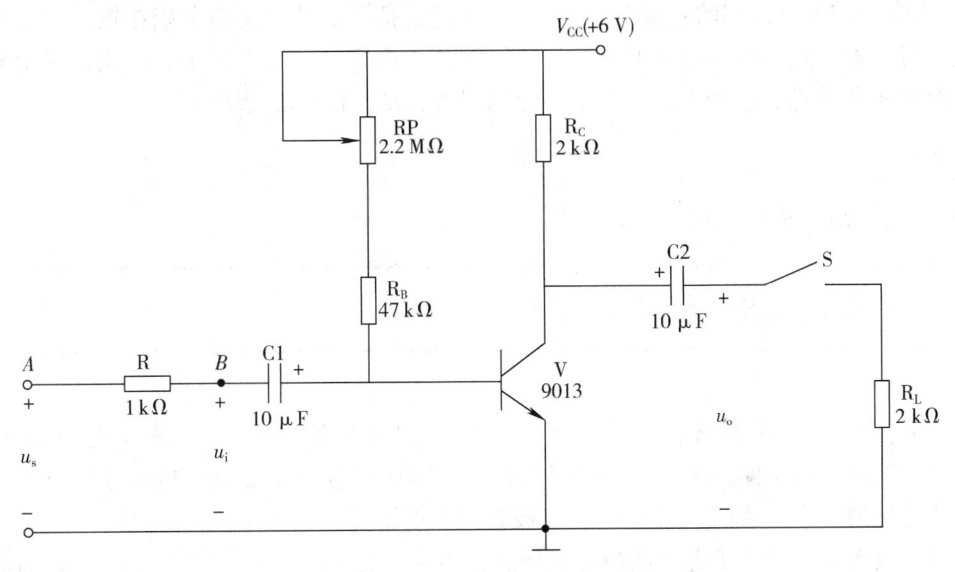

图 2-1-3　固定偏置放大电路

表 2-1-1　固定偏置放大电路的组成元器件及作用

元器件	作　用
三极管 V	可以将微小的基极电流变化量转换为较大的集电极电流变化量
基极偏置电阻器 R_B 和 RP	V_{CC} 经 R_B 和 RP 为三极管提供合适的基极电流 I_B（称为基极偏置电流）
集电极电阻器 R_C	将集电极电流的变化量变换为集电极电压的变化量
耦合电容器 C1 和 C2	一是隔直流，使三极管中的直流电流与输入端之前、输出端之后的直流电路隔开，不受其影响；二是通交流，当 C1、C2 的电容量足够大时，它们对交流信号呈现的容抗很小，可以近似视为短路，这样就可以使交流信号顺利通过

提示

u_s 为信号源电压，R_L 为负载电阻器，信号源和负载不是固定偏置放大电路的组成部分，但它们对放大电路有影响。必须注意，电路图中的负载电阻器 R_L 并不一定是一个实际的电阻器，还可能表示某种用电设备，如仪表、扬声器或者下一级放大电路。另外 R_L 可作为放大电路的测量电阻器，用于辅助测试放大电路的参数，在不作测试时可以不接。

（2）静态工作点设置

当放大电路没有信号输入（即 $u_i=0$）时的工作状态，称为静态。

静态时三极管的基极直流电流 I_B、集电极直流电流 I_C 和基极与发射极间的直流电压 U_{BE}、集电极与发射极间的直流电压 U_{CE}，称为静态值，这些静态值分别在输入、输出特性曲线上对应着一点，称为静态工作点，简称 Q 点。由于 U_{BE} 基本恒定，因此在讨论静态工作点时主要考虑 I_B、I_C 和 U_{CE} 三个量，分别用 I_{BQ}、I_{CQ} 和 U_{CEQ} 表示。

想一想

放大电路为什么要设置静态工作点？

如果将电阻器 RP 断开，此时 $I_{BQ}=0$，在输入端输入交流电压 u_i。当 u_i 处于正半周时，三极管发射结正偏，但是由于三极管存在死区，因此只有当交流电压超过开启电压后，三极管才能导通；当 u_i 处于负半周时，三极管因发射结反偏而截止。

如果放大电路设置了合适的静态工作点，当输入交流电压 u_i 后，交流电压 u_i 与静态电压 U_{BEQ} 叠加在一起加在发射结两端，三极管始终处于导通状态，基极总电流 i_B 始终是单极性的脉动电流，从而保证放大电路能把输入信号不失真地加以放大。

（3）动态工作情况

当放大电路输入交流信号（即 $u_i\neq0$）时的工作状态，称为动态。这里所加的 u_i 为低频小信号，在此段范围内电压与电流近似呈线性关系，三极管工作在放大区（线性区）。基极与发射极间的总电压 u_{BE}、集电极与发射极间的总电压 u_{CE} 和输出电压 u_o 的波形如图 2-1-4 所示。

三极管基极与发射极间的总电压 $u_{BE}=U_{BEQ}+u_i$，其中 U_{BEQ} 为直流分量（即静态值），u_i 为交流分量。

基极总电流也包括直流分量和交流分量两部分，即 $i_B=I_{BQ}+i_b$。

这将引起集电极总电流相应的变化，即 $i_C=I_{CQ}+i_c$。

为便于分析，假设放大电路为空载，则三极管集电极与发射极间的总电压为

$$
\begin{aligned}
u_{CE} &= V_{CC}-i_C R_C \\
&= V_{CC}-(I_{CQ}+i_c)R_C \\
&= V_{CC}-I_{CQ}R_C-i_c R_C \\
&= U_{CEQ}-i_c R_C
\end{aligned}
$$

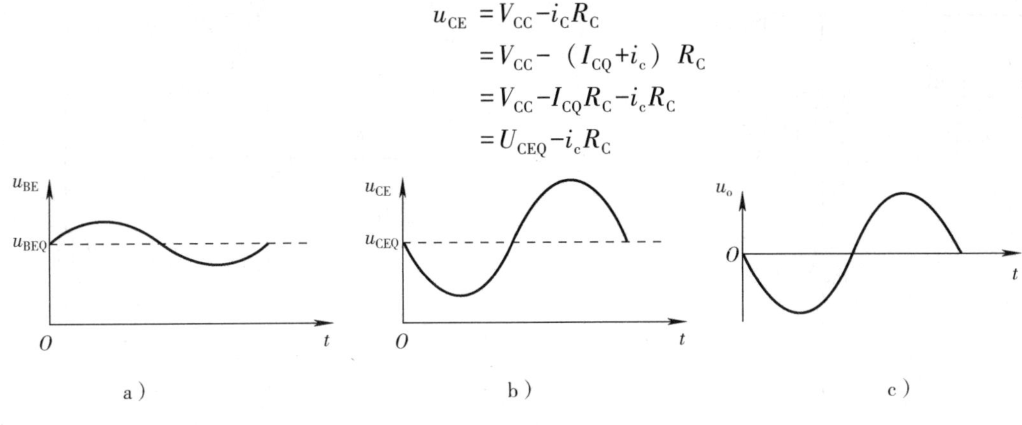

图 2-1-4　固定偏置放大电路的电压波形

a）u_{BE}　b）u_{CE}　c）u_o

其同样包括直流分量和交流分量两部分。由于耦合电容器 C2 起隔直流、通交流作用，在放大电路的输出端，直流分量 U_{CEQ} 被隔断，放大电路只输出交流分量，即

$$u_o=-i_c R_C$$

只要 R_C 足够大，输出电压 u_o 的幅度就可以大于输入电压 u_i 的幅度，实现放大功能。式中，负号表明 u_o 与 i_c 反相，由于 i_b、i_c 都与 u_i 同相，因此 u_o 与 u_i 是反相关系。

综上，固定偏置放大电路的输入端和输出端共用三极管的发射极，输出电压 u_o 与输入电压 u_i 频率相同，波形相似，幅度得到放大，但相位相反。

提示

电压放大作用是一种能量转换作用，即在很小的输入信号功率控制下，将电源的直流功率转变为较大的输出信号功率。放大电路的输出功率必须比输入功率要大，否则就不是放大电路。

2. 直流通路和交流通路

当放大电路输入交流信号后，放大电路中总是同时存在着直流分量和交流分量两种成分。由于放大电路中通常都包含电抗性元件，因此直流分量和交流分量的通路不一样。

（1）定义

通常把放大电路中允许直流信号通过的路径称为直流通路，允许交流信号通过的路径称为交流通路。

（2）画法原则

直流通路：电容器可以视为开路，电感器可以视为短路。

交流通路：小容抗的电容器和内阻很小的直流电源，忽略其交流压降，都可以视为短路。

按照图 2-1-3 所示的固定偏置放大电路（开关 S 合上），分别画出图 2-1-5 所示的直流通路和交流通路。

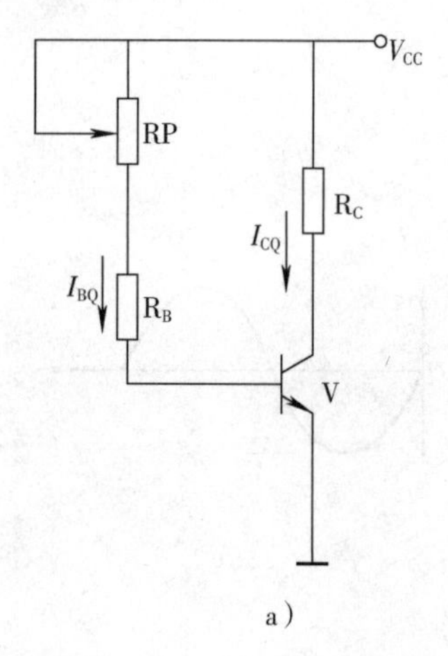

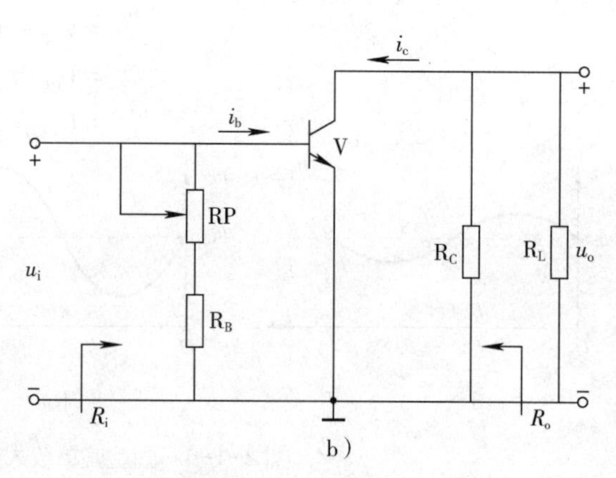

图 2-1-5　固定偏置放大电路的直流通路和交流通路

a）直流通路　b）交流通路

求静态工作点时只需考虑直流分量的关系，因此可以按照直流通路进行估算。

［例 2-1-1］设图 2-1-5a 中，$V_{CC}=6\ \text{V}$，$R_B=47\ \text{k}\Omega$，$R_P=253\ \text{k}\Omega$，$R_C=2\ \text{k}\Omega$，$\beta=35$。求静态工作点。

解：由图 2-1-5a 可得

$$I_{BQ}=\frac{V_{CC}-U_{BEQ}}{R_B+R_P}=\frac{6-0.7}{47+253}\approx 0.018\ (\text{mA})$$

$$I_{CQ}=\beta I_{BQ}=35\times 0.018=0.63\ (\text{mA})$$

$$U_{CEQ}=V_{CC}-I_{CQ}R_C=6-0.63\times 2\approx 4.7\ (\text{V})$$

3. 电压放大倍数和输入、输出电阻

放大电路的电压放大倍数和输入、输出电阻反映的是交流分量的关系，可以按照交流通路进行分析。

（1）电压放大倍数 A_u

放大电路的电压放大倍数是指输出电压 u_o 与输入电压 u_i 的比值。

即

$$A_u=\frac{u_o}{u_i}$$

1）测量法。测量时将开关 S 合上，用示波器测量带负载时放大电路输入电压 u_i 和输出电压 u_o 的波形，读出它们的不失真最大值 U_{im} 和 U_{om}，则电压放大倍数为

$$A_u=\frac{U_{om}}{U_{im}}$$

2）估算法。当有合适静态工作点时，若输入为低频小信号，三极管基极 B 和发射极 E 间可用线性电阻 r_{be} 等效，一般情况下，r_{be} 为 1 kΩ 左右，可以用以下公式估算：

$$r_{be} \approx 300\ \Omega + (1+\beta)\frac{26\ (\mathrm{mV})}{I_{EQ}\ (\mathrm{mA})}$$

由图 2-1-5b 可以看出，输入电压

$$u_i = i_b r_{be}$$

输出电压

$$u_o = -i_c R_L' = -\beta i_b R_L'$$

式中，$R_L' = R_C // R_L$，即为 R_C 与 R_L 并联的等效电阻。

则

$$A_u = \frac{u_o}{u_i} = -\beta\frac{R_L'}{r_{be}}$$

当放大电路不带负载（即空载）时，上式中 $R_L' = R_C$，因此放大电路空载时的电压放大倍数为

$$A_u = -\beta\frac{R_C}{r_{be}}$$

（2）输入电阻 R_i

放大电路的输入电阻是指从放大电路输入端看进去的交流等效电阻（不包括信号源的等效内阻 R）。

1）测量法。通过测量法计算放大电路的输入电阻时，其等效电路如图 2-1-6 所示，用示波器测量信号源电压 u_s 和放大电路输入电压 u_i 的波形，读出它们的不失真最大值 U_{sm} 和 U_{im}，则输入电阻

$$R_i = \frac{U_{im}}{U_{sm} - U_{im}} \times R$$

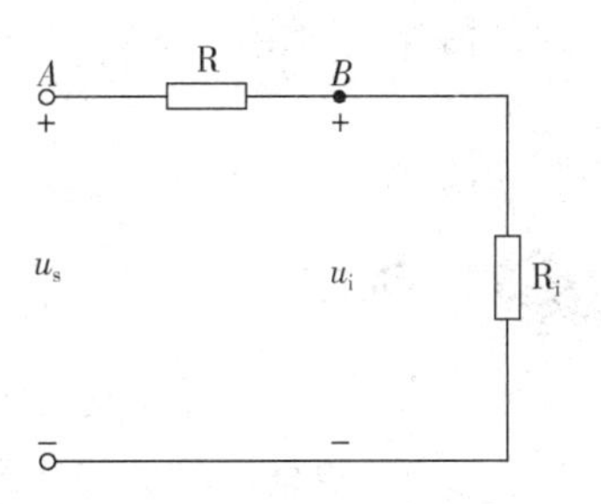

图 2-1-6　放大电路的输入电阻测量

2）估算法。由图 2-1-5b 可以看出，放大电路的输入电阻

$$R_i = (R_B + R_P) // r_{be}$$

因为

$$R_B + R_P \gg r_{be}$$

所以

$$R_i \approx r_{be}$$

提示

一般情况下，放大电路的输入电阻应尽可能大。这样，向信号源（或前一级电路）汲取的电流小，有利于减轻信号源的负担。

（3）输出电阻 R_o

放大电路的输出电阻是指从放大电路输出端看进去的交流等效电阻（不包括负载）。

1）测量法。通过测量法计算放大电路的输出电阻时，其等效电路如图 2-1-7 所示，其中 u_s' 表示放大电路在输出端的等效电压。放大电路输入端接信号源 u_s，用示波器观察输

出电压 u_o 的波形，先将开关 S 断开，读出输出电压 u_o 的不失真最大值 U_{om}，再将开关 S 合上，读出输出电压 u_o 的不失真最大值 U'_{om}，则放大电路的输出电阻

$$R_o = \left(\frac{U_{om}}{U'_{om}} - 1\right) \times R_L$$

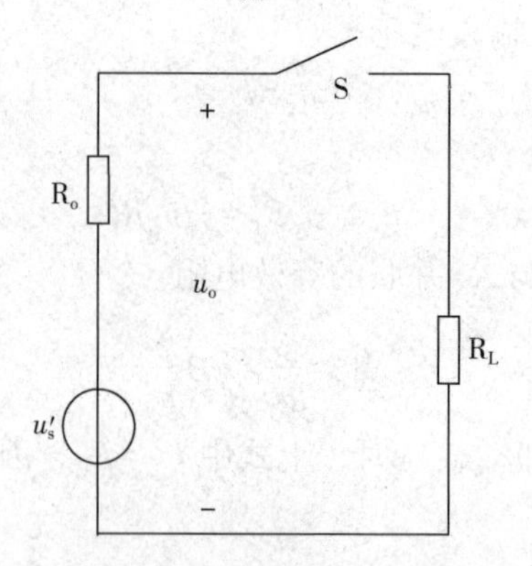

图 2-1-7　放大电路的输出电阻测量

2）估算法。由图 2-1-5b 可以看出，放大电路的输出电阻

$$R_o = R_C$$

提示

对于负载来说，放大电路是向负载提供信号的信号源，放大电路的输出电阻就是信号源的内阻，输出电阻越小，放大电路带负载的能力越强。

二、放大电路的图解分析

在三极管的输入和输出特性曲线上直接用作图的方法可以求解放大电路的工作情况，这种通过作图分析放大电路性能的方法称为图解分析法。

1. 静态工作点的图解分析

（1）求 I_{BQ}

根据直流通路，利用估算法计算 I_{BQ}。在图 2-1-8 所示的三极管输出特性曲线上找到 $I_B = I_{BQ}$ 那条曲线。

（2）作直流负载线

由图 2-1-9a 所示的直流通路输出回路可知，$U_{CE} = V_{CC} - I_C R_C$，由此可以确定两个特殊点。

令 $U_{CE} = 0$，则 $I_C = V_{CC}/R_C$，在三极管输出特性曲线纵轴（i_C 轴）可得 M 点。

令 $I_C = 0$，则 $U_{CE} = V_{CC}$，在三极管输出特性曲线横轴（u_{CE} 轴）可得 N 点。

连接 M、N，便可得到直流负载线 MN，如图 2-1-9b 所示。直流负载线的斜率 $k = -\dfrac{1}{R_C}$，R_C 越小，直流负载线越陡。

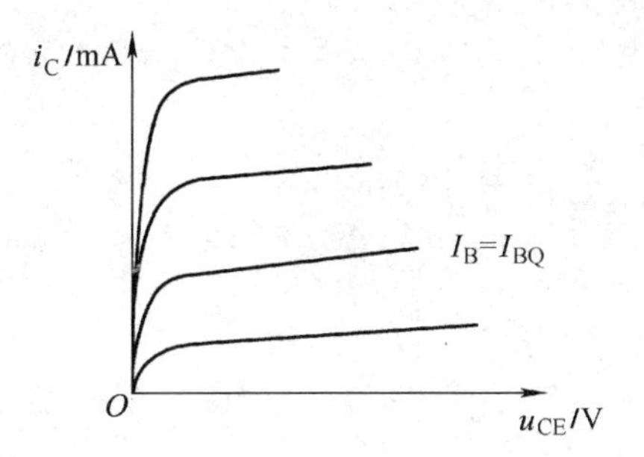

图 2-1-8 三极管的输出特性曲线

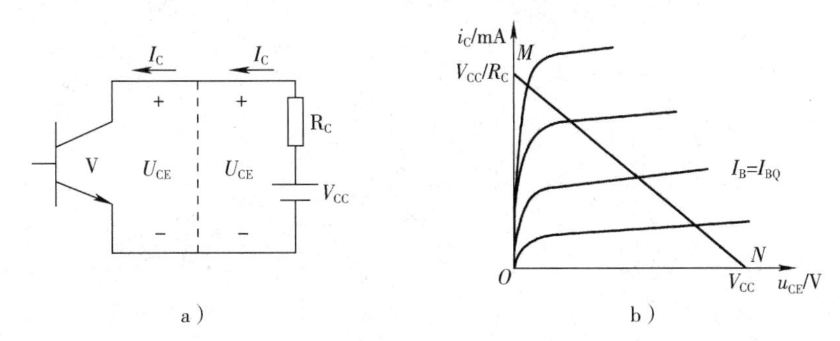

图 2-1-9 三极管的输出回路和直流负载线

a）直流通路输出回路 b）直流负载线

（3）确定静态工作点

三极管输出特性曲线中 $I_B=I_{BQ}$ 的曲线与直流负载线 MN 的交点 Q 即为静态工作点，其横坐标为 U_{CEQ}，纵坐标为 I_{CQ}，如图 2-1-10 所示。

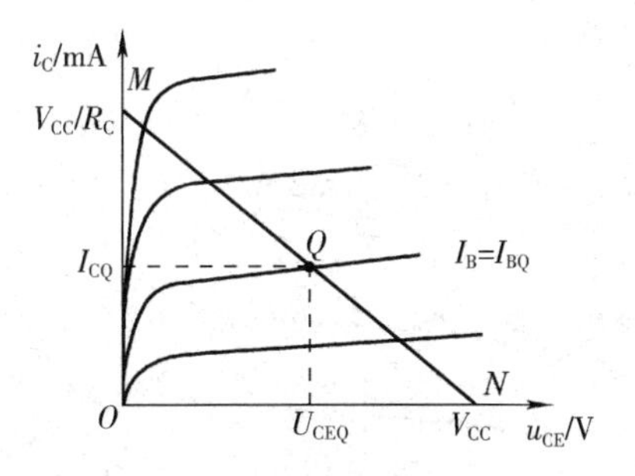

图 2-1-10 静态工作点的确定

做一做

［例 2-1-2］ 图 2-1-11 所示单管共射极放大电路中，$R_B=280\ \text{k}\Omega$，$R_C=3\ \text{k}\Omega$，集电极直流电源 $V_{CC}=12\ \text{V}$，用图解分析法确定静态工作点。

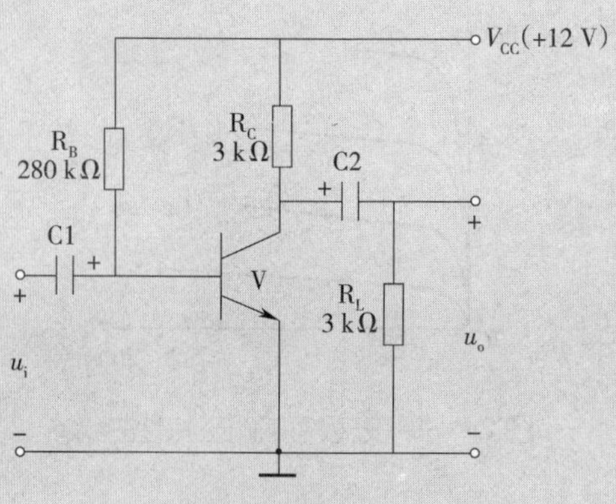

图 2-1-11　单管共射极放大电路

解：（1）估算 I_{BQ}

$$I_{BQ}=\frac{V_{CC}-U_{BEQ}}{R_B}=\frac{12-0.7}{280}\text{mA}=40\ \mu\text{A}$$

在图 2-1-12 所示的三极管输出特性曲线中找到 $I_{BQ}=40\ \mu\text{A}$ 的曲线。

（2）作直流负载线

根据 $U_{CE}=V_{CC}-I_CR_C$ 可知：

当 $I_C=0$ 时，$U_{CE}=12$ V。

当 $U_{CE}=0$ 时，$I_C=4$ mA。

在图 2-1-12 所示的三极管输出特性曲线中作直流负载线。

（3）确定静态工作点

三极管输出特性曲线中 $I_{BQ}=40\ \mu\text{A}$ 的曲线与直流负载线的交点 Q 即为静态工作点。

因此静态工作点为

$$I_{BQ}=40\ \mu\text{A},\ I_{CQ}=2\ \text{mA},\ U_{CEQ}=6\ \text{V}$$

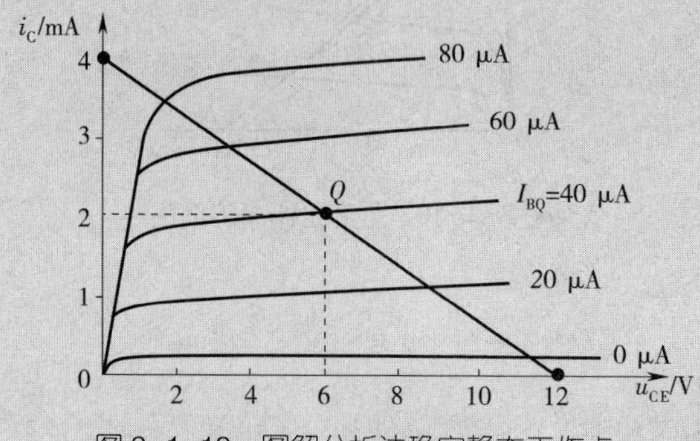

图 2-1-12　图解分析法确定静态工作点

2. 动态工作情况的图解分析

（1）交流通路的输出回路

交流通路的输出回路如图 2-1-13 所示，其外电路是 R_C 和 R_L 的并联。

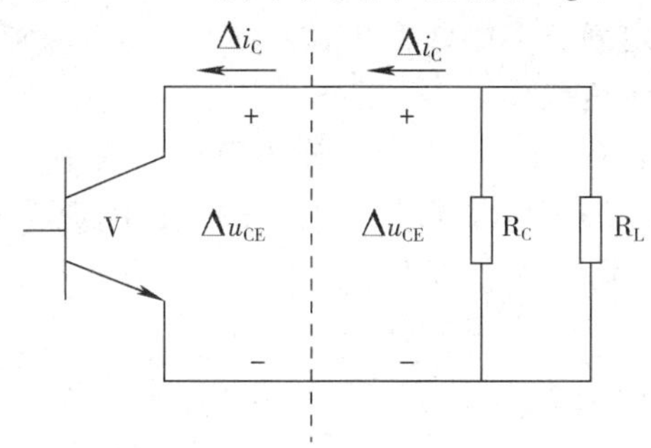

图 2-1-13　交流通路的输出回路

（2）交流负载线

由交流通路可知，交流负载线的方程为

$$i_C-I_{CQ}=-\frac{1}{R'_L}\left(u_{CE}-U_{CEQ}\right)$$

由此可知，交流负载线有两个特征：

1）由于输入电压 $u_i=0$ 时，$i_C=I_{CQ}$，$u_{CE}=U_{CEQ}$，所以交流负载线必然会经过静态工作点 Q。

2）交流负载线的斜率 $k=-\frac{1}{R'_L}$，其中 $R'_L=R_C//R_L$。

交流负载线（见图 2-1-14）的作法如下：

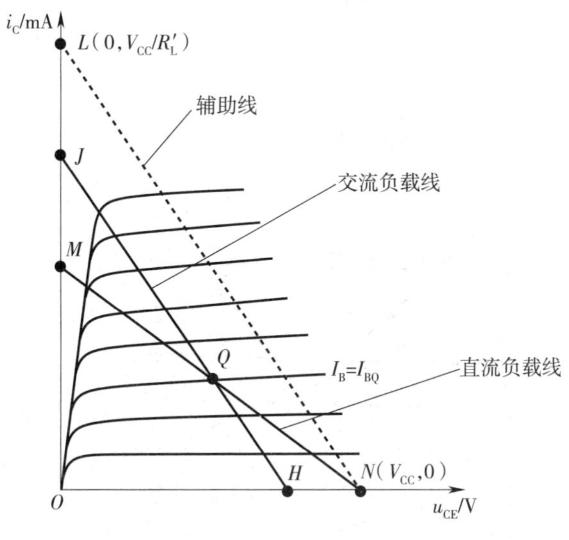

图 2-1-14　交流负载线

1）作交流负载线的辅助线，在三极管输出特性曲线中，辅助线与横轴的交点坐标为 N（V_{CC}，0），与纵轴的交点坐标为 L（0，V_{CC}/R'_L）。

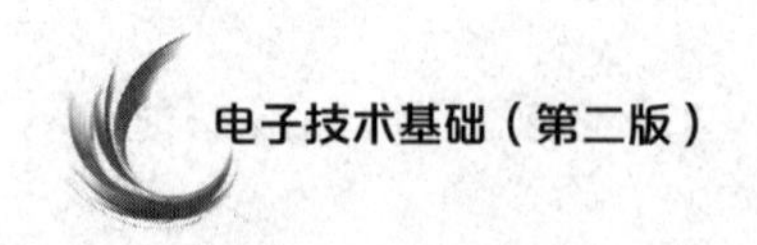

2）过静态工作点 Q 作辅助线的平行线，即为交流负载线。

（3）动态工作情况图解分析

利用图解分析法进行动态工作情况分析的具体步骤为：

1）作直流负载线，确定静态工作点。

2）过静态工作点作交流负载线。

3）已知输入电压 $u_i = U_{im}\sin\omega t$，在三极管输入特性曲线中，u_{BE} 将以 U_{BEQ} 为基础，随 u_i 的变化而变化，如图 2-1-15 所示。可见，对应的基极电流 i_B 也将以 I_{BQ} 为基础在最大基极电流 I_{Bmax} 和最小基极电流 I_{Bmin} 之间变化。

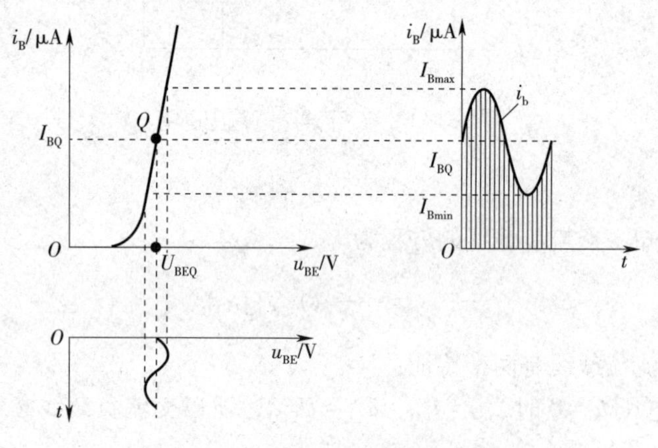

图 2-1-15　输入回路工作情况分析

4）在三极管输出特性曲线中找出 I_{BQ} 及 I_{Bmax} 和 I_{Bmin} 对应的输出特性曲线和交流负载线的交点 Q、Q'、Q''，可得到相对应的集电极电流 i_C 的动态范围和集电极与发射极间的电压 u_{CE} 的动态范围，如图 2-1-16 所示。

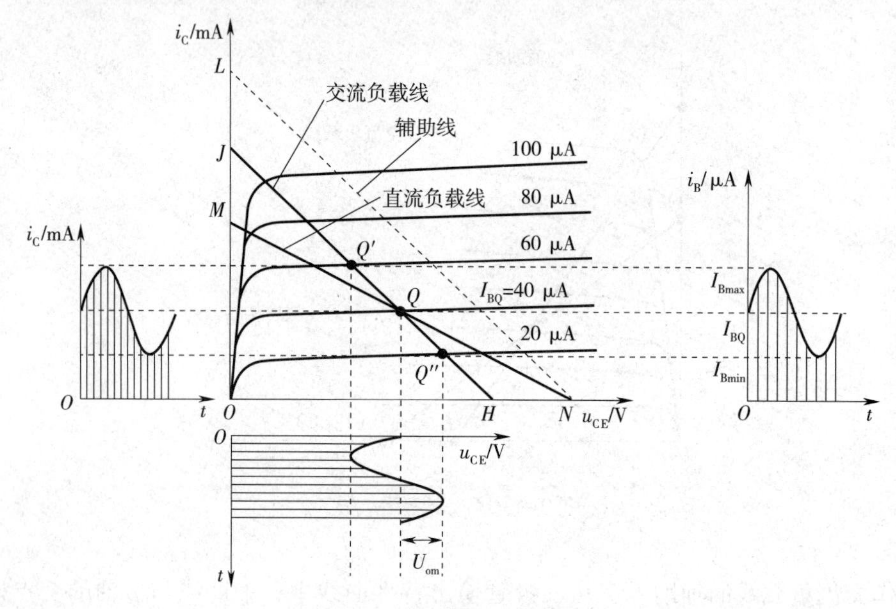

图 2-1-16　输出回路工作情况分析

5）求电压放大倍数。已知交流输入电压 U_{im}，由图 2-1-16 求出输出电压 U_{om}。根据电压放大倍数的定义，可求得电压放大倍数为

$$A_u = \frac{U_{om}}{U_{im}}$$

由图解分析可知：u_o 与 u_i 相位相反。

3. 图解分析法的应用

（1）图解分析法分析非线性失真

1）饱和失真。输出信号波形负半周被部分削平的现象称为饱和失真，如图 2-1-17a 所示。

产生饱和失真的原因是静态工作点 Q 偏高。如图 2-1-18 中的 Q'点，输入信号的正半周有一部分进入饱和区，使输出信号的负半周被部分削平。

消除饱和失真的方法是增大基极偏置电阻 R_B 和 R_P，减小 I_{BQ}，使 Q 点适当下移。

2）截止失真。输出信号波形正半周被部分削平的现象称为截止失真，如图 2-1-17b 所示。

产生截止失真的原因是静态工作点 Q 偏低。如图 2-1-18 中的 Q''点，输入信号的负半周有一部分进入截止区，使输出信号的正半周被部分削平。

消除截止失真的方法是减小基极偏置电阻 R_B 和 R_P，增大 I_{BQ}，使 Q 点适当上移。

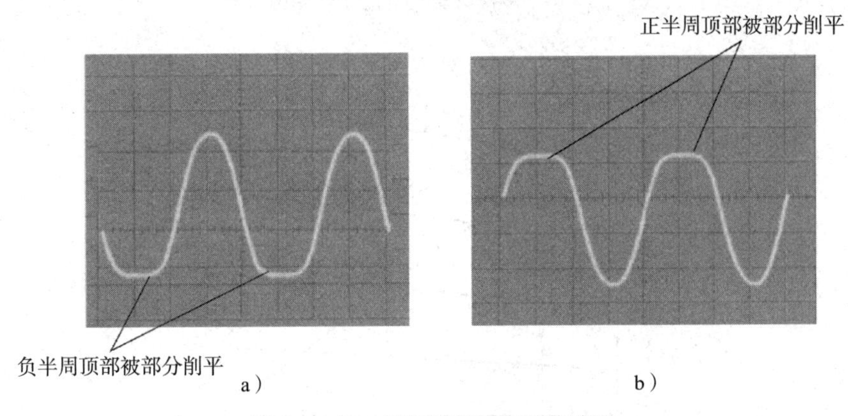

图 2-1-17　用示波器观察到的波形
a）饱和失真波形　b）截止失真波形

饱和失真和截止失真分别是因为工作点进入饱和区和截止区（非线性区）而发生的失真，所以饱和失真和截止失真统称为“非线性失真”。

为使输出信号最大且不失真，必须使工作点在线性区域内变化，并使工作点有较大的动态范围，通常将静态工作点设置在交流负载线的中点附近。

（2）用图解分析法估算最大输出幅度

最大输出幅度是指输出信号波形没有明显失真时能够输出的最大电压，即图 2-1-19 中的 A、B 所限定的范围。Q 尽量设在线段 AB 的中点，则 $AQ=QB, CD=DE$。

最大输出幅度为

$$U_{om}=\frac{CD}{\sqrt{2}}=\frac{DE}{\sqrt{2}}$$

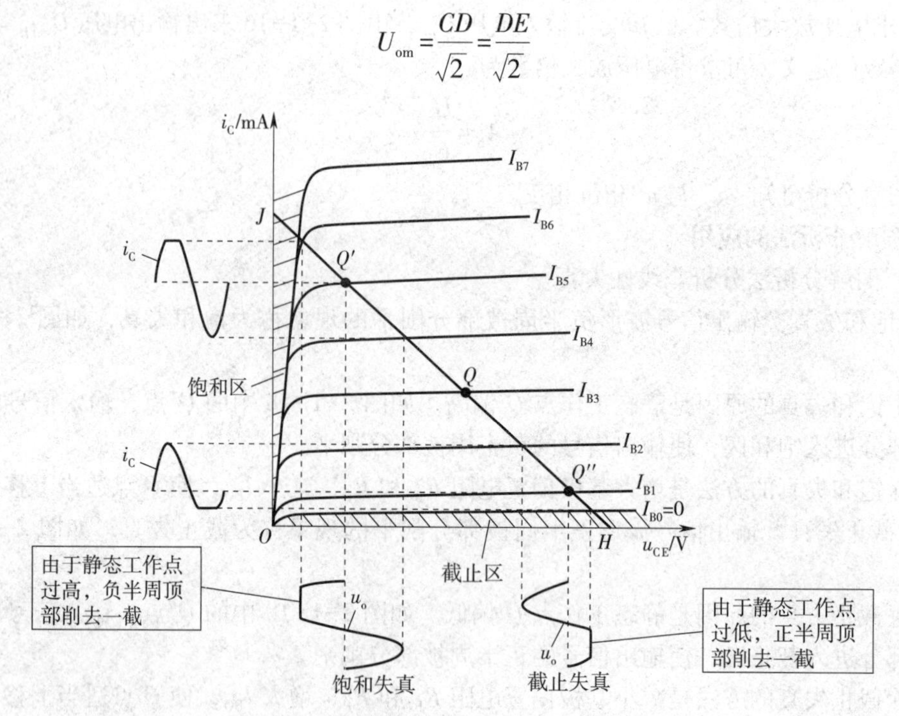

图 2-1-18　波形失真与静态工作点的关系

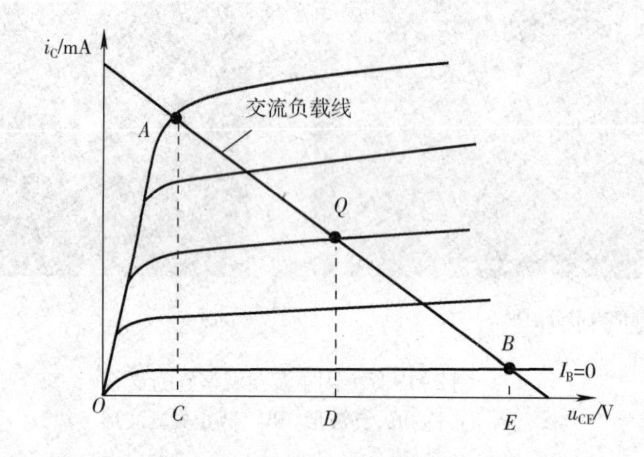

图 2-1-19　用图解分析法估算最大输出幅度

三、分压式射极偏置放大电路的原理与分析

固定偏置放大电路（共射极基本放大电路）的结构简单，但它最大的缺点是静态工作点不稳定，当环境温度变化、电源电压波动或更换三极管时，都会使原来的静态工作点发生改变，严重时会使放大电路不能正常工作。

1. 温度对静态工作点的影响

在导致静态工作点不稳定的各种因素中，温度是主要因素。当环境温度改变时，三极管的参数会发生变化，其特性曲线也会发生相应的变化。图 2-1-20 所示为某三极管在

25 ℃和 45 ℃两种情况下的输出特性曲线。当温度升高时，I_B 曲线上移，表示基极电流随温度升高而增大，同时各条曲线之间的间隔增大，整个曲线簇上移。当温度为 25 ℃时，静态工作点 Q 对应的基极偏置电流为 $I_{BQ}=40\ \mu A$，那么当温度升高到 45 ℃时，由于特性曲线发生变化，如果仍保持 $I_{BQ}=40\ \mu A$，则原来的静态工作点将移到接近饱和区的 Q_1 点，这样放大电路将出现饱和失真。

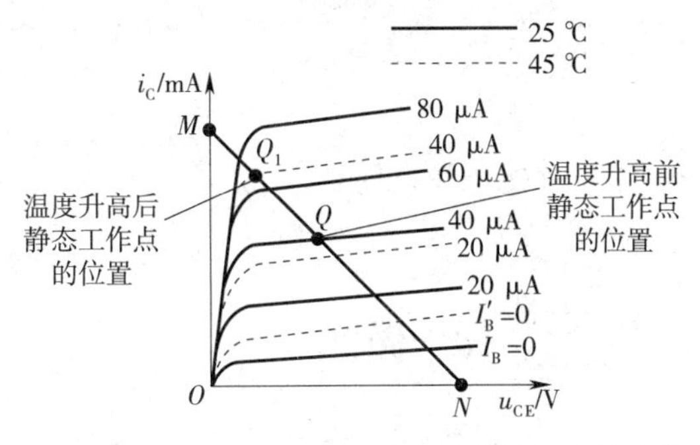

图 2-1-20　三极管在不同温度时的输出特性曲线

2. 分压式射极偏置放大电路分析

在温度变化时，要保持静态工作点稳定不变，可采用分压式射极偏置放大电路。分压式射极偏置放大电路解决了温度对静态工作点的影响，从而使放大电路能稳定地工作。

（1）电路组成

分压式射极偏置放大电路如图 2-1-21 所示。R_{B1} 和 R_{B2} 分别作为上、下基极偏置电阻器，组成分压电路，提供基极电压。R_E 为发射极电阻器，起稳定 I_{CQ} 的作用，旁路电容器 C_E 与 R_E 并联，一般是几十微法的电解电容器，在 R_E 旁边开出了一条交流通路，以保证 R_E 只有直流电流通过。

（2）静态工作点稳定原理

分压式射极偏置放大电路的直流通路如图 2-1-22 所示。

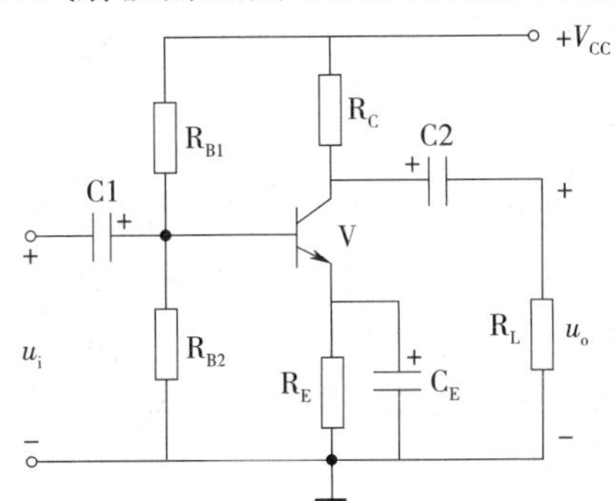

图 2-1-21　分压式射极偏置放大电路

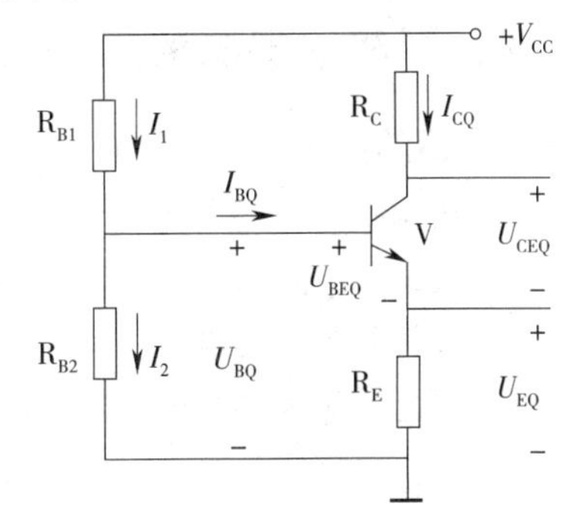

图 2-1-22　直流通路

适当选择元器件参数，使电路满足

$$I_1 \approx I_2 \gg I_{BQ}，\ U_{BQ} \gg U_{BEQ}$$

那么 R_{B1} 和 R_{B2} 可看做串联，则基极电压为

$$U_{BQ} \approx \frac{R_{B2}}{R_{B1}+R_{B2}} V_{CC}$$

此时，U_{BQ} 与温度无关。

一般取 $I_1 =（5\sim10）I_{BQ}$，$U_{BQ}=3\sim5$ V。

当温度升高时，三极管参数发生变化，I_{CQ} 增大，静态工作点 Q 的位置上移，同时 I_{CQ} 的增大使 U_{EQ} 升高，而 U_{BQ} 基本不变，于是 U_{BEQ} 将降低，导致 I_{BQ} 减小，这样 I_{CQ} 又跟着减小，迫使静态工作点 Q 下移，起到稳定静态工作点的作用。其过程如下：

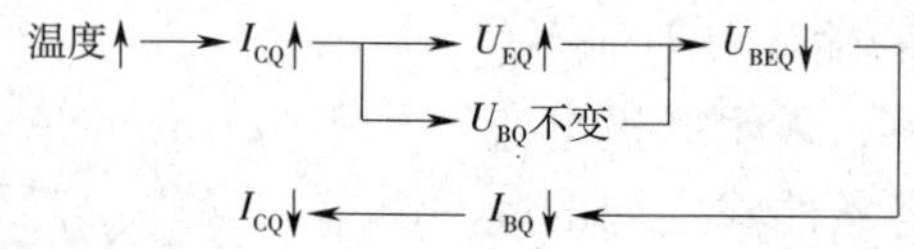

（3）静态工作点估算

［例 2-1-3］图 2-1-21 所示分压式射极偏置放大电路中，$V_{CC}=18\ \mathrm{V}$，$R_{B1}=39\ \mathrm{k\Omega}$，$R_{B2}=10\ \mathrm{k\Omega}$，$R_C=3\ \mathrm{k\Omega}$，$R_E=1.7\ \mathrm{k\Omega}$，$R_L=6\ \mathrm{k\Omega}$，$\beta=50$。求静态工作点。

解：

$$U_{BQ}\approx\frac{R_{B2}}{R_{B1}+R_{B2}}V_{CC}=\frac{10}{39+10}\times18\approx3.67\ (\mathrm{V})$$

$$I_{CQ}\approx I_{EQ}=\frac{U_{BQ}-U_{BEQ}}{R_E}=\frac{3.67-0.7}{1.7}\approx1.75\ (\mathrm{mA})$$

$$U_{CEQ}=V_{CC}-I_{CQ}R_C-I_{EQ}R_E\approx V_{CC}-I_{CQ}(R_C+R_E)$$
$$=18-1.75\times(3+1.7)\approx9.8\ (\mathrm{V})$$

$$I_{BQ}\approx\frac{I_{CQ}}{\beta}=\frac{1.75}{50}=0.035\ (\mathrm{mA})=35\ (\mu\mathrm{A})$$

四、射极输出器的原理与分析

1. 电路的组成

射极输出器电路如图 2-1-23 所示，其直流通路和合上开关 S 后的交流通路如图 2-1-24 所示，基极偏置电阻器 R_B 与电位器 RP 串联后的等效电阻器为 R'_B。由图 2-1-24b 可知，信号从三极管的基极与集电极之间输入，从发射极与集电极之间输出。集电极为输入、输出电路的公共端，故称为共集电极放大电路。由于信号从发射极输出，因此又称为射极输出器。

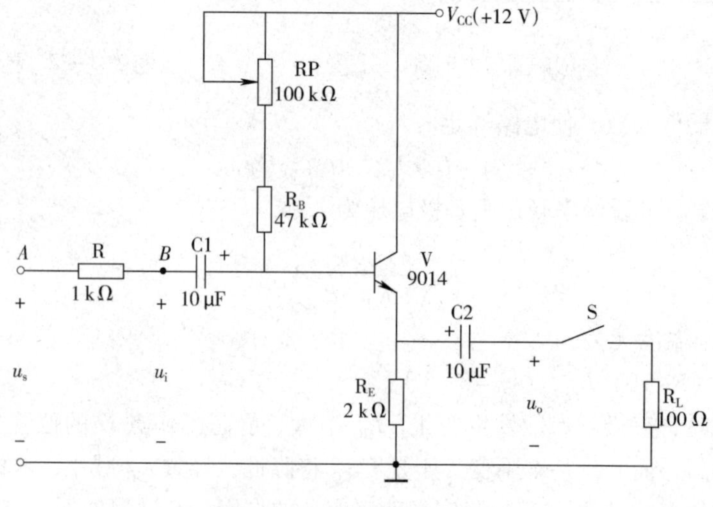

图 2-1-23　射极输出器电路

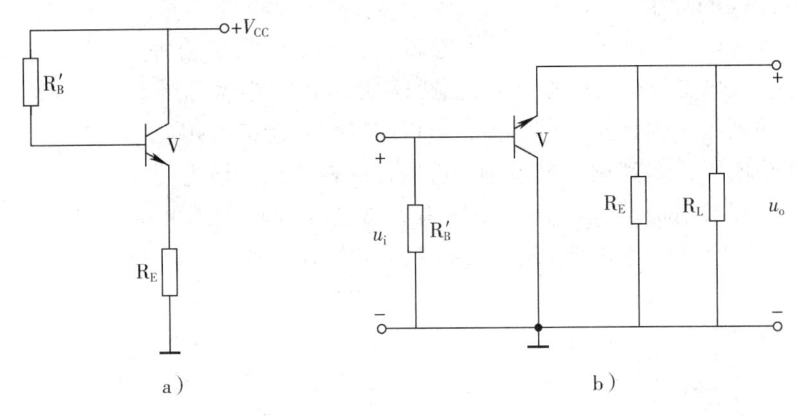

图 2-1-24　射极输出器的直流通路和交流通路
a）直流通路　b）交流通路

2. 静态工作点的估算

做一做

［例 2-1-4］图 2-1-24a 所示的射极输出器的直流通路中，$V_{CC}=12$ V，$R_E=2$ kΩ，$\beta=30$，$R'_B=120$ kΩ。求静态工作点。

解：由 $V_{CC}=I_{BQ}R'_B+U_{BEQ}+(1+\beta)I_{BQ}R_E$ 可得

$$I_{BQ}=\frac{V_{CC}-U_{BEQ}}{R'_B+(1+\beta)R_E}=\frac{12-0.7}{120+(1+30)\times 2}\approx 0.062\ (\text{mA})$$

$$I_{CQ}=\beta I_{BQ}=30\times 0.062=1.86\ (\text{mA})$$

$$U_{CEQ}=V_{CC}-I_{EQ}R_E\approx V_{CC}-I_{CQ}R_E=12-1.86\times 2\approx 8.3\ (\text{V})$$

3. 射极输出器的特点

（1）电压放大倍数小于 1，且接近于 1。

（2）输出电压与输入电压相位相同。

（3）输入电阻大。

（4）输出电阻小。

提示

由于射极输出器的输出电压 u_o 和输入电压 u_i 相位相同且近似相等，可以近似看做 u_o 随着 u_i 的变化而变化，因此射极输出器又称为射极跟随器。

4. 射极输出器的应用

射极输出器具有电压跟随作用和输入电阻大、输出电阻小的特点，且有一定的电流和功率放大作用，因此在分立元件多级放大电路和集成电路中，都有十分广泛的应用。

（1）用作输入级，因其输入电阻大，可以减轻信号源的负担。

（2）用作输出级，因其输出电阻小，可以提高带负载的能力。

（3）用在两级共射极放大电路之间作为隔离级（或称为缓冲级），因其输入电阻大，对前级影响小，又因其输出电阻小，对后级影响也小，因此可以有效提高总的电压放大倍数。

任务实施

任务实施使用的单管放大电路如图 2-1-25 所示。

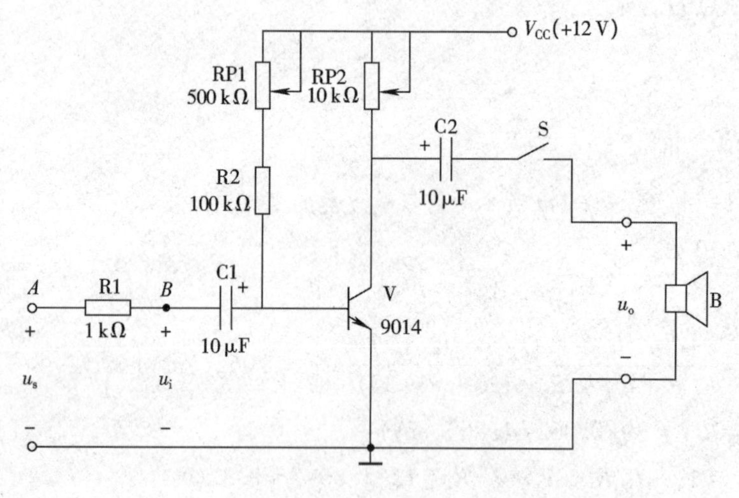

图 2-1-25　单管放大电路

软件仿真

单管放大电路静态仿真如图 2-1-26 所示，观察并记录电压表和电流表的读数，分析三极管的工作状态。

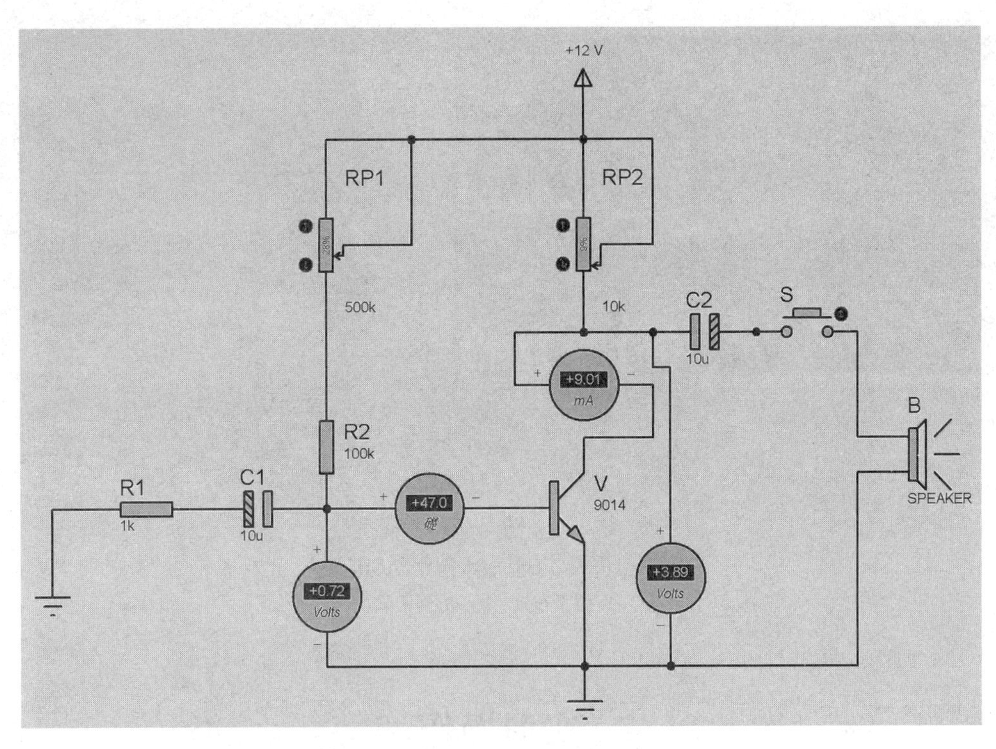

图 2-1-26 单管放大电路静态仿真

单管放大电路动态仿真如图 2-1-27 所示，观察并记录示波器中输入、输出电压波形，聆听扬声器的声音，对比空载和接负载时放大电路的输出电压变化。

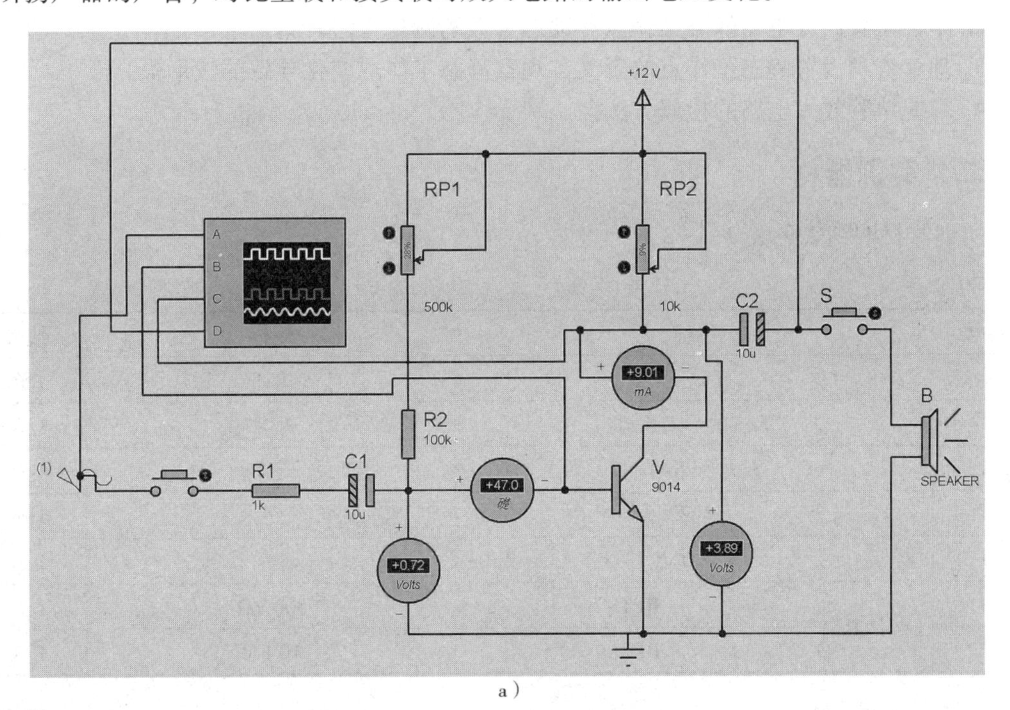

a）

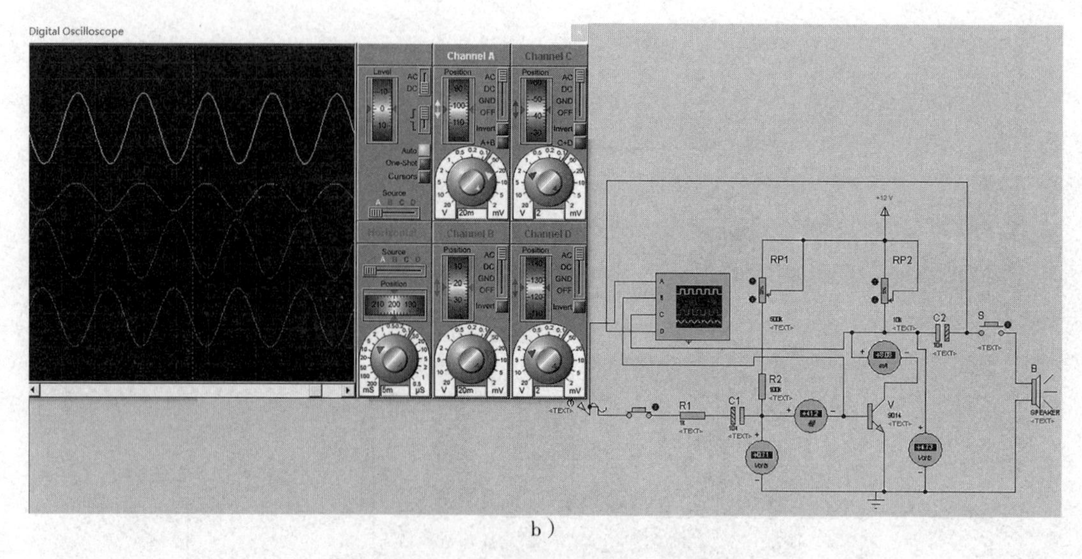

b）

图 2-1-27　单管放大电路动态仿真

a）仿真布置　b）仿真调试

实训操作

一、实训目的

1. 学会单管放大电路的安装，体验单管放大电路的放大作用。
2. 学会单管放大电路静态工作点和动态参数的测量方法。
3. 理解合理设置静态工作点的意义，观察静态工作点变化导致的波形失真。
4. 掌握单管放大电路的检修方法。

二、实训器材

实训器材明细表见表 2-1-2。

表 2-1-2　实训器材明细表

序号	名称		规格	数量
1	示波器		通用	1 台
2	低频信号发生器		通用	1 台
3	直流稳压电源		通用	1 台
4	音源		—	1 个
5	常用工具		—	1 套
6	电位器	RP1	500 kΩ	1 只
7		RP2	10 kΩ	1 只

续表

序号	名称		规格	数量
8	电阻器	R1	1 kΩ	1只
9		R2	100 kΩ	1只
10	电解电容器 C1、C2		10 μF/25 V	2只
11	三极管 V		9014	1只
12	开关 S		单刀单掷	1个
13	扬声器 B		8 Ω	1只
14	实验板		—	1块

三、实训内容

1. 电路安装图的设计

（1）电路板及其尺寸确定

电路板的形状通常与整体外形有关，其尺寸的确定应考虑整体的内部结构，元器件的数量、尺寸及安装排列方式。

（2）安装图设计

用方格纸绘制，版面的四周留出一定的空白（宽度一般为 5~10 mm）不设置焊盘和导线，用来绘制电路板的定板孔和各元器件的固定孔。

1）进行元器件布局。确定每个元器件的合适位置，用铅笔画出各元器件外形轮廓，注意应使元器件轮廓尺寸与实物对应，元器件间距要均匀一致，各元器件之间外表距离不能小于 1.5 mm。使用较多的小型元器件可不画出轮廓，直接用矩形框表示，同时勾勒出元器件引脚对应的焊盘。在元器件布局时应尽量使元器件排列均匀、整齐，同时务必考虑干扰及散热问题等。

2）进行布线。按照电路图，将有连接关系的焊盘进行布线连接。在布线时，尽量单面布线，若不能满足要求才采用双面布线，即在元器件面和焊接面同时布线。布线应横平竖直，并考虑导线间的距离，以及地线、电源线等产生的公共阻抗的干扰。布线时，导线不能交叉。

（3）安装图修改

铅笔绘制的草图反复核对无误后，再用绘图笔重描焊点及导线，注明电路板的技术要求。

2. 单管放大电路的安装

按照图 2-1-25 进行电路安装图设计，再按照安装图进行安装。在电路安装过程中，应遵循下列步骤和原则：

（1）元器件清点、识别和检测

使用万用表检测各元器件的好坏。所有元器件安装前必须进行测试。注意判别二极管、三极管、电解电容器的极性。

（2）元器件成形与插装

为了保证焊接质量，元器件插装前必须进行引脚成形。手工插装的过程基本相同，都是将元器件逐一插入电路板上，元器件的插装包括卧式（水平式）、立式（垂直式）、倒装式、横装式和嵌入式（伏式）等方式，如图 2-1-28 所示。

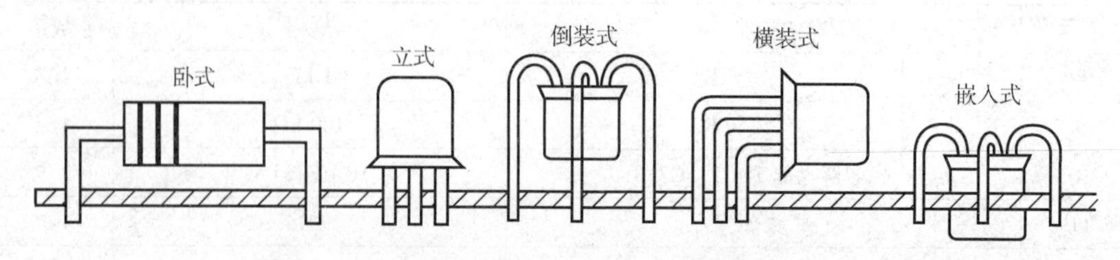

图 2-1-28　元器件的插装方式

电容器、三极管、晶体振荡器和单列直插集成电路多采用立式插装，电阻器、二极管、双列直插及扁平封装集成电路多采用卧式插装。

元器件的插装应遵循先小后大、先轻后重、先低后高、先里后外、先一般元器件后特殊元器件的基本原则。

（3）元器件焊接

焊接的顺序为：先焊接小型、普通的元器件，再焊接大型、特殊的元器件。焊接时，应杜绝错焊、漏焊和虚焊，焊点无拉尖现象，表面光亮、圆润，没有裂纹，周围无残留的焊剂，焊接部位无热损伤和机械损伤现象。

安装完成的单管放大电路板如图 2-1-2 所示。

3. 单管放大电路放大功能的体验

音源、单管放大电路板和扬声器如图 2-1-29 所示。单管放大电路放大功能的体验见表 2-1-3。

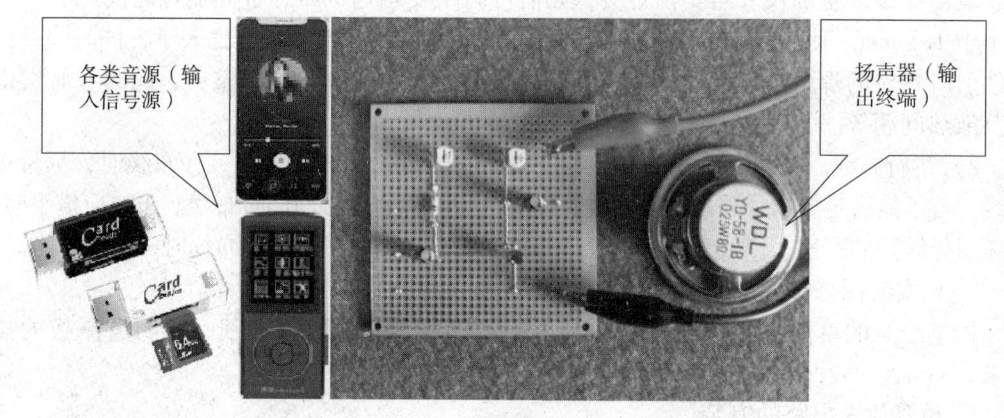

图 2-1-29　音源、单管放大电路板和扬声器

表 2-1-3　单管放大电路放大功能的体验

序号	操作内容
1	正确连线，单管放大电路的电源端、地端分别与+12 V 直流稳压电源的输出端、地端相连，音源的输出端接电路 B 点，地线与电路的地端相连，同时合上开关 S
2	开启音源，调节其音量

续表

序号	操作内容
3	反复调节电位器 RP1 和 RP2，仔细聆听扬声器播放的音乐，直到声音清晰、音量适中且无失真为止
4	将音源的输出端直接接扬声器，再仔细聆听扬声器播放的音乐

想一想

单管放大电路为什么能增大扬声器播放的音乐音量？

4. 单管放大电路的调试

（1）静态工作点的测量

将开关 S 合上，断开信号源，输入端 A 点接地，用万用表测量并记录单管放大电路有载时的静态工作点。

（2）电压放大倍数 A_u 的测量

将开关 S 合上，输入端 A 点接通信号源 u_s，用示波器观察有载时放大电路输入电压 u_i 和输出电压 u_o 的波形，读出它们的不失真最大值 U_{im} 和 U_{om}，则电压放大倍数 $A_u=\frac{U_{om}}{U_{im}}$。

（3）输入电阻 R_i 的测量

将开关 S 合上，输入端 A 点接通信号源 u_s，用示波器观察 u_s 和 u_i 的波形，调节信号源 u_s 的幅度，读出 u_s 和 u_i 的不失真最大值 U_{sm} 和 U_{im}，则输入电阻 $R_i=\frac{U_{im}}{U_{sm}-U_{im}}\times R_1$。

（4）输出电阻 R_o 的测量

将输入端 A 点接通信号源 u_s，用示波器观察输出电压 u_o 的波形，先将开关 S 断开，读出输出电压的不失真最大值 U_{om}，而后将开关 S 合上，再读出输出电压的不失真最大值 U'_{om}，则输出电阻 $R_o=\left(\frac{U_{om}}{U'_{om}}-1\right)\times R_L$，其中 R_L 为扬声器 B 的等效电阻值。

（5）观察静态工作点对输出电压波形的影响

调节电位器 RP1（减小其电阻值），用示波器观察输出电压波形，当调节到一定的程度时，注意波形的底部会被削平，电路出现饱和失真现象，记录输出电压波形的正常形状和饱和失真时输出电压波形的形状；调节电位器 RP1（增大其电阻值），直到用示波器观察到正常的输出电压波形，然后继续增大 RP1，当调节到一定的程度时，注意波形的顶部会被削平，电路出现截止失真现象，记录截止失真时输出电压波形的形状。

5. 单管放大电路的检修

单管放大电路检修流程如图 2-1-30 所示。

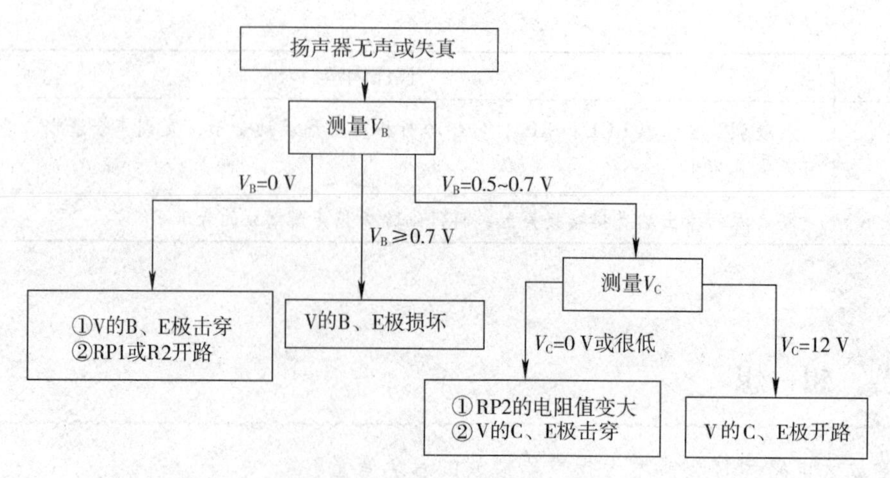

图 2-1-30　单管放大电路检修流程

四、实训报告要求

1. 分别画出单管放大电路原理图和安装图。
2. 完成调试记录。
3. 分析调节电位器 RP1 会导致输出电压波形出现饱和失真和截止失真现象的原因。

五、评分标准

评分标准见表 2-1-4。

表 2-1-4　评分标准

姓名：________　学号：________　合计得分：________

内容	要求	评分标准	配分	扣分	得分
三极管检测	判断三极管的管型和极性正确	一处错误，扣 5 分	15		
电路安装	电路安装正确、完整	一处不符合，扣 5 分	10		
	元器件完好，无损坏	一件损坏，扣 2.5 分	5		
	布局层次合理，主次分清	一处不符合，扣 2 分	10		
	接线规范，布线美观，横平竖直，接线牢固，无虚焊，焊点符合要求	一处不符合，扣 2 分	10		
	按图接线	一处不符合，扣 5 分	5		
电路调试	通电调试成功	通电调试不成功，扣 10 分	10		
静态工作点测量	正确使用万用表测量静态工作点（U_{CEQ}、I_{BQ}、I_{CQ}）	一处错误，扣 3 分	9		
动态参数测量	正确使用示波器测量并计算 A_u、R_i、R_o	一处错误，扣 2 分	6		

续表

内容	要求	评分标准	配分	扣分	得分
波形失真观察	正确使用示波器观察并记录饱和失真、截止失真时的输出电压波形	一处错误，扣5分	10		
安全生产	遵守国家颁布的安全生产法规或企业自定的安全生产规范	1. 违反安全生产相关规定，每项扣2分 2. 发生重大事故加倍扣分	10		
合计			100		

知识链接

示波器的使用方法

一、获得基线

使用示波器时，首先要获得一条纤细且清晰的水平基线，然后才能用探头进行其他测量，具体方法如下：

1. 预置面板各开关、旋钮。亮度置适中，聚焦和辅助聚焦置适中，垂直输入耦合置“AC”，垂直偏转刻度选择置“5 mV/div”，垂直工作方式选择置“CHl”，垂直灵敏度微调校准位置置“CAL”，垂直通道同步源选择置中间位置，垂直位置置中间位置，A 和 B 扫描时间刻度均预置“0. 5 ms/div”，A 扫描时间微调置校准位置“CAL”，水平位移置中间位置，扫描工作方式置“A”，触发同步方式置“AUTO”，斜率开关置“+”，触发耦合开关置“AC”，触发源选择置“INT”。

2. 按下电源开关，电源指示灯点亮。

3. 调节 A 亮度聚焦等控制旋钮，可出现纤细清晰的扫描基线，调节基线使其位于屏幕中间，与水平坐标刻度基本重合。

4. 调节轨迹平行度控制，使基线与水平坐标平行。

二、显示信号

一般情况下，示波器本身有一个 0. 5 V_{p-p} 标准方波信号输出口，当获得基线后，即可将探头接到此处，此时屏幕应有一串方波信号，调节电压量程和扫描时间刻度旋钮，方波的幅度和宽窄应变化，说明示波器基本调整完毕，可以投入使用。

三、测量信号

将测试线接 CHl 输入插座，测试探头触及测试点，即可在示波器上观察到波形。如果波形幅度太大或太小，可调节垂直偏转刻度旋钮；如果波形周期显示不适合，可调节扫描速度旋钮。

任务2　负反馈多级放大电路及其应用

学习目标

1. 了解多级放大电路的级间耦合形式，会计算其电压放大倍数和输入、输出电阻。
2. 掌握反馈的概念、分类以及负反馈的作用。
3. 熟悉负反馈多级放大电路的组成、工作原理、安装、调试与检修。

任务引入

本课题任务1的音乐门铃电路利用单管放大电路进行信号的放大。为了提高放大倍数，改善电路的放大性能，可以采用负反馈多级放大电路，其组成框图如图2-2-1所示，负反馈多级放大电路板如图2-2-2所示。

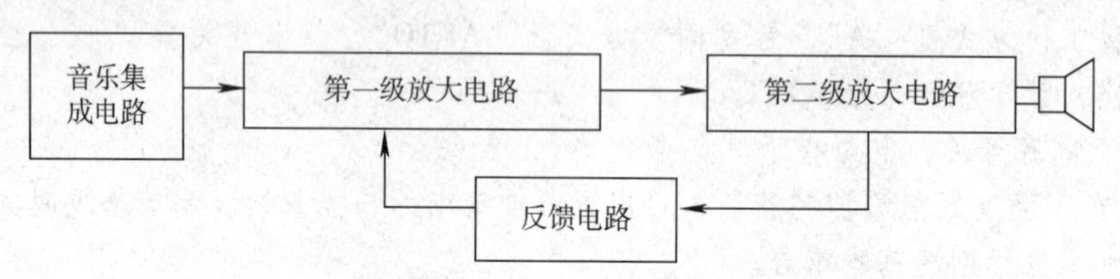

图2-2-1　采用负反馈多级放大电路的音乐门铃电路组成框图

本任务是学会安装负反馈多级放大电路，理解负反馈多级放大电路在音乐门铃电路中的作用，熟悉负反馈多级放大电路的调试与检修方法。

图 2-2-2 负反馈多级放大电路板

一、多级放大电路

1. 级间耦合形式

多级放大电路产生了单级放大电路间的连接问题，即耦合问题。多级放大电路的级间耦合组成框图如图 2-2-3a 所示，必须保证信号的传输及各级的静态工作点正确。

多级放大电路的级间耦合形式可分为直接耦合和电抗性元件耦合两大类。

（1）直接耦合

级间采用直接连接或电阻连接，不采用电抗性元件，如图 2-2-3b 所示。直接耦合多级放大电路可传输低频甚至直流信号，缓慢变化的漂移信号也可以通过直接耦合多级放大电路。

直接耦合的优点：

1）无耦合元器件，便于集成化。

2）可放大缓慢变化的信号。

直接耦合的缺点：

1）各级放大电路的静态工作点相互影响。

2）输出电压随温度变化漂移严重。

（2）电抗性元件耦合

电抗性元件耦合包括阻容耦合、变压器耦合等，如图 2-2-3c、d 所示。阻容耦合、变压器耦合多级放大电路只能传输交流信号，漂移信号和低频信号均不能通过。

电抗性元件耦合的主要优点：各级放大电路的静态工作点独立。

电抗性元件耦合的缺点：

1）不适合放大缓慢变化的信号。

2）不便于集成化。

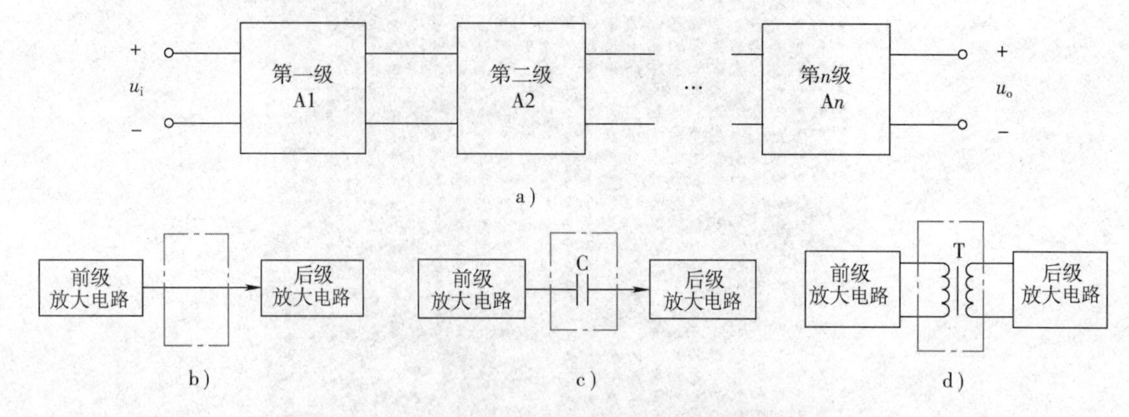

图 2-2-3　多级放大电路级间耦合的组成框图和形式

a）组成框图　b）直接耦合　c）阻容耦合　d）变压器耦合

2. 多级放大电路的电压放大倍数和输入、输出电阻

从多级放大电路的组成框图可知，前级放大电路是后级的信号源，其输出电阻就是信号源的内阻；后级放大电路是前级的负载，其输入电阻就是信号源的负载电阻。若多级放大电路一共有 n 级，各级的电压放大倍数分别为 A_{u1}、A_{u2}、…、A_{un}，那么总电压放大倍数 $A_u=A_{u1}A_{u2}\cdots A_{un}$。

多级放大电路的输入电阻就是第一级放大电路的输入电阻，即 $R_i=R_{i1}$。

多级放大电路的输出电阻就是最后一级放大电路的输出电阻，即 $R_o=R_{on}$。

二、反馈的概念

1. 定义

将电路输出信号（电压或电流）的一部分或全部，通过某种电路，以一定的方式送回到输入回路并影响输入信号（电压或电流）和输出信号的过程称为反馈。反馈放大电路组成框图如图 2-2-4 所示。

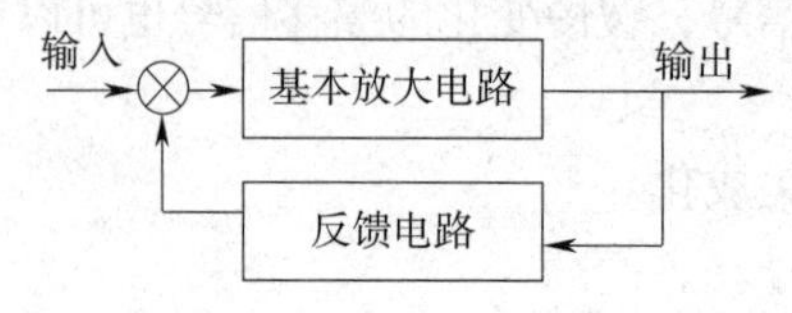

图 2-2-4　反馈放大电路组成框图

2. 信号的两种流向

（1）正向传输：输入端⇒输出端。

（2）反向传输：输出端⇒输入端。

三、反馈的分类

1. 正反馈和负反馈

（1）正反馈：增强放大电路净输入信号变化趋势的反馈。

（2）负反馈：削弱放大电路净输入信号变化趋势的反馈。

提示

放大电路中一般采用负反馈，而正反馈多用于振荡电路中。

正反馈和负反馈的判断可采用瞬时极性法，具体方法如下：

（1）先假设输入信号在某一瞬间对地极性为“+”。

（2）从输入端到输出端，依次标出放大电路各点的瞬时极性。

（3）将反馈信号的极性与输入信号的极性进行比较，确定反馈极性。

假设加到三极管基极的输入信号瞬时极性为“+”，若送回基极的反馈信号瞬时极性为“-”，则为负反馈；反之，则为正反馈，如图 2-2-5a 所示。若送回发射极的反馈信号瞬时极性为“+”，则为负反馈；反之，则为正反馈，如图 2-2-5b 所示。

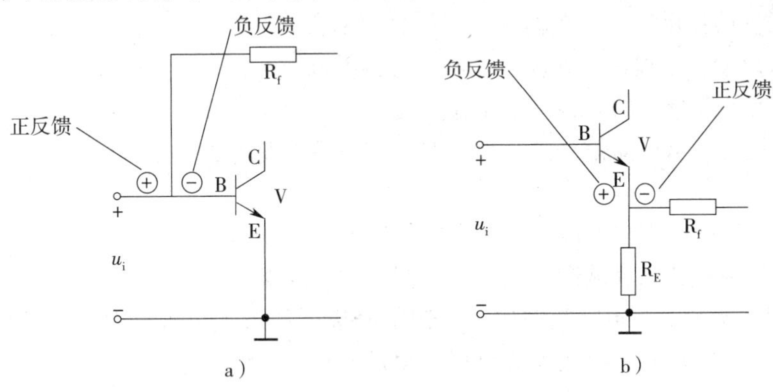

图 2-2-5　反馈极性的判断

a）反馈加到基极　b）反馈加到发射极

提示

1. 发射极信号与基极输入信号的瞬时极性相同，集电极信号与基极输入信号的瞬时极性相反。

2. 电阻器、电容器等元件对瞬时极性没有影响。

2. 电压反馈和电流反馈

（1）电压反馈：反馈信号取自放大电路的输出电压。

（2）电流反馈：反馈信号取自放大电路的输出电流。

电压反馈和电流反馈的判断可采用输出端短路法，具体方法如下：

将负载短路，使输出电压为零，若反馈信号为零，则为电压反馈，否则为电流反馈。

电压反馈的取样环节与放大电路的输出端并联，电流反馈的取样环节与放大电路的输出端串联，如图 2-2-6 所示。

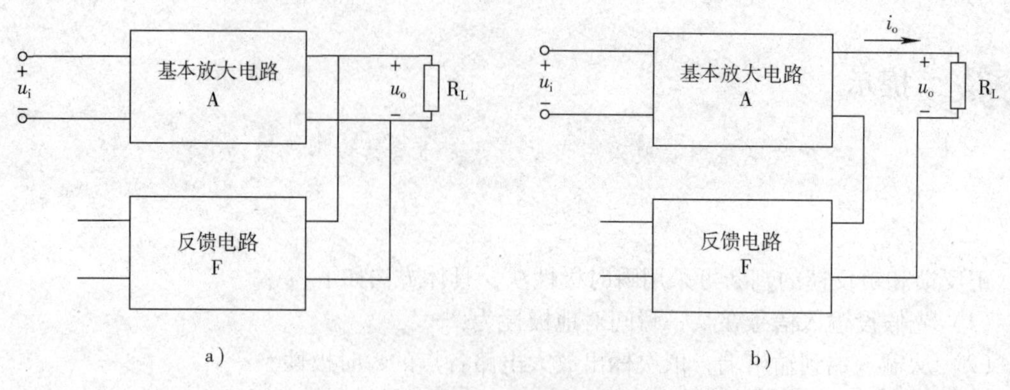

图 2-2-6　反馈电路在输出端的取样方式

a）电压反馈　b）电流反馈

3. 串联反馈与并联反馈

（1）串联反馈：反馈信号在输入端与信号源串联。

（2）并联反馈：反馈信号在输入端与信号源并联。

串联反馈和并联反馈的判断可采用输入端短路法，具体方法如下：

将输入端短路，若反馈信号同时被短路，即净输入信号为零，则为并联反馈；否则为串联反馈。

还可以从反馈电路在输入端的连接方式来判断，若输入信号和反馈信号分别从不同端引入，为串联反馈；若二者从同一端引入，则为并联反馈。

如图 2-2-7 所示，在串联反馈中，反馈信号以电压形式出现，净输入电压 $u_i'=u_i-u_f$；在并联反馈中，反馈信号以电流形式出现，净输入电流 $i_i'=i_i-i_f$。

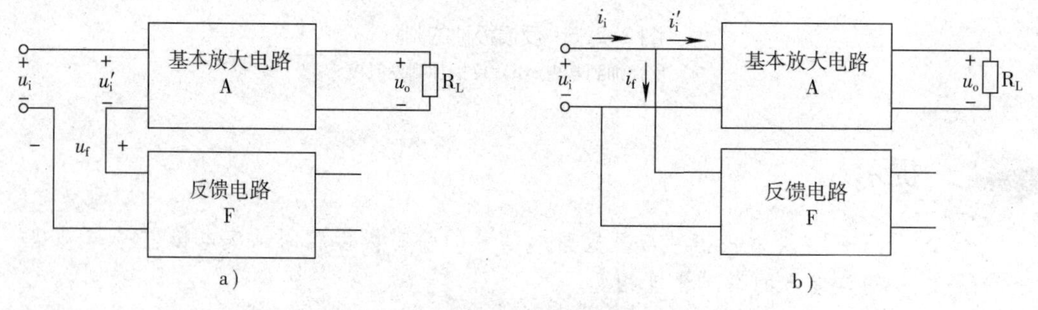

图 2-2-7　反馈电路在输入端的连接方式

a）串联反馈　b）并联反馈

4. 直流反馈与交流反馈

（1）直流反馈：反馈信号中只含有直流量。

（2）交流反馈：反馈信号中只含有交流量。

图 2-2-8 所示的负反馈多级放大电路中，第一级放大电路三极管 V1 的发射极电阻器 R5 并联交流旁路电容器 C2，则 R5 只对直流量有反馈作用，而对交流量没有反馈作用，即 R5 所引入的是直流反馈。如果去掉交流旁路电容器 C2，则 R5 所引入的就是交、直流反馈。

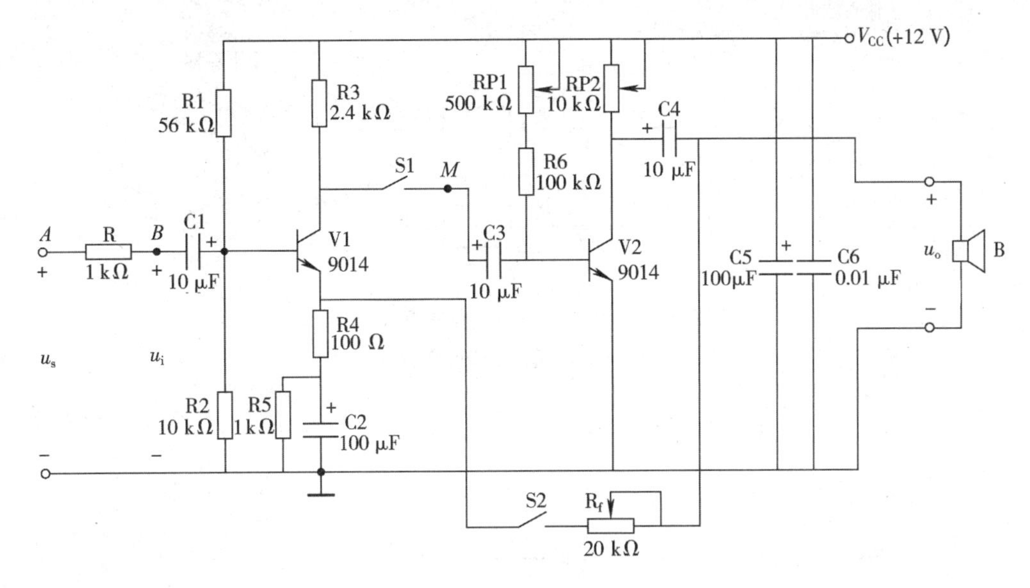

图 2-2-8　负反馈多级放大电路

四、负反馈对放大电路性能的影响

直流负反馈的作用主要是稳定放大电路的静态工作点，交流负反馈可以改善放大电路的动态特性。

负反馈对放大电路性能的影响主要体现在：

1. 减少放大倍数的变化，提高稳定性

电压负反馈能稳定输出电压，电流负反馈能稳定输出电流。

2. 改善非线性失真

在没有引入负反馈时，输出电压 u_o 的波形是上大下小的，如图 2-2-9a 所示。引入负反馈后，由于负反馈电压 u_f 与 u_o 成正比，所以 u_f 也是上大下小的，而净输入电压 $u_i'=u_i-u_f$，用正、负半周对称的 u_i 减去一个上大下小的 u_f 波形，其结果 u_i'是上小下大的波形，这种现象称为放大电路的“预失真”。这种不对称的 u_i'波形加到基本放大电路后，和放大电路本身对信号放大的不对称性互相抵消，从而使输出波形 u_o 趋于对称，因此非线性失真得到改善，如图 2-2-9b 所示。

3. 扩宽通频带

如图 2-2-10 所示。

4. 改变输入、输出电阻

（1）串联负反馈使输入电阻增大，并联负反馈使输入电阻减小，如图 2-2-11 所示。

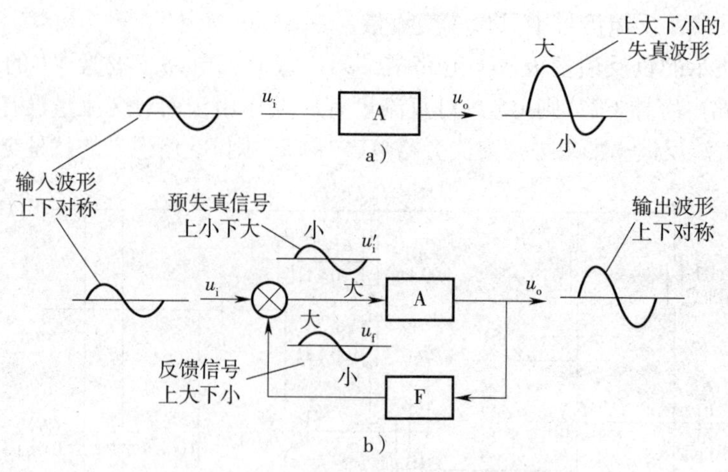

图 2-2-9　负反馈对非线性失真的影响

a）未引入负反馈　b）引入负反馈

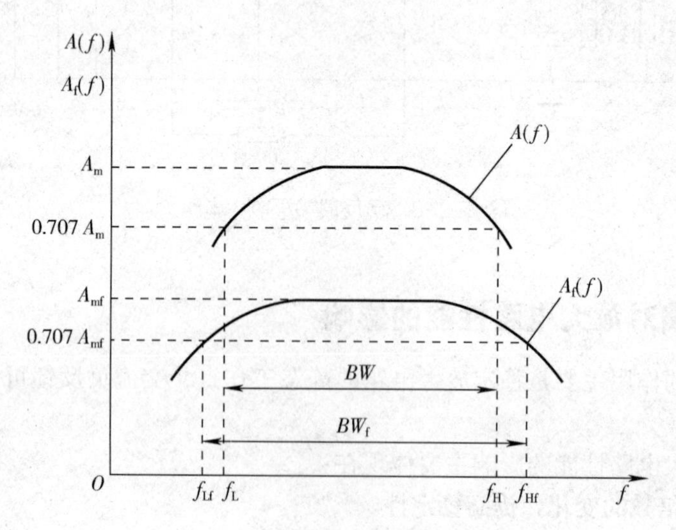

图 2-2-10　负反馈对通频带的影响

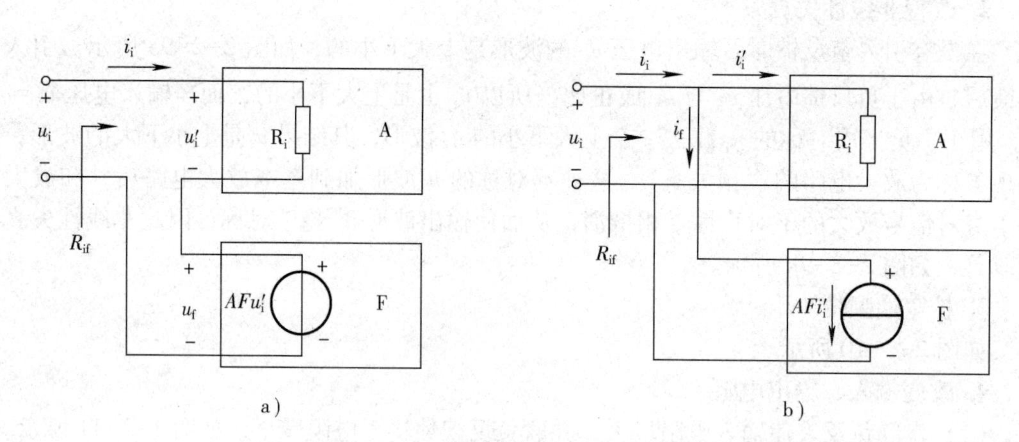

图 2-2-11　负反馈对输入电阻的影响

a）串联负反馈增大输入电阻　b）并联负反馈减小输入电阻

（2）电压负反馈使输出电阻减小，电流负反馈使输出电阻增大，如图 2-2-12 所示。

电压负反馈具有稳定输出电压的作用，即当负载变化时，输出电压的变化很小，这相当于输出端等效电源的内阻减小了，即输出电阻减小了。

电流负反馈具有稳定输出电流的作用，即当负载变化时，输出电流的变化很小，这相当于输出端等效电源的内阻增大了，即输出电阻增大了。

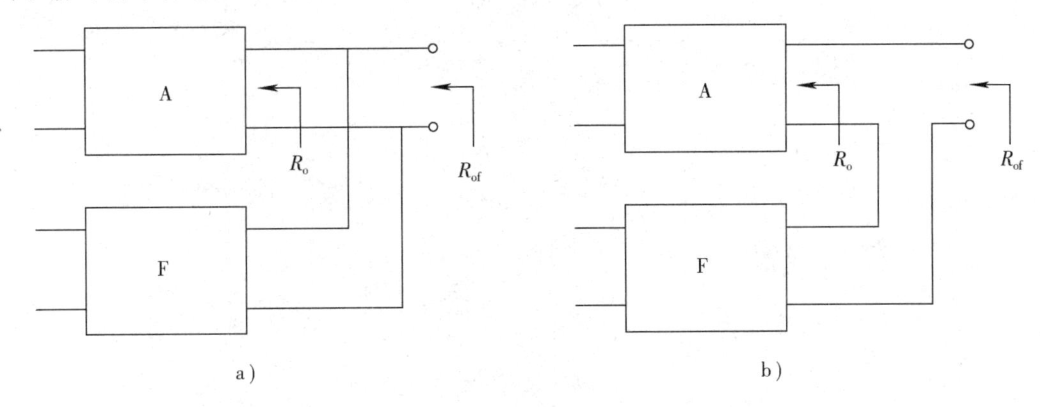

图 2-2-12　负反馈对输出电阻的影响

a）电压负反馈减小输出电阻　b）电流负反馈增大输出电阻

五、负反馈多级放大电路的工作原理

图 2-2-8 所示负反馈多级放大电路的组成框图如图 2-2-13 所示，第一级放大电路为分压式射极偏置放大电路，第二级放大电路为固定偏置放大电路，当开关 S2 合上时，第二级放大电路的输出信号通过电位器 R_f 接到第一级放大电路三极管 V1 的发射极上，对 V1 的净输入信号产生影响，因此 R_f 是反馈元件，且为电压串联交流负反馈。当开关 S2 断开时，则将断开负反馈。

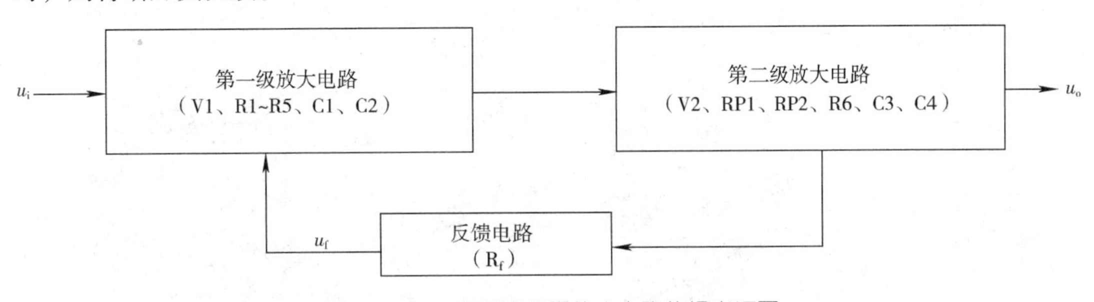

图 2-2-13　负反馈多级放大电路的组成框图

任务实施

任务实施使用的负反馈多级放大电路如图 2-2-8 所示。

软件仿真

负反馈多级放大电路静态仿真如图 2-2-14 所示，观察并记录电压表和电流表的读数，分析各级放大电路中三极管的工作状态。

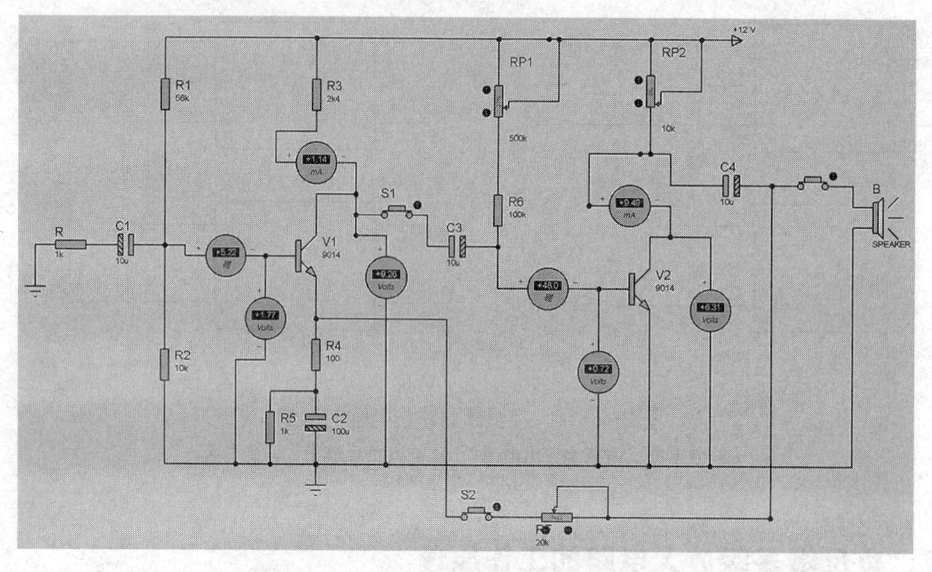

图 2-2-14　负反馈多级放大电路静态仿真

负反馈多级放大电路动态仿真如图 2-2-15 所示，观察并记录示波器中输入、输出电压波形以及反馈对输出电压波形和扬声器声音的影响。

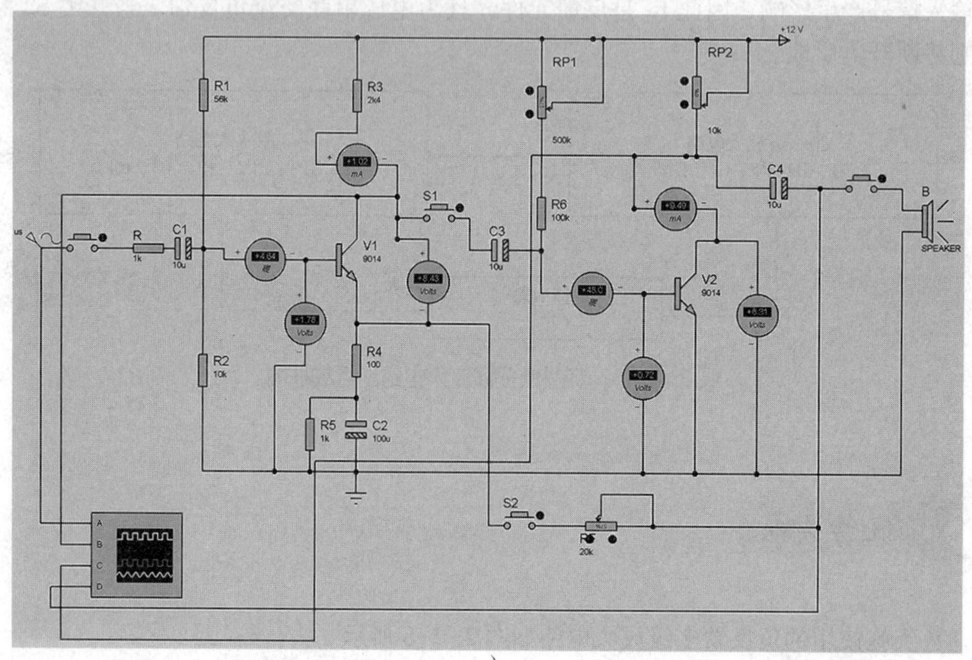

a）

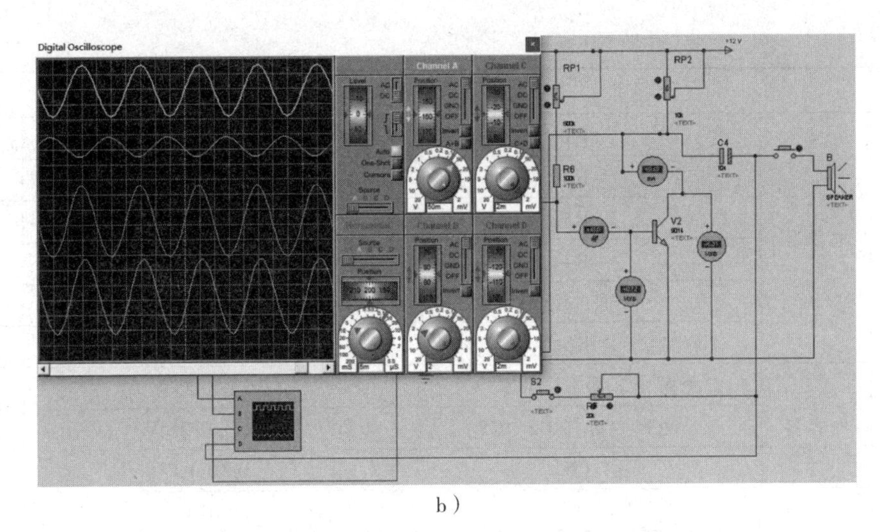

b）

图 2-2-15　负反馈多级放大电路动态仿真

a）仿真布置　b）仿真调试

实训操作

一、实训目的

1. 体验并理解多级放大与单级放大之间的差异。
2. 体验并理解负反馈对放大电路性能的影响。
3. 熟悉负反馈多级放大电路静态工作点和动态参数的测量方法。
4. 掌握调节静态工作点消除波形失真的方法。
5. 熟悉负反馈多级放大电路的安装、调试与检修。

二、实训器材

实训器材明细表见表 2-2-1。

表 2-2-1　实训器材明细表

序号	名称		规格	数量
1	示波器		通用	1 台
2	低频信号发生器		通用	1 台
3	直流稳压电源		通用	1 台
4	音源		—	1 个
5	常用工具		—	1 套
6	电位器	RP1	500 kΩ	1 只
7		RP2	10 kΩ	1 只
8		R_f	20 kΩ	1 只

续表

序号	名称		规格	数量
9	电阻器	R1	56 kΩ	1 只
10		R2	10 kΩ	1 只
11		R3	2.4 kΩ	1 只
12		R4	100 Ω	1 只
13		R、R5	1 kΩ	2 只
14		R6	100 kΩ	1 只
15	电容器	电解电容器 C1、C3、C4	10 μF/25 V	3 只
16		电解电容器 C2、C5	100 μF/25 V	2 只
17		C6	0.01 μF	1 只
18	三极管 V1、V2		9014	2 只
19	开关 S1、S2		单刀单掷	2 个
20	扬声器 B		8 Ω	1 只
21	实验板		—	1 块

三、实训内容

1. 负反馈多级放大电路的安装

按照图 2-2-8 进行电路安装图设计，再按照安装图进行安装，将元器件插装后焊接固定，用导线根据电路的电气连接关系进行布线并焊接固定。

安装完成的负反馈多级放大电路板如图 2-2-2 所示。

2. 单级放大电路与多级放大电路放大功能比较的体验

如图 2-2-16 所示，始终断开开关 S2，先断开开关 S1，音源提供的音频信号经电容器 C3 输入，调节音源的音量，同时调节电位器 RP1 和 RP2，仔细聆听扬声器播放的音乐，直到声音清晰、音量适中且无失真为止，此时音频信号由单级放大电路放大后推动扬声器；然后合上 S1，音频信号经电容器 C1 输入，音频信号将经过两级放大后推动扬声器，再仔细聆听扬声器播放的音乐。

图 2-2-16　音源、负反馈多级放大电路板和扬声器

想一想

多级放大电路与单级放大电路在放大性能上有什么不同?

3. 负反馈对放大电路性能影响的体验

(1) 对电压放大倍数的影响

将开关 S1 合上，先断开开关 S2，音频信号经电容器 C1 输入，音频信号经过两级放大后推动扬声器，此时多级放大电路无负反馈，仔细聆听扬声器播放的音乐；然后合上开关 S2，电位器 R_f 引入负反馈，再仔细聆听扬声器播放的音乐，比较前后音量的变化。

想一想

引入负反馈后对放大电路的电压放大倍数有什么影响?

(2) 对非线性失真的影响

将开关 S1 合上，先断开开关 S2，音频信号经电容器 C1 输入，音频信号经过两级放大后推动扬声器，此时多级放大电路无负反馈，仔细聆听扬声器播放的音乐，逐渐调大音源的音量，直至扬声器播放的音乐出现失真；然后合上开关 S2，电位器 R_f 引入负反馈，再仔细聆听扬声器播放的音乐，比较前后音乐的保真度。

想一想

引入负反馈后对放大电路的非线性失真有什么影响?

4. 负反馈多级放大电路的调试

(1) 各级静态工作点的测量

断开信号源，将输入端 A 点接地，用万用表测量并记录两级放大电路（分压式射极偏置放大电路和固定偏置放大电路）有载时的静态工作点。

(2) 电压放大倍数 A_u 的测量

将输入端 A 点接通信号源 u_s，用示波器观察有载时多级放大电路输入电压 u_i 和输出电压 u_o 的波形，读出它们的不失真最大值 U_{im} 和 U_{om}，则电压放大倍数 $A_u = \frac{U_{om}}{U_{im}}$。

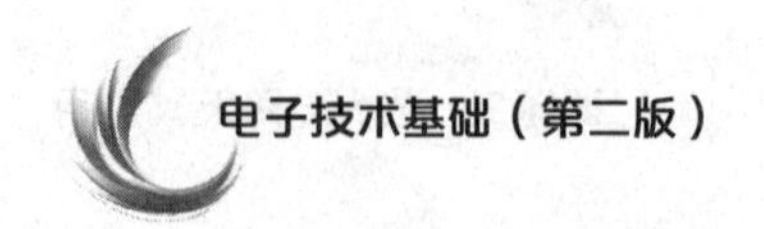

（3）输入电阻 R_i 的测量

将输入端 A 点接通信号源 u_s，用示波器观察 u_s 和 u_i 的波形，调节信号源 u_s 的幅度，读出 u_s 和 u_i 的不失真最大值 U_{sm} 和 U_{im}，则输入电阻 $R_i=\frac{U_{im}}{U_{sm}-U_{im}}\times R$。

（4）输出电阻 R_o 的测量

将输入端 A 点接通信号源 u_s，用示波器观察输出电压 u_o 的波形，先将扬声器 B 断开，读出输出电压的不失真最大值 U_{om}，而后将扬声器 B 接上，再读出输出电压的不失真最大值 U'_{om}，则输出电阻 $R_o=\left(\frac{U_{om}}{U'_{om}}-1\right)\times R_L$，其中 R_L 为扬声器 B 的等效电阻值。

（5）观察静态工作点对输出电压波形的影响

调节电位器 RP1（减小其电阻值），用示波器观察输出电压波形，当调节到一定的程度时，注意波形的底部会被削平，电路出现饱和失真现象，记录输出电压波形的正常形状和饱和失真时输出电压波形的形状；调节电位器 RP1（增大其电阻值），直到用示波器观察到正常的输出电压波形，然后继续增大 RP1，当调节到一定的程度时，注意波形的顶部会被削平，电路出现截止失真现象，记录截止失真时输出电压波形的形状。

5. 负反馈多级放大电路的检修

负反馈多级放大电路检修流程如图 2-2-17 所示。

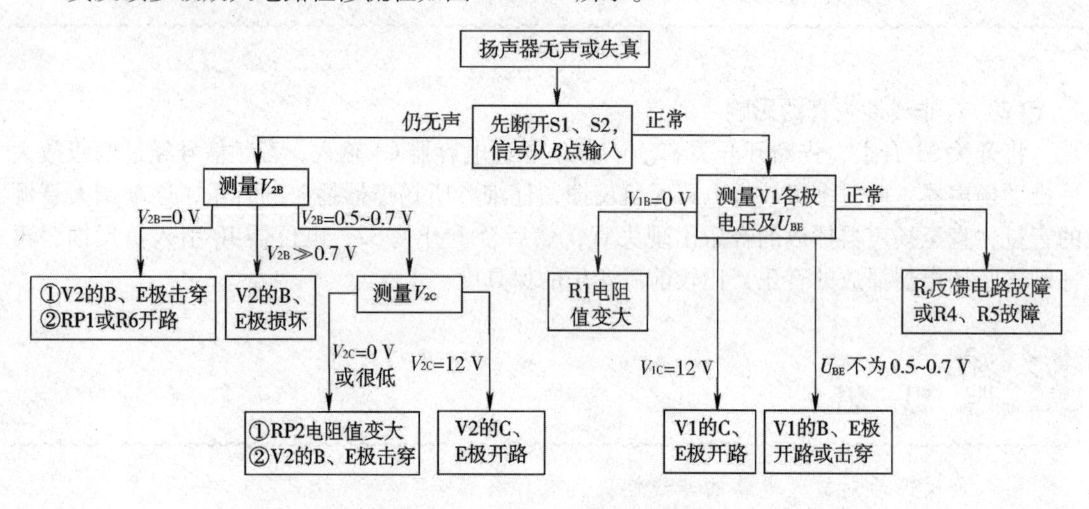

图 2-2-17　负反馈多级放大电路检修流程

四、实训报告要求

1. 分别画出负反馈多级放大电路原理图和安装图。
2. 完成调试记录。
3. 说明负反馈对多级放大电路的影响。

五、评分标准

评分标准见表 2-2-2。

表 2-2-2 评分标准

姓名：________ 学号：________ 合计得分：________

内容	要求	评分标准	配分	扣分	得分
三极管检测	判断三极管的管型和极性正确	一处错误，扣 5 分	15		
电路安装	电路安装正确、完整	一处不符合，扣 5 分	10		
	元器件完好，无损坏	一件损坏，扣 2.5 分	5		
	布局层次合理，主次分清	一处不符合，扣 2 分	10		
	接线规范，布线美观，横平竖直，接线牢固，无虚焊，焊点符合要求	一处不符合，扣 2 分	10		
	按图接线	一处不符合，扣 5 分	5		
电路调试	通电调试成功	通电调试不成功，扣 10 分	10		
静态工作点测量	正确使用万用表测量静态工作点（U_{CEQ}、I_{BQ}、I_{CQ}）	一处错误，扣 5 分	15		
动态参数测量	正确使用示波器测量并计算 A_u、R_i、R_o	一处错误，扣 3 分	10		
安全生产	遵守国家颁布的安全生产法规或企业自定的安全生产规范	1. 违反安全生产相关规定，每项扣 2 分 2. 发生重大事故加倍扣分	10		
合计			100		

知识链接

场效应管放大电路

对应三极管的共射极、共集电极和共基极放大电路，场效应管放大电路分为共源极、共漏极和共栅极三类。

一、场效应管放大电路的组成原则

1. 静态

三极管是电流控制型器件，组成放大电路时应给其设置偏置电流，而场效应管是电压控制型器件，因此组成放大电路时应设置偏置电压，合适的栅极电压，提供适当的静态工作点，使场效应管工作在恒流区，保证输出信号不失真。场效应管的偏置电路相对简单。

2. 动态

下面以结型场效应管组成的共源极放大电路为例，介绍场效应管放大电路的工作原理。

（1）自偏压电路

自偏压电路如图 2-2-18 所示，场效应管栅极通过栅极电阻器 R_G 接地，源极通过源极电阻器 R_S 接地。这种偏置方式利用结型场效应管（或耗尽型 MOS 管）在栅源电压 $u_{GS}=0$ 时，漏极电流 $i_D\neq0$ 的特点，以漏极电流在源极电阻器 R_S 上的直流压降，给栅、源极之间提供反向偏置电压。也就是说，在静态时，源极电位 $u_S=i_DR_S$，由于栅极电流为 0，R_G 上没有压降，栅极电位 $u_G=0$，因此栅、源极之间的偏置电压为 $u_{GS}=u_G-u_S=-i_DR_S$。

注意：自偏压方式不能用于由增强型 MOS 管组成的放大电路，因为增强型 MOS 管只有当 u_{GS} 达到开启电压 U_T 时才产生 i_D。

栅极电阻器 R_G 的作用：一是为栅偏压提供通路，$u_{GS}=-i_DR_S$；二是泄放栅极积累电荷。

源极电阻器 R_S 的作用：提供负栅偏压 $U_{GSQ}=U_{GQ}-U_{SQ}=-I_{DQ}R_S$。

漏极电阻器 R_D 的作用：将 i_D 的变化转换为 u_{DS} 的变化，$u_{DS}=V_{CC}-i_D\,(R_D+R_S)$。

电容器 C1、C2、C_S 的作用：隔直流、通交流。

（2）分压式自偏压电路

虽然自偏压电路比较简单，但是当静态工作点确定后，u_{GS} 和 i_D 就确定了，因此 R_S 选择的范围很小。分压式自偏压电路是在图 2-2-18 所示自偏压电路的基础上增加分压电阻器后组成的，如图 2-2-19 所示。漏极电源 V_{CC} 经分压电阻器 R_{G1} 和 R_{G2} 分压后，供给栅极电压，$u_G=V_{CC}R_{G2}/(R_{G1}+R_{G2})$；同时漏极电流在源极电阻器 R_S 上也产生压降，$u_S=i_DR_S$。因此，静态时加在结型场效应管上的栅源电压为 $u_{GS}=u_G-u_S=V_{CC}R_{G2}/(R_{G1}+R_{G2})-i_DR_S$。

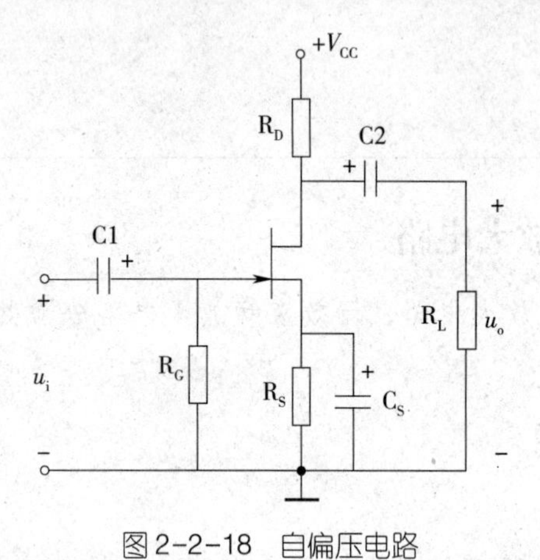

图 2-2-18　自偏压电路

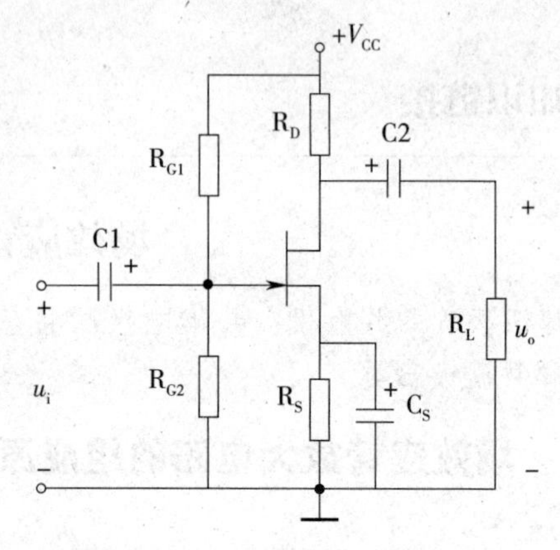

图 2-2-19　分压式自偏压电路

二、场效应管放大电路的优缺点

1. 优点

（1）输入电阻大。使用三极管组成放大电路，共射极放大电路的输入电阻约为几千欧（一般称之为 10^3 级），共集电极放大电路的输入电阻也只能到几十千欧至一百多千欧（即 10^5 级）；而使用结型场效应管组成放大电路可以使输入电阻达到 10^6 级，使用 MOS 管组成放大电路可以使输入电阻达到 10^8 级以上。

（2）温度稳定性好，由于场效应管里没有漂移电流，基本不受温度变化的影响。

2. 缺点

（1）电压放大倍数小，一级放大只有几倍（可能不到 10 倍）。

（2）输入端由于静电感应容易被击穿。

任务 3　功率放大电路及其应用

学习目标

1. 了解功率放大电路的概念、基本要求和分类。
2. 理解常用功率放大电路的原理，掌握典型集成功率放大电路的功能和特点。
3. 熟悉 OTL 功率放大电路的安装、调试与检修。

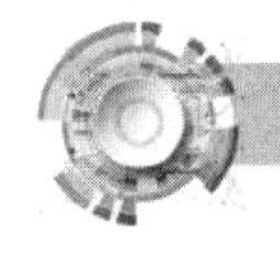

任务引入

功率放大器简称功放，俗称扩音机，如图 2-3-1 所示，其作用是把来自音源或前级放大器的弱信号放大，推动音箱放声。功放是音响系统的重要器件，在家庭影院中得到广泛应用，如图 2-3-2 所示。在众多功率放大电路中，OTL 功率放大电路应用最为普遍，其电路板如图 2-3-3 所示。

本任务是学会安装 OTL 功率放大电路，理解其工作原理，熟悉其调试与检修方法。

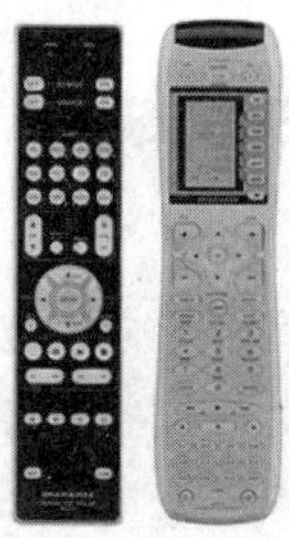

图 2-3-1　音响功放

图 2-3-2　家庭影院

图 2-3-3　OTL 功率放大电路板

相关知识

一、功率放大电路

在实际应用中，放大电路的末级通常要求能带动一定的负载，如使扬声器的音圈振动发出声音，使电动机旋转，使继电器或者记录仪动作等。这就要求放大电路不但能输出一定的电压，而且能输出一定的电流，也就是要求放大电路能输出一定的功率。

1. 定义

向负载提供功率的放大电路称为功率放大电路，简称“功放”。功放中使用的三极管称为功率放大管，简称“功放管”。本书主要介绍低频功率放大电路。

2. 低频功率放大电路的基本要求

低频功率放大电路要求输出足够大的、不失真（或失真较小）的功率信号，其基本要求如下。

（1）输出功率尽可能大

为了获得足够大的输出功率，要求功放管的电压和电流都有足够大的输出幅度，因此功放管往往工作在接近极限的状态。

（2）效率尽可能高

由于输出功率大，直流电源消耗的功率也大，功率放大电路的效率是指负载上得到的有用功率与直流电源提供的直流功率的比值，效率尽可能高，也就是功率放大电路在相同的直流功率条件下能提供更多的交流有用功率。

（3）非线性失真尽可能小

功率放大电路在大信号下工作，不可避免会产生非线性失真，输出功率越大，其非线性失真越严重。不同场合对非线性失真的要求不同，例如，电声设备（如收音机、电视机等）的功率放大电路要求非线性失真尽可能的小，最好没有失真；而控制电动机旋转的功率放大电路则以输出功率为主，对非线性失真的要求比较低。

（4）功放管的散热要好

功率放大电路工作在大电压和大电流状态，其中相当多的功率消耗在功放管的集电结上，造成结温和管壳温度升高，为了充分利用功放管允许的管耗以获得足够大的输出功率，应采取措施使其有效散热。

在分析方法上，由于功放管工作在大信号状态，常采用图解分析法。

3. 功率放大电路的分类

（1）按照功放管静态工作点的位置分类

根据功放管静态工作点 Q 在交流负载线上的位置不同，可以分为甲类、乙类和甲乙类功率放大电路等。三类功率放大电路的特性、输出图形及应用见表 2-3-1。

表 2-3-1　三类功率放大电路的特性、输出图形及应用

类型	特性	输出图形	应用
甲类功率放大电路	静态工作点 Q 在交流负载线的中点，功放管在整个信号周期内都有电流通过，输出波形为完整的正弦波。静态电流大，效率低	i_C　Q　O　V_{CC}　u_{CE}	作为功率放大器的激励级或用在小功率放大器中

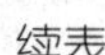
续表

类型	特性	输出图形	应用
乙类功率放大电路	静态工作点 Q 在交流负载线与横轴的交点（$I_{BQ}=0$，$I_{CQ}=0$），功放管仅在信号的半个周期内有电流通过，输出波形被削去一半，为半波。静态电流几乎为零，效率高		一般应用在一些功率要求高，而音质要求不高的功放电路中
甲乙类功率放大电路	静态工作点 Q 在交流负载线上甲类和乙类之间且靠近乙类处，功放管在信号的半个周期多一点内有电流通过，输出波形被削去一部分。静态电流稍大于零，效率仍然较高		广泛应用在音频放大器中作为功放

（2）按照功率放大电路输出端的特点分类

1）无输出变压器（OTL）功率放大电路。

2）无输出电容器（OCL）功率放大电路。

3）变压器耦合功率放大电路。

提示

无输出变压器功率放大电路的输出通过电容器与负载相耦合，不用变压器，因而称为 OTL 功率放大电路。

二、OTL 功率放大电路

1. 电路组成

如图 2-3-4 所示，OTL 功率放大电路由激励放大级和功率放大输出级组成，也称为单电源互补对称功率放大电路。

（1）激励放大级

由三极管 V1 组成静态工作点稳定的分压式射极偏置放大电路。输入电压 u_i 经放大后由集电极输出，加到三极管 V2、V3 的基极。

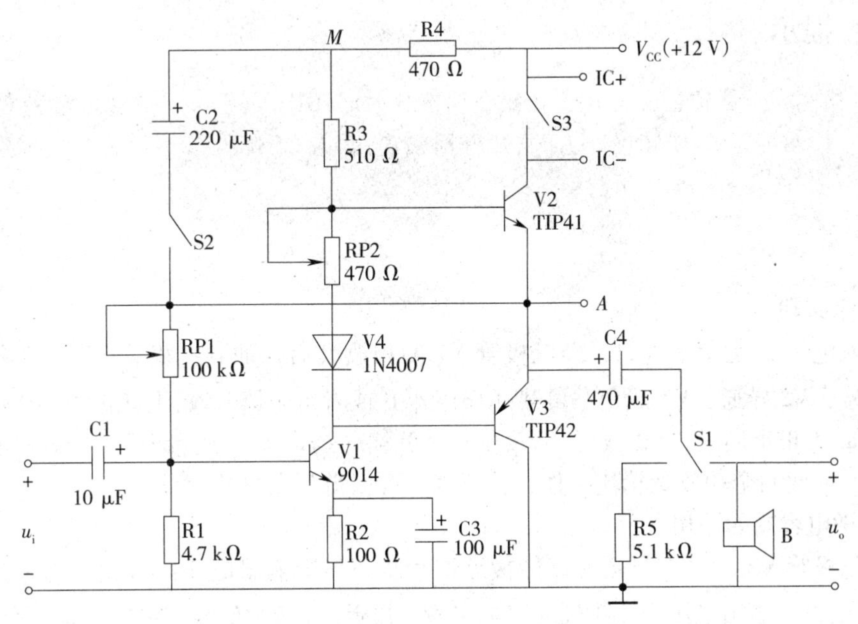

图 2-3-4　OTL 功率放大电路

提示

电位器 RP1 引入电压并联负反馈，可以稳定静态工作点，提高输出电压的稳定度。

（2）功率放大输出级

三极管 V2、V3 组成互补对称功率放大电路。电位器 RP2 和二极管 V4 为三极管 V2、V3 提供适当的发射极电压，使得两功放管在静态时处于微导通状态，以消除交越失真。

如果两个功放管在零偏状态下工作，那么输入的交流信号在正、负半周的交替过程中，由于存在死区，两个功放管都处于截止状态，输出信号的波形随输入信号的波形变化会出现失真，这种失真称为“交越失真”，如图 2-3-5 所示。

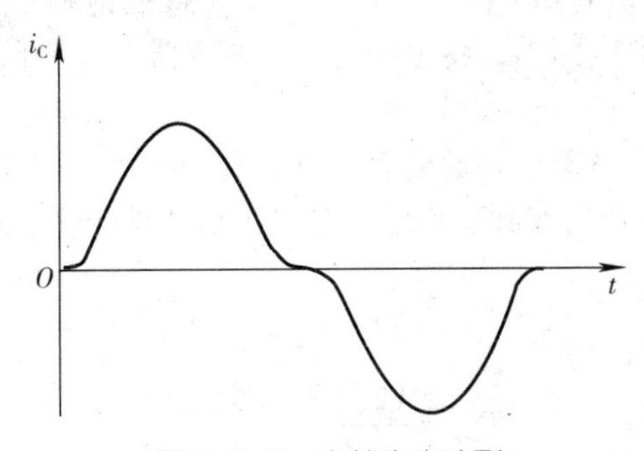

图 2-3-5　交越失真波形

提示

调节电位器 RP2（配合调节电位器 RP1）可以调整功放管的静态工作点。二极管 V4 的正向压降随温度的升高而降低，对功放管能起到一定的温度补偿作用。

2. 工作原理

当输入电压 u_i 为负半周时，经三极管 V1 倒相放大后，加到三极管 V2、V3 基极的是正半周信号，V2 导通，V3 截止，负载（扬声器 B 或者电阻器 R5）上获得正半周信号。当输入电压 u_i 为正半周时，V2 截至，V3 导通，负载（扬声器 B 或者电阻器 R5）上获得负半周信号。如此两个功放管轮流工作，在负载上可以得到完整的信号波形。

3. 自举电容器的作用

如果三极管 V2、V3 在导通时都能接近饱和状态，则输出电压的最大幅度 U_{om} 可接近 $V_{CC}/2$。但是，当输出电压为正半周时，如果 U_{om} 接近 $V_{CC}/2$，U_A 将会接近 V_{CC}，而 V2 却因基极电流增大使电阻器 R3 上压降增大，基极电压比 V_{CC} 更低，从而限制电流继续增大，输出电压正半周幅度也就无法接近 $V_{CC}/2$，导致顶部出现平顶失真，如图 2-3-6 所示。

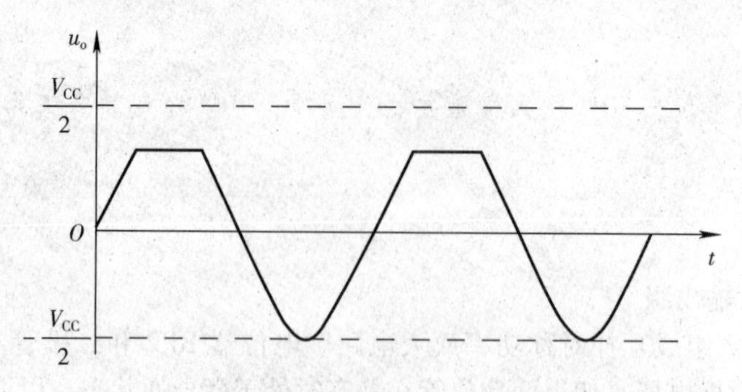

图 2-3-6　OTL 功率放大电路输出电压的平顶失真波形

接入自举电容器 C2 后，由于静态时 C2 已经充有约为 $V_{CC}/2$ 的上正、下负电压，当 U_A 接近 V_{CC} 时，U_M 可以升高到 $V_{CC}+V_{CC}/2$，这样 V2 便可接近饱和导通，从而解决平顶失真问题。图 2-3-4 中 R4 为隔离电阻器，将电源 V_{CC} 与电容器 C2 隔开，使 M 点可获得高于 V_{CC} 的自举电压。

由此可知，三极管 V2、V3 在导通时都能接近饱和状态，则输出电压的最大幅度 U_{om} 可接近 $V_{CC}/2$，即每只功放管的实际工作电压为电源电压的 1/2，因此负载可获得的最大功率为

$$P_{om}=\frac{\left(\frac{V_{CC}}{2\sqrt{2}}\right)^2}{R_L}=\frac{V_{CC}^{\ 2}}{8R_L}$$

式中，R_L 为负载（扬声器 B 或电阻器 R5）的等效电阻值。

功放管的最大效率 $\eta\approx78.5\%$。

提示

功放管的常见散热措施是安装散热片，一般用铝材制成，为增大散热面积多制成凹凸形，并且将表面涂黑以利于热辐射。安装散热片时要注意保证其通风散热良好，与功放管之间应贴紧靠牢，旋紧固定螺钉，若电气绝缘允许，可以把功放管直接安装在金属机箱或者金属底板上。若功放管集电极（管壳）与散热片之间需要绝缘，可以垫入薄云母片或专用绝缘导热膜，接触面再涂以硅脂（一种导热的绝缘材料），必要时可以加大散热片或采用强制风冷，提高散热效果。

三、OCL 功率放大电路

1. 电路组成

OCL 功率放大电路如图 2-3-7 所示，由一对特性相同的 NPN、PNP 型三极管组成，也称为双电源互补对称功率放大电路。

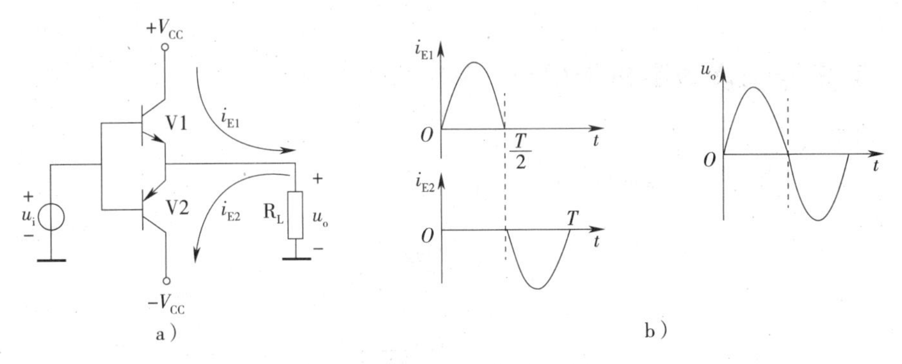

图 2-3-7　OCL 功率放大电路

a）电路图　b）波形

2. 工作原理

当输入电压为正半周，且幅度远大于三极管的开启电压时，NPN 型三极管导通，有电流通过负载 R_L，按图中方向由上到下，与假设正方向相同。当输入电压为负半周，且幅度远大于三极管的开启电压时，PNP 型三极管导通，有电流通过负载 R_L，按图中方向由下到上，与假设正方向相反。于是两个三极管分别在正、负半周轮流导通，在负载上将正半周和负半周合成在一起，得到一个完整的不失真波形。

当输入电压很小时，达不到三极管的开启电压，三极管不导通，因此在正、负半周交替处会出现交越失真。为解决交越失真问题，可以给三极管稍加一点偏置，使之工作在甲乙类，这样构成的实用的 OCL 功率放大电路如图 2-3-8 所示。

如果三极管 V1、V2 在导通时都能接近饱和状态，则输出电压的最大幅度 U_{om} 可接近 V_{CC}，即每只功放管的实际工作电压为电源电压，因此负载可获得的最大功率为

$$P_{om}=\frac{\left(\frac{V_{CC}}{\sqrt{2}}\right)^2}{R_L}=\frac{V_{CC}^{\ 2}}{2R_L}$$

功放管的最大效率 $\eta\approx78.5\%$。

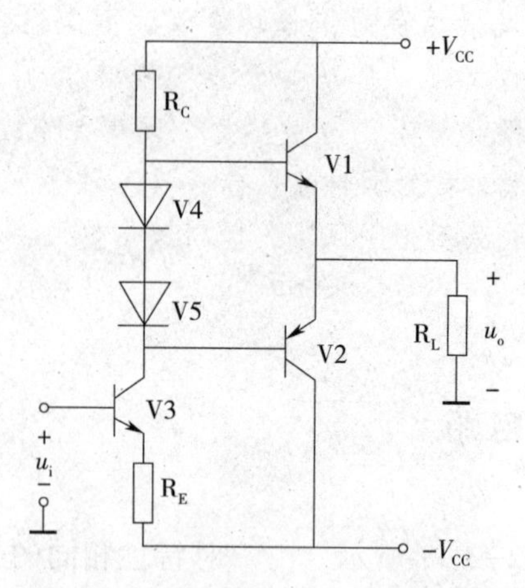

图 2-3-8　实用的 OCL 功率放大电路

四、变压器耦合功率放大电路

1. 电路组成

变压器耦合功率放大电路如图 2-3-9 所示。

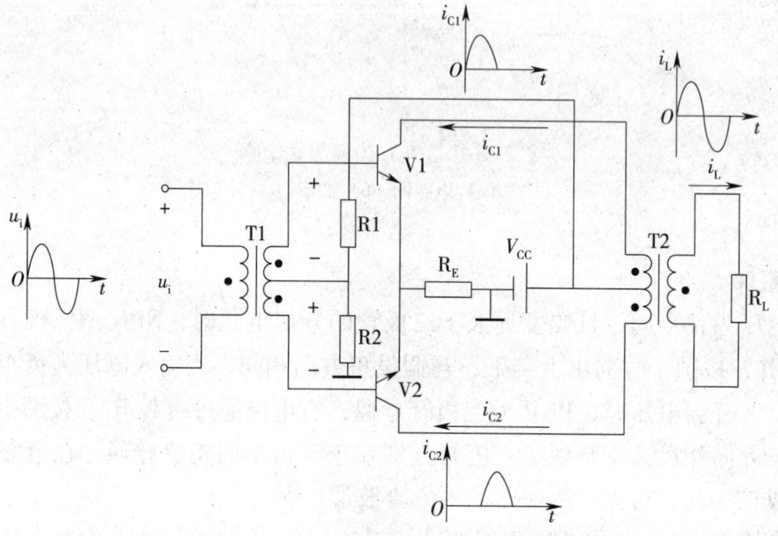

图 2-3-9　变压器耦合功率放大电路

（1）功放管 V1 和 V2 为两只同型号且特性完全相同的 NPN 型三极管。

（2）T1 是输入变压器，其二次侧绕组带中心抽头，起传递输入信号并完成倒相作用，以保证 V1 和 V2 的基极获得差模信号；T2 是输出变压器，一次侧绕组带中心抽头，起传递输出信号作用，并且利用变压器一次侧和二次侧绕组匝数比的不同实现阻抗变换。

（3）R1、R2 和 R_E 为功放管的偏置电阻器，以确保功放管工作在甲乙类放大状态，达到消除交越失真的目的。

2. 工作原理

静态时，$i_L=0$，无功率输出。因为无输入信号（$u_i=0$）时，I_{C1} 和 I_{C2} 很小，所以电源供给的直流功率也很小。

当输入交流电压 u_i 时，则通过输入变压器 T1 使 V1 和 V2 的基极得到大小相等而极性相反的交流电压 u_{i1} 和 u_{i2}。当 u_i 为正半周时，由变压器的同名端可知 u_{BE1} 为正，u_{BE2} 为负，于是 V1 导通、V2 截止，此时，输出变压器 T2 的一次侧上半边绕组有集电极电流 i_{C1} 通过，而下半边绕组无电流，$i_{C2}=0$。同理，当 u_i 为负半周时，情况正好相反，V1 截止、V2 导通，T2 一次侧上半边绕组无电流，而下半边绕组有电流通过。于是在一个周期内，i_{C1}、i_{C2} 轮流通过 T2 的上、下两半边绕组，且大小相等，相位相反，因此，T2 的二次绕组提供一个波形较完整的交流电流 i_L 通过负载 R_L。

提示

变压器耦合功率放大电路与互补对称功率放大电路相比较，虽然解决了负载与放大电路输出级的阻抗匹配问题，但其体积大、频带窄、不便于集成等缺点限制了它的使用范围。

五、集成功率放大器

随着集成技术的发展，集成功率放大器产品越来越多。由于集成功率放大器成本低、使用方便，因此被广泛应用在收音机、录音机、电视机及直流伺服系统中。

LM386 是一种通用型集成功率放大器，其引脚排列如图 2-3-10 所示，其特点是频带宽（可达几百千赫）、功耗低（常温下为 660 mW）、适用的电源电压范围宽（4～16 V），广泛用于收音机、对讲机、方波和正弦波发生器等。

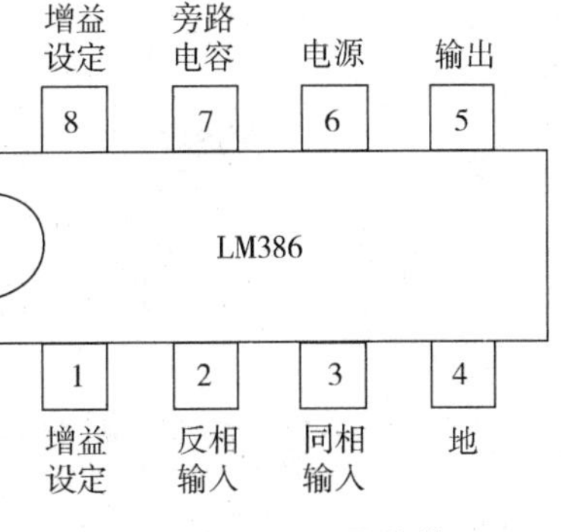

图 2-3-10 LM386 引脚排列

图 2-3-11 所示为 LM386 内部电路结构图。

LM386 为 8 脚器件，引脚 2 为反相输入端，引脚 3 为同相输入端，两个输入端的输入阻抗都为 50 kΩ，而且输入端对地直流电位接近零，即使与地短路，输出直流电平也不会有大的偏移；引脚 6 和 4 分别接电源和地；引脚 7 和地外接旁路电容器，通常取 10 μF；引脚 1、8 为增益设定端，通过改变 1、8 间外加元件参数可改变电路的增益。

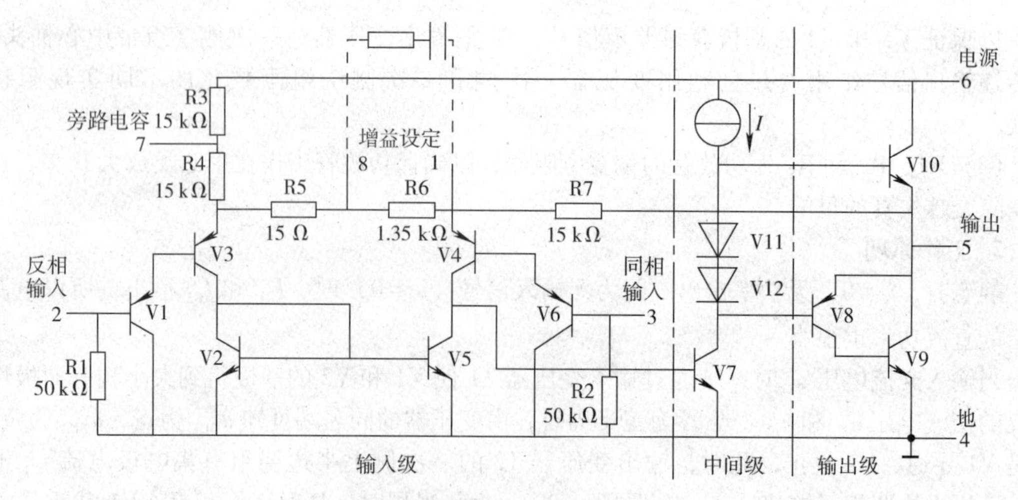

图 2-3-11　LM386 内部电路结构图

图 2-3-12 所示为用 LM386 组成的 OTL 功率放大电路，C1 为输出耦合电容器，C4 为旁路电容器，C5 为去耦电容器，用以滤除电源中的高频交流成分；电阻器 R 和电容器 C2 组成相位补偿回路。电位器 RP2 和电容器 C3 组成串联回路接于引脚 1 和 8 之间，用来调节电路的电压增益，RP2 取值越小，增益越大，当 1、8 间断开时，$A_u = 20$；当接入 10 μF 电容器时，$A_u = 200$；当接入 1. 2 kΩ 和 10 μF 的串联 RC 回路时，$A_u = 50$。调节电位器 RP1 可改变扬声器的音量。

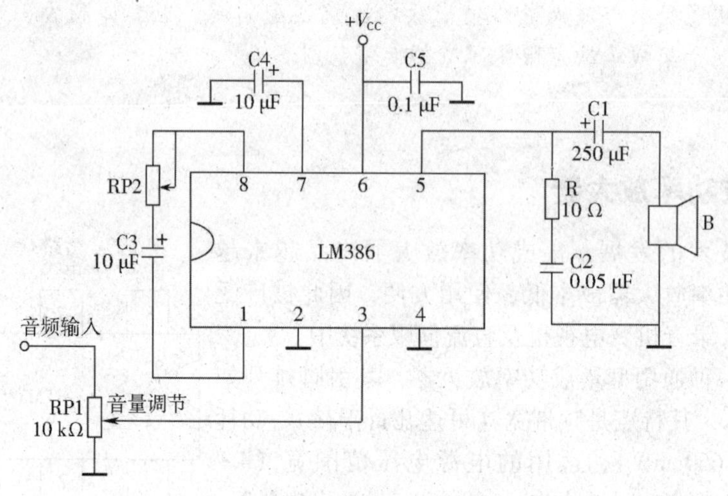

图 2-3-12　用 LM386 组成的 OTL 功率放大电路

任务实施

任务实施使用的 OTL 功率放大电路如图 2-3-4 所示。

软件仿真

OTL 功率放大电路仿真如图 2-3-13 所示，调节电位器，观察并记录示波器中输入、输出电压波形，理解交越失真现象和自举电容器的作用，聆听扬声器的声音。

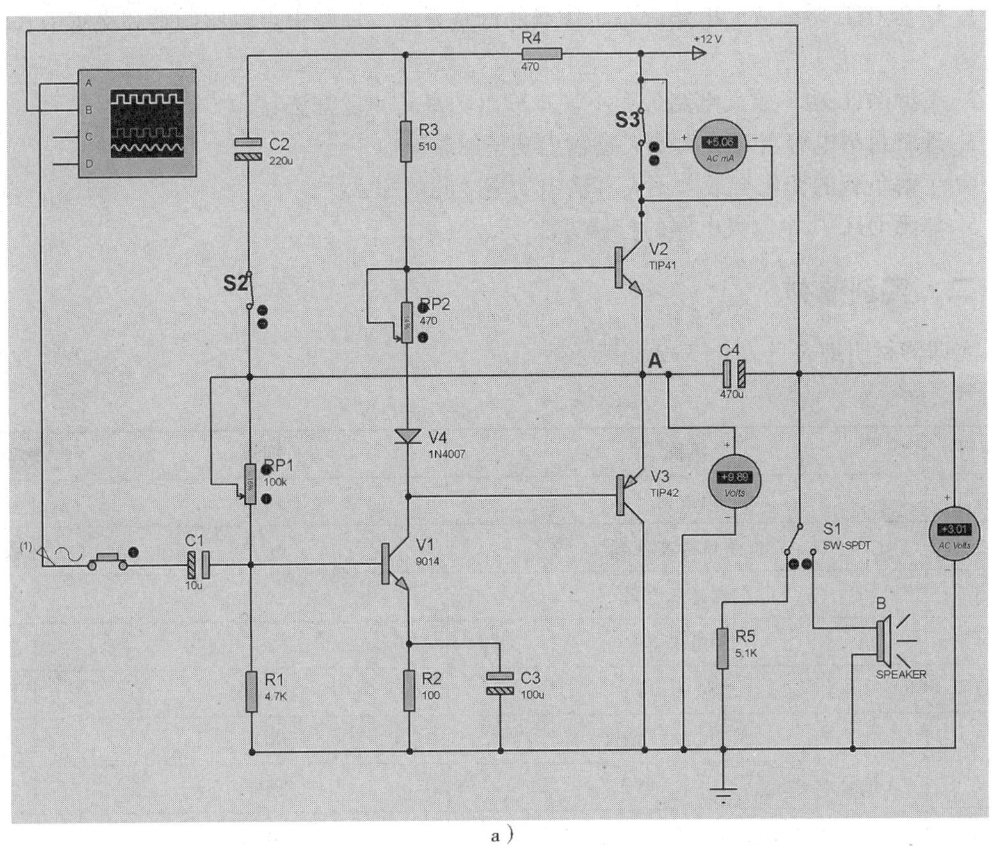

a）

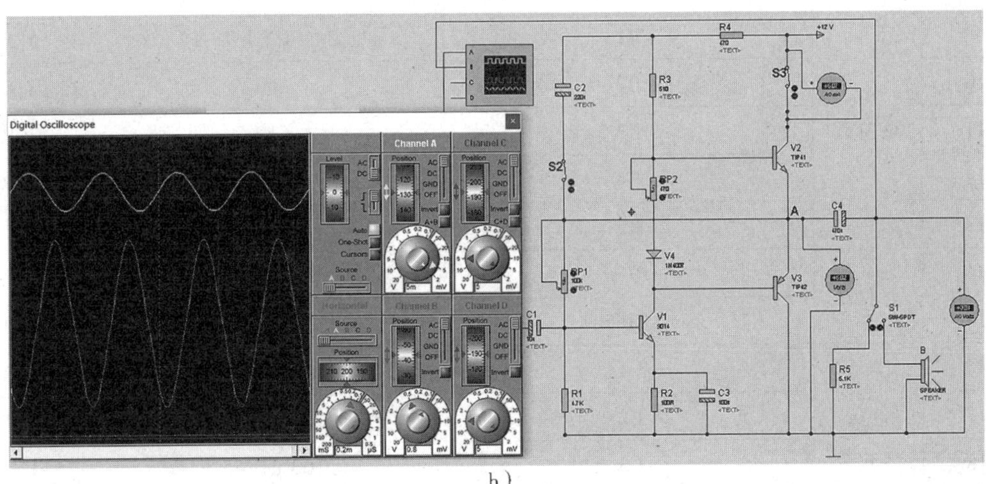

b）

图 2-3-13 OTL 功率放大电路仿真

a）仿真布置 b）仿真调试

实训操作

一、实训目的

1. 学会 OTL 功率放大电路静态工作点的调整方法，理解中点电压调整和交越失真消除的方法。

2. 掌握 OTL 功率放大电路最大不失真输出功率的测量方法。

3. 理解自举电容器对最大不失真输出功率的影响。

4. 了解负载的变化与最大不失真输出功率之间的关系。

5. 熟悉 OTL 功率放大电路的检修方法。

二、实训器材

实训器材明细表见表 2-3-2。

表 2-3-2 实训器材明细表

<table>
<tr><th>序号</th><th colspan="2">名称</th><th>规格</th><th>数量</th></tr>
<tr><td>1</td><td colspan="2">示波器</td><td>通用</td><td>1 台</td></tr>
<tr><td>2</td><td colspan="2">正弦信号发生器</td><td>通用</td><td>1 台</td></tr>
<tr><td>3</td><td colspan="2">直流稳压电源</td><td>通用</td><td>1 台</td></tr>
<tr><td>4</td><td colspan="2">常用工具</td><td>—</td><td>1 套</td></tr>
<tr><td>5</td><td colspan="2">二极管 V4</td><td>1N4007</td><td>1 只</td></tr>
<tr><td>6</td><td rowspan="3">三极管</td><td>V1</td><td>9014</td><td>1 只</td></tr>
<tr><td>7</td><td>V2</td><td>TIP41</td><td>1 只</td></tr>
<tr><td>8</td><td>V3</td><td>TIP42</td><td>1 只</td></tr>
<tr><td>9</td><td rowspan="5">电阻器</td><td>R1</td><td>4.7 kΩ</td><td>1 只</td></tr>
<tr><td>10</td><td>R2</td><td>100 Ω</td><td>1 只</td></tr>
<tr><td>11</td><td>R3</td><td>510 Ω</td><td>1 只</td></tr>
<tr><td>12</td><td>R4</td><td>470 Ω</td><td>1 只</td></tr>
<tr><td>13</td><td>R5</td><td>5.1 kΩ</td><td>1 只</td></tr>
<tr><td>14</td><td rowspan="2">电位器</td><td>RP1</td><td>100 kΩ</td><td>1 只</td></tr>
<tr><td>15</td><td>RP2</td><td>470 Ω</td><td>1 只</td></tr>
<tr><td>16</td><td rowspan="4">电解
电容器</td><td>C1</td><td>10 μF/25 V</td><td>1 只</td></tr>
<tr><td>17</td><td>C2</td><td>220 μF/25 V</td><td>1 只</td></tr>
<tr><td>18</td><td>C3</td><td>100 μF/25 V</td><td>1 只</td></tr>
<tr><td>19</td><td>C4</td><td>470 μF/25 V</td><td>1 只</td></tr>
</table>

续表

序号	名称		规格	数量
20	扬声器B		8 Ω	1只
21	开关	S1	单刀双掷	1个
22		S2、S3	单刀单掷	2个
23	铝型散热片		—	2片
24	实验板		—	1块

三、实训内容

1. OTL功率放大电路的安装

按照图2-3-4进行电路安装图设计，再按照安装图进行安装，将元器件插装后焊接固定，用硬铜导线根据电路的电气连接关系进行布线并焊接固定。

安装完成的OTL功率放大电路板如图2-3-3所示。

在电路安装过程中，要预先做好大功率三极管V2和V3散热片的安装准备工作，扬声器需要用黄色硅树脂胶粘剂将其底部粘在电路板上。

2. OTL功率放大电路的调试

（1）调整静态工作点

1）将开关S2闭合，开关S1接电阻器R5，开关S3断开，在测试端IC+和IC−串联电流表，调整电位器RP1于中间位置，电位器RP2为0 Ω。接通+12 V直流稳压电源，调整RP1使中点A处的电压等于6 V。

2）将$U_i=100$ mV，$f=1$ kHz的交流电压接到输入端，用示波器在输出端观察输出电压u_o的波形，逐渐增大输入电压幅度，直到输出波形出现交越失真，将失真的波形描绘下来。

3）调整RP2，使输出电压波形的交越失真现象基本消除，重新调整RP1，校正A点电压。电路调好后使A点电压保持为6 V，输出电压波形没有交越失真，电流表的数值小于200 mA。

（2）测量最大不失真输出功率P_{OM}

1）将开关S2和S3闭合，S1接负载扬声器B，逐渐增大输入电压（$f=1$ kHz）幅度，用示波器观察输出电压波形，当输出电压略有失真时，测量以下数据：

①输入电压有效值U_i。

②负载上的输出电压有效值U_o。

记录测量结果，根据公式$P_{OM}=U_o^2/R_L$，计算最大不失真输出功率，其中R_L为扬声器B的等效电阻值。

2）断开开关S2（不接自举电容器），重复上述步骤，记录测量结果，理解自举电容器对最大不失真输出功率的影响。

3）将开关S1接负载电阻器R5，重复上述步骤，记录测量结果，了解负载的变化与最大不失真输出功率之间的关系。

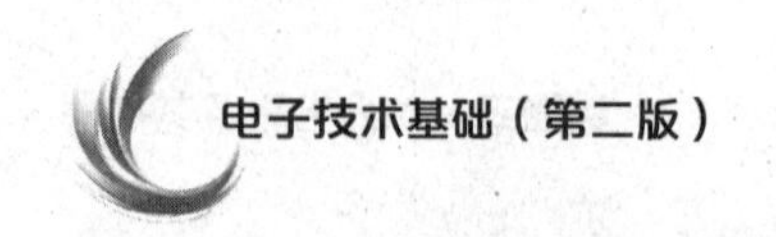

3. 功率放大电路与负反馈多级放大电路放大功能比较的体验

将 OTL 功率放大电路的开关 S1 接扬声器，音源提供的音频信号由电容器 C1 输入，调节音源的音量，同时调节电位器 RP1 和 RP2，仔细聆听扬声器播放的音乐，直到声音清晰、音量适中且无失真为止，并与负反馈多级放大电路放大音乐的效果进行比较。

4. OTL 功率放大电路的检修

OTL 功率放大电路检修流程如图 2-3-14 所示。

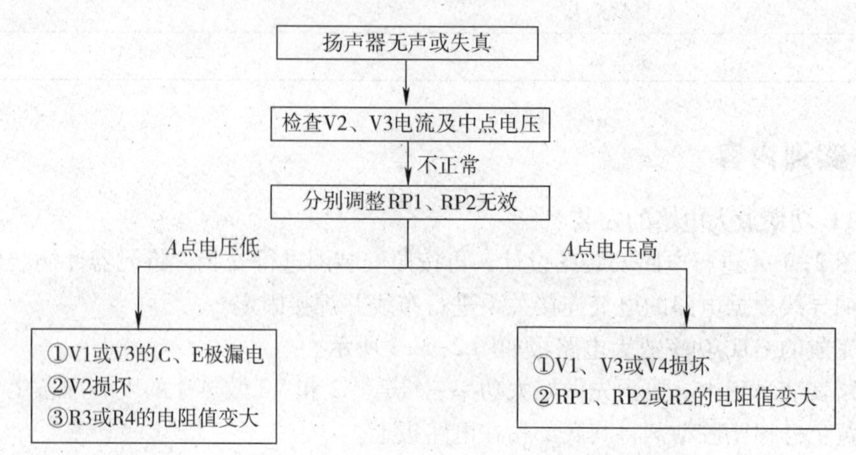

图 2-3-14　OTL 功率放大电路检修流程

四、实训报告要求

1. 分别画出 OTL 功率放大电路原理图和安装图。
2. 完成调试记录。
3. 简述 OTL 功率放大电路中点电压的调整步骤。
4. 简述交越失真的概念以及消除交越失真的操作步骤。

五、评分标准

评分标准见表 2-3-3。

表 2-3-3　评分标准

姓名：________　　学号：________　　合计得分：________

内容	要求	评分标准	配分	扣分	得分
二极管、三极管检测	判断二极管、三极管的管型和极性正确	一处错误，扣 5 分	15		
电路安装	电路安装正确、完整	一处不符合，扣 5 分	10		
	元器件完好，无损坏	一件损坏，扣 2.5 分	5		
	布局层次合理，主次分清	一处不符合，扣 2 分	10		

续表

内容	要求	评分标准	配分	扣分	得分
电路安装	接线规范，布线美观，横平竖直，接线牢固，无虚焊，焊点符合要求	一处不符合，扣2分	10		
	按图接线	一处不符合，扣5分	5		
电路调试	通电调试成功	通电调试不成功，扣10分	10		
静态工作点调整	(1) 交越失真的输出波形形状记录正确 (2) 调好的电路中点电压、电流表数值在允许的范围内，输出波形无交越失真	一处错误，扣3分	15		
最大不失真输出功率测量	正确使用示波器测量 U_i 和 U_o，并计算 P_{OM}	一处错误，扣3分	10		
安全生产	遵守国家颁布的安全生产法规或企业自定的安全生产规范	1. 违反安全生产相关规定，每项扣2分 2. 发生重大事故加倍扣分	10		
合计			100		

知识链接

集成功率放大器 TDA2030

TDA2030 是一块性能十分优良的集成功率放大器，其主要特点是上升速率高、瞬态互调失真小。瞬态互调失真是决定放大器品质的重要因素。

TDA2030 的第二个特点是输出功率大，保护性能比较完善。通常单片集成电路的最大输出功率不超过 20 W，TDA2030 的输出功率达 18 W，若使用两块组成 BTL 互补功率放大电路，输出功率可增至 35 W。此外，大功率集成电路由于所用电源电压高、输出电流大，在使用中稍有不慎容易损坏，而在 TDA2030 中，设计了较为完善的保护电路，一旦输出电流过大或管壳过热，保护电路能自动减流或截止，使自己得到保护。

TDA2030 的第三个特点是外围电路简单，使用方便。TDA2030 的引脚排列如图 2-3-15 所示，在现有的各种集成功率放大器中，其属于引脚最少的一类，只有 5 个，外形如同塑封大功率三极管，为使用带来方便。

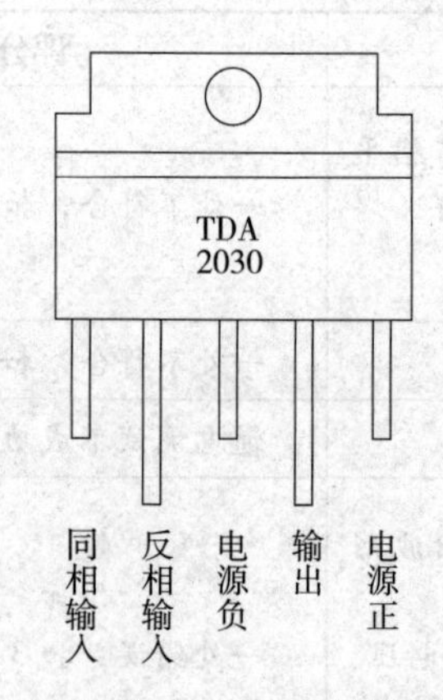

图2-3-15　TDA2030的引脚排列

TDA2030在电源电压为±14 V、负载电阻为4 Ω时，输出14 W功率（失真度≤0.5%）；在电源电压为±16 V、负载电阻为4 Ω时，输出18 W功率（失真度≤0.5%）。由于价廉质优、使用方便，广泛应用于各种款式的收录机和高保真立体声设备中。

课题三
直流稳压电源

电子设备一般需要由稳定的直流电源供电，通常采用直流稳压电源将电网提供的交流电转换为所需的直流电，如图 3-0-1 所示。

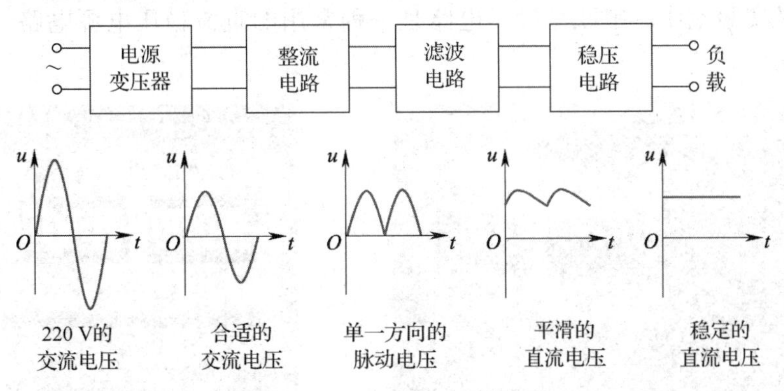

图 3-0-1　直流稳压电源的组成框图及各部分的波形

（1）电源变压器：将电网提供的 220 V 交流电压转换为合适的交流电压。

（2）整流电路：将大小和方向都变化的交流电压转换为单一方向的脉动直流电压。

（3）滤波电路：将脉动直流电压转换为平滑的直流电压。

（4）稳压电路：消除电网波动、负载变化的影响，保持输出电压的稳定。

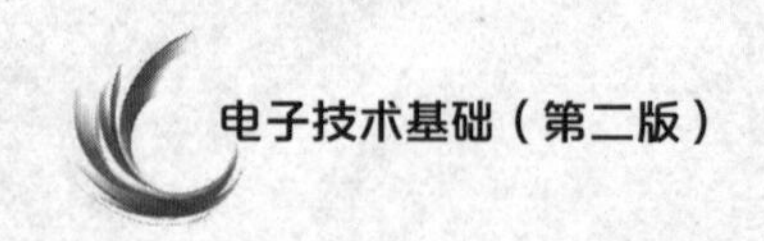

任务 1　串、并联型稳压电路

学习目标

1. 掌握单相整流、滤波电路的组成和工作原理。
2. 掌握并联型稳压电路、串联型稳压电路的组成和工作原理。
3. 掌握串联型稳压电路的安装、调试与检修。

任务引入

直流稳压电源如图 3-1-1 所示，能提供各种电压等级的稳定直流电压，广泛应用于各类电子产品及实验室中。串联型稳压电路是一种常用的直流稳压电源电路，其电路板如图 3-1-2 所示。

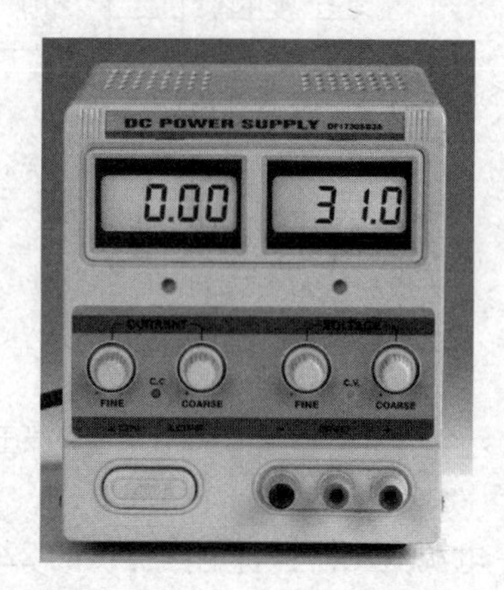

图 3-1-1　直流稳压电源

本任务是通过串联型稳压电路的安装和调试，掌握直流稳压电源的工作原理，熟悉直流稳压电源的制作过程，了解直流稳压电源的调试与检修方法。

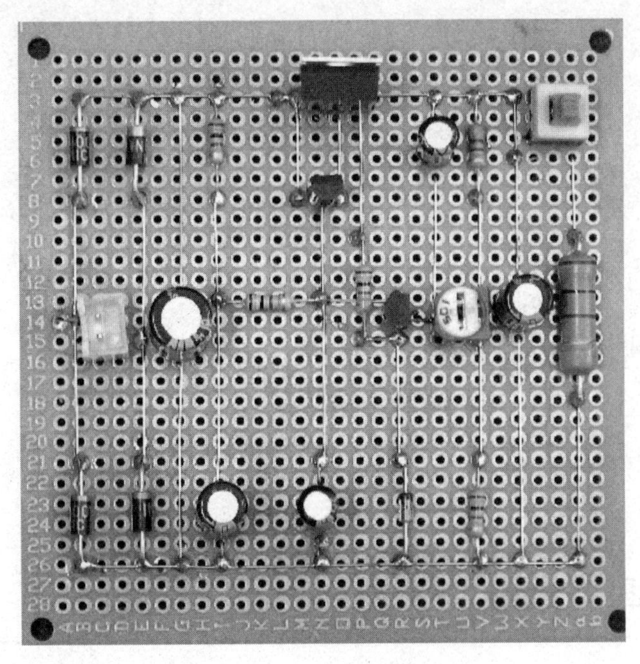

图 3-1-2　串联型稳压电路板

一、单相整流、滤波电路

单相整流、滤波电路用于对电网提供的 220 V 交流电压进行整流，将其转换为脉动直流电压后滤波，输出较为平滑的直流电压。常见的单相整流电路包括单相半波整流电路、单相全波整流电路和单相桥式整流电路。

1. 单相半波整流电路

（1）电路组成及波形

单相半波整流电路如图 3-1-3 所示，其输入、输出电压波形如图 3-1-4 所示。

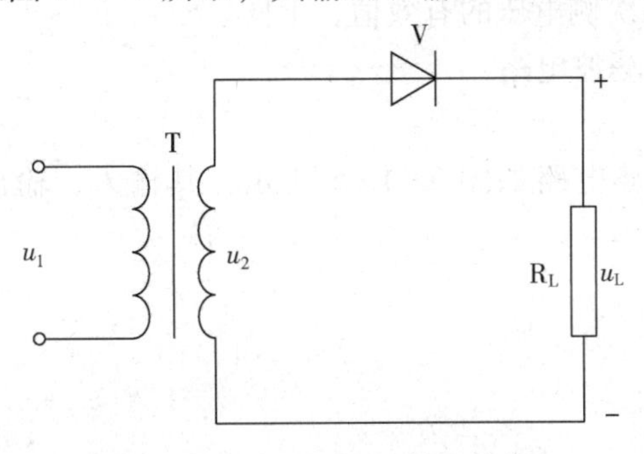

图 3-1-3　单相半波整流电路

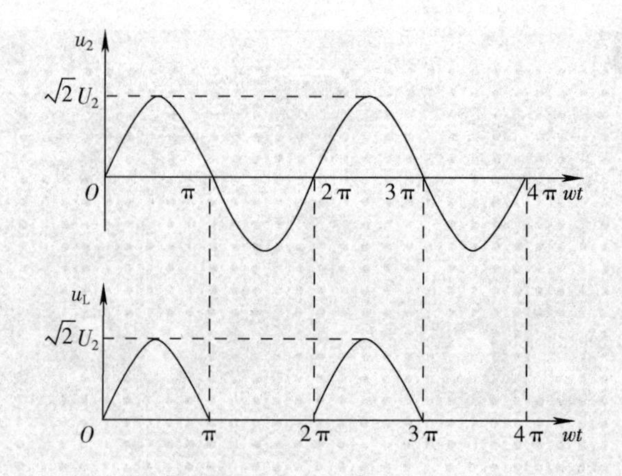

图 3-1-4　单相半波整流电路的输入、输出电压波形

想一想

单相半波整流电路的输出电压波形有什么特点？与输入电压波形比较为何会发生变化？

（2）工作原理

忽略二极管的正向压降，在交流电压正半周时，二极管正向偏置，处于导通状态；在交流电压负半周时，二极管反向偏置，处于截止状态，相当于开路。即

$$u_2>0 \rightarrow \text{V 导通} \rightarrow u_L=u_2$$

$$u_2<0 \rightarrow \text{V 截止} \rightarrow u_L=0$$

二极管 V 在输入信号的正半周导通，负半周截止。输入电压为正弦波时，负载上得到的只有正弦波的半个波形，因此，该电路称为单相半波整流电路。

单相半波整流电路输出电压、输出电流的平均值为

$$U_L=0.45U_2$$

$$I_L=\frac{U_L}{R_L}$$

式中，U_2 为电源变压器二次侧电压的有效值，下同。

2. 单相半波整流电容滤波电路

（1）电路组成及波形

单相半波整流电容滤波电路如图 3-1-5 所示，其输入、输出电压波形如图 3-1-6 所示。

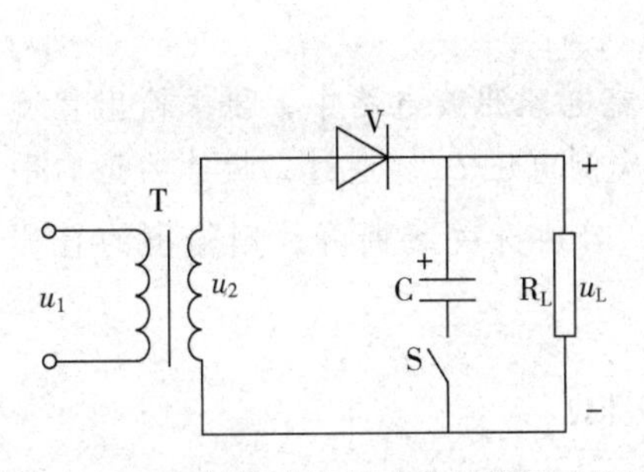

图 3-1-5 单相半波整流电容滤波电路

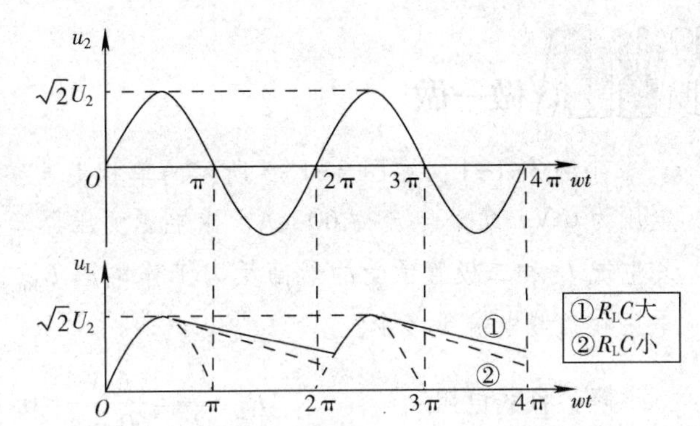

图 3-1-6 单相半波整流电容滤波电路的输入、输出电压波形

想一想

引入电容器 C 后，输出电压波形为何会发生变化?

（2）工作原理

1）二极管 V 导通时给电容器 C 充电，V 截止时 C 向负载 R_L 放电。

2）滤波后输出电压的波形变得平缓，平均值提高。

滤波电容器与负载并联，由于滤波电容器的充、放电作用，输出电压的脉动程度大为减弱，波形相对平滑，输出电压平均值得到提高。

单相半波整流电容滤波电路输出电压的平均值为

$$0.45U_2<U_L<\sqrt{2}U_2$$

R_LC 越大，U_L 越大。

提示

电容滤波适用于负载电流较小且变化不大的场合。

单相半波整流电路经电容滤波后，有关电压和电流的估算可参考表 3-1-1。

表 3-1-1 单相半波整流电容滤波电路电压和电流的估算

整流电路形式	输入交流电压（有效值）	电路输出电压		整流器件上电压和电流	
		负载开路时的电压	带负载时的电压（估算值）	承受的最高反向工作电压 U_{Rm}	通过的平均电流 I_F
半波整流	U_2	$\sqrt{2}U_2$	U_2	$2\sqrt{2}U_2$	I_L

做一做

［例 3-1-1］在图 3-1-5 所示的单相半波整流电容滤波电路中，要求输出直流电压为6 V，负载电流为60 mA。求电源变压器二次侧电压 U_2、通过二极管的正向平均电流 I_F 和二极管承受的最高反向工作电压 U_{Rm}。若将开关 S 断开，则输出的直流电压和负载电流是多少？

解：负载电阻 $R_L=\frac{U_L}{I_L}=\frac{6\ V}{60\ mA}=0.1\ k\Omega$

电源变压器二次侧电压 $U_2=U_L=6\ V$

通过二极管的正向平均电流 $I_F=I_L=60\ mA$

二极管承受的最高反向工作电压 $U_{Rm}=2\sqrt{2}U_2=2\sqrt{2}\times6\ V\approx17\ V$

若将开关S断开，则为单相半波整流电路。

输出的直流电压 $U_L=0.45U_2=0.45\times6\ V=2.7\ V$

负载电流 $I_L=\frac{U_L}{R_L}=\frac{2.7\ V}{0.1\ k\Omega}=27\ mA$

3. 单相桥式整流电路

（1）电路组成及波形

单相桥式整流电路如图 3-1-7 所示，其输入、输出电压波形如图 3-1-8 所示。

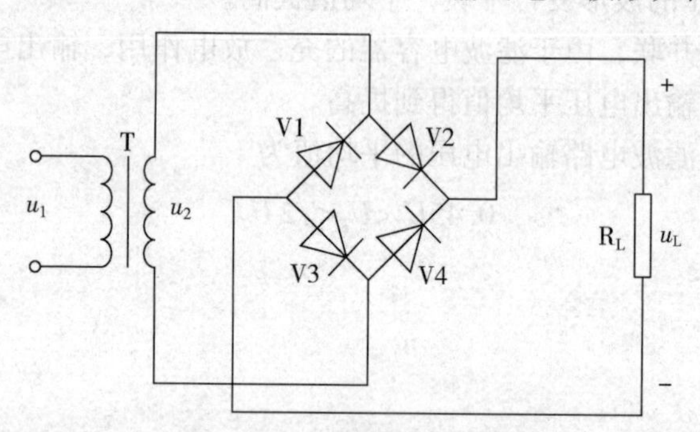

图 3-1-7 单相桥式整流电路

（2）工作原理

忽略二极管的正向压降，则：

$$u_2>0\rightarrow\begin{cases}\text{V2、V3 导通}\\ \text{V1、V4 截止}\end{cases}\rightarrow u_L=u_2$$

$$u_2<0\rightarrow\begin{cases}\text{V2、V3 截止}\\ \text{V1、V4 导通}\end{cases}\rightarrow u_L=-u_2$$

两组二极管 V2、V3 和 V1、V4 轮流导通，V2、V3 在输入信号的正半周导通，V1、V4 在输入信号的负半周导通，在负载上可得到全波脉动的直流电压和电流。

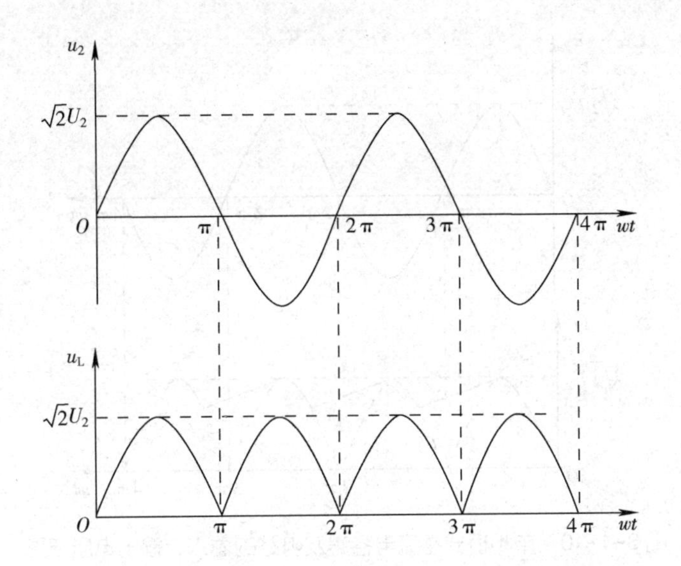

图 3-1-8　单相桥式整流电路的输入、输出电压波形

单相桥式整流电路输出电压、输出电流的平均值为

$$U_L = 0.9U_2$$

$$I_L = \frac{U_L}{R_L}$$

4. 单相桥式整流电容滤波电路

(1) 电路组成及波形

单相桥式整流电容滤波电路如图 3-1-9 所示，其输入、输出电压波形如图 3-1-10 所示。

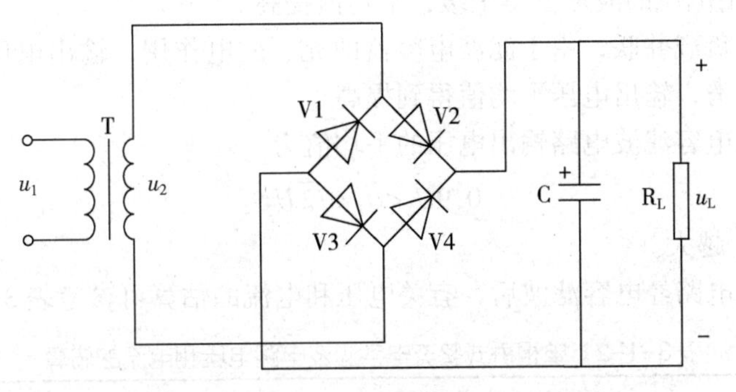

图 3-1-9　单相桥式整流电容滤波电路

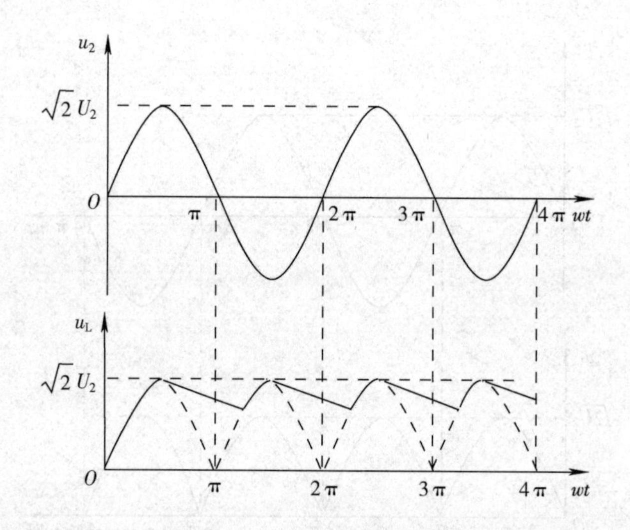

图 3-1-10　单相桥式整流电容滤波电路的输入、输出电压波形

想一想

引入电容器 C 后，输出电压波形为何会发生变化？

（2）工作原理

1）二极管 V2、V3 或 V1、V4 导通时给电容器 C 充电，截止时 C 向负载 R_L 放电。

2）滤波后输出电压的波形变得平缓，平均值提高。

滤波电容器与负载并联，由于滤波电容器的充、放电作用，输出电压的脉动程度大为减弱，波形相对平滑，输出电压平均值得到提高。

单相桥式整流电容滤波电路输出电压的平均值为

$$0.9U_2<U_L<\sqrt{2}U_2$$

R_LC 越大，U_L 越大。

单相桥式整流电路经电容滤波后，有关电压和电流的估算可参考表 3-1-2。

表 3-1-2　单相桥式整流电容滤波电路电压和电流的估算

整流电路形式	输入交流电压（有效值）	电路输出电压		整流器件上电压和电流	
		负载开路时的电压	带负载时的电压（估算值）	承受的最高反向工作电压 U_{Rm}	通过的平均电流 I_F
桥式整流	U_2	$\sqrt{2}U_2$	$1.2U_2$	$\sqrt{2}U_2$	$0.5I_L$

做一做

［例 3-1-2］在图 3-1-9 所示的单相桥式整流电容滤波电路中，要求输出直流电压为 6 V，负载电流为 60 mA。选择合适的整流二极管。

解：电源变压器二次侧电压　$U_2=U_L/1.2=6\ \text{V}/1.2=5\ \text{V}$

通过每只二极管的平均电流　$I_F=0.5I_L=0.5\times60\ \text{mA}=30\ \text{mA}$

每只二极管承受的最高反向工作电压　$U_{Rm}=\sqrt{2}U_2=\sqrt{2}\times5\ \text{V}\approx7\ \text{V}$

经查手册，整流二极管可以选用 2CZ82A（$I_{FM}=100\ \text{mA}$，$U_{RM}=25\ \text{V}$）。

二、并联型稳压电路

稳压电路的作用是使直流电源的输出电压稳定，基本不受电网电压或负载变化的影响。

1. 电路组成

并联型稳压电路如图 3-1-11 所示。图中稳压二极管 V_Z 反向并联在负载 R_L 两端，因此称为并联型稳压电路，稳压电路的输入来自整流、滤波电路的输出电压。

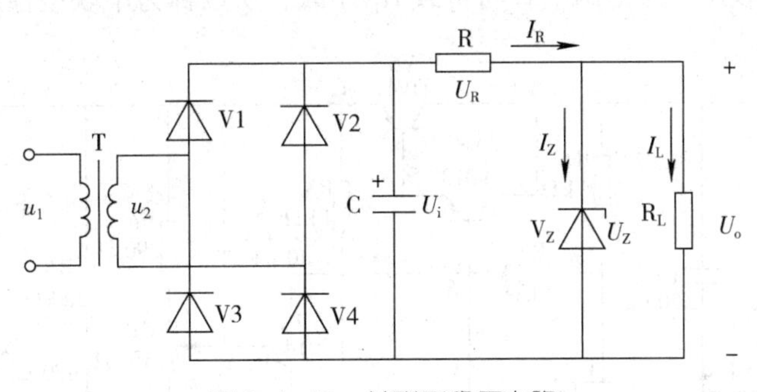

图 3-1-11　并联型稳压电路

2. 工作原理

并联型稳压电路是利用稳压二极管的反向击穿特性稳压的，由于反向特性陡直，较大的电流变化只会引起较小的电压变化。

（1）当输入电压变化时如何稳压？

根据电路图可知

$$U_o=U_Z=U_i-U_R=U_i-I_RR$$

$$I_R=I_L+I_Z$$

输入电压 U_i 升高，必然引起 U_o 升高，即 U_Z 升高，从而使 I_Z 增大，I_R 增大，U_R 升高，进而使输出电压 U_o 降低。这一稳压过程可概括如下：

$$U_i\uparrow \longrightarrow U_o\uparrow \longrightarrow U_Z\uparrow \longrightarrow I_Z\uparrow$$

$$U_o\downarrow \longleftarrow U_R\uparrow \longleftarrow I_R\uparrow \longleftarrow$$

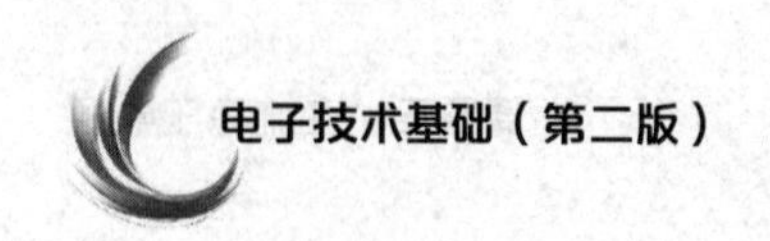

即输入电压 U_i 的升高，在稳压二极管的调节下，使输出电压 U_o 保持稳定。

（2）当负载电流变化时如何稳压？

负载电流 I_L 增大，必然引起 I_R 增大，U_R 升高，从而使 U_Z（U_o）降低，I_Z 减小。I_Z 减小必然使 I_R 减小，U_R 降低，进而使输出电压 U_o 升高。这一稳压过程可概括如下：

$$I_L\uparrow \rightarrow I_R\uparrow \rightarrow U_R\uparrow \rightarrow U_o\downarrow \rightarrow U_Z\downarrow \rightarrow I_Z\downarrow$$
$$\rightarrow I_R\downarrow \rightarrow U_R\downarrow \rightarrow U_o\uparrow$$

电阻器 R 起限流和调压双重作用，如果 $R=0$，则 $U_o=U_i$，电路根本没有稳压作用，同时可能导致稳压二极管反向电流过大而使稳压二极管烧坏。

并联型稳压电路结构简单，设计制作容易，但是输出电流较小，输出电压不可以调节，因此只适用于电压固定的小功率负载且电流变化范围不大的场合。当负载电流较大且要求稳压性能好时，可采用串联型稳压电路。

三、串联型稳压电路

1. 电路组成

串联型稳压电路如图 3-1-12 所示，其组成框图如图 3-1-13 所示。串联型稳压电路由基准电压电路、取样电路、比较放大电路和调整管组成，三极管 V5 和 V6 组成复合调整管，接成射极输出形式。因为调整管与负载 R_L 串联，所以称为串联型稳压电路。

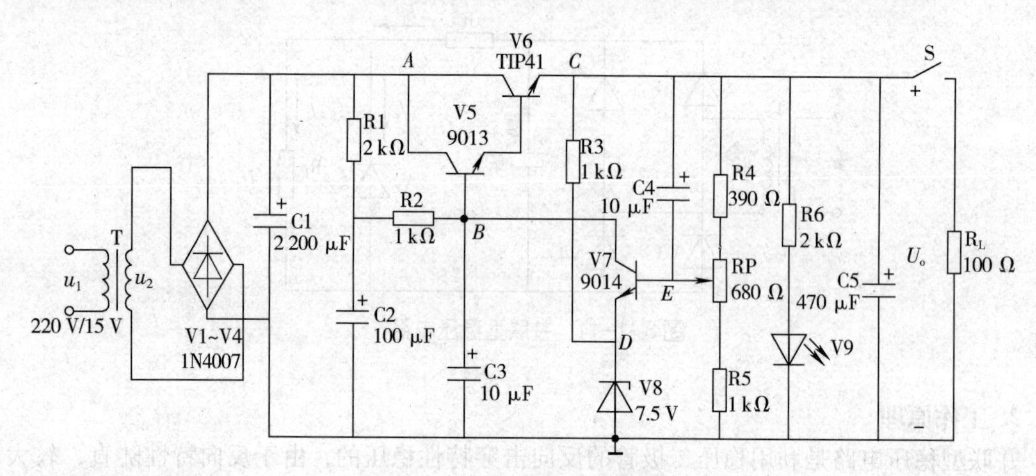

图 3-1-12　串联型稳压电路

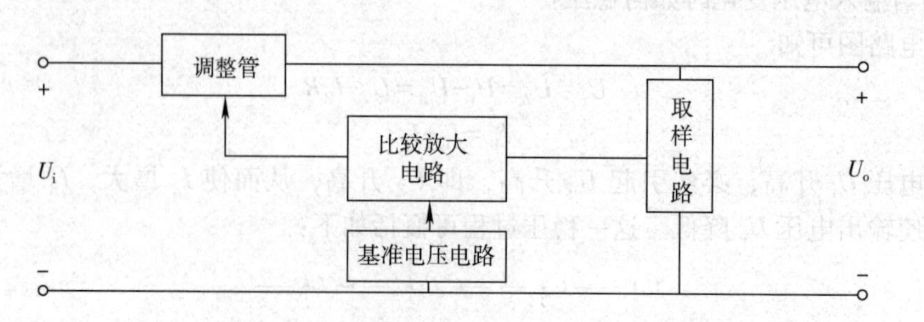

图 3-1-13　串联型稳压电路的组成框图

稳压二极管 V8 和限流电阻器 R3 组成基准电压电路。电阻器 R4、R5 和电位器 RP 组成取样电路，当输出电压变化时，取样电路将其变化量的一部分送至比较放大电路。三极管 V7 组成比较放大电路。取样电压和基准电压 U_Z 分别送至三极管 V7 的基极和发射极，进行比较放大，V7 的集电极与调整管的基极相连，以控制调整管的基极电位。

2. 工作原理

假设由于某种原因（如电网电压波动或者负载电阻变化等）使输出电压 U_o 升高，取样电路将这一变化趋势送至比较放大电路三极管 V7 的基极与发射极的基准电压 U_Z 进行比较，并且将二者的差值放大，V7 集电极电压 U_{C7}（即调整管的基极电压 U_{B5}）降低。由于调整管采用射极输出形式，因此输出电压 U_o 必然降低，从而保证 U_o 基本稳定。其稳压过程可以概括如下：

$$U_o\uparrow\rightarrow U_{B7}\uparrow\rightarrow U_{BE7}\uparrow\rightarrow I_{C7}\uparrow\rightarrow U_{C7}\ (U_{B5})\ \downarrow\rightarrow U_o\downarrow$$

若输出电压降低，则稳压过程如下：

$$U_o\downarrow\rightarrow U_{B7}\downarrow\rightarrow U_{BE7}\downarrow\rightarrow I_{C7}\downarrow\rightarrow U_{C7}\ (U_{B5})\ \uparrow\rightarrow U_o\uparrow$$

串联型稳压电路实质上是引入深度负反馈来稳定输出电压的。

3. 输出电压的调节

调节电位器 RP 可以调节输出电压 U_o 的大小，使其在一定的范围内变化。

忽略三极管 V7 的基极电流，当 RP 滑动触点移至最上端时

$$U_{BE7}+U_Z=\frac{R_P+R_5}{R_4+R_P+R_5}U_o$$

此时输出电压最小，$U_{omin}=\dfrac{R_4+R_P+R_5}{R_P+R_5}\ (U_{BE7}+U_Z)$。

当 RP 滑动触点移至最下端时，输出电压最大，$U_{omax}=\dfrac{R_4+R_P+R_5}{R_5}\ (U_{BE7}+U_Z)$。

注意：输出电压 U_o 的调节范围是有限的，其最大值不可能超过输入电压 U_i，最小值不可能到零。

任务实施使用的串联型稳压电路如图 3-1-12 所示。

软件仿真

串联型稳压电路仿真如图 3-1-14 所示，观察并记录电压表读数，调节电位器，测量输出电压范围。

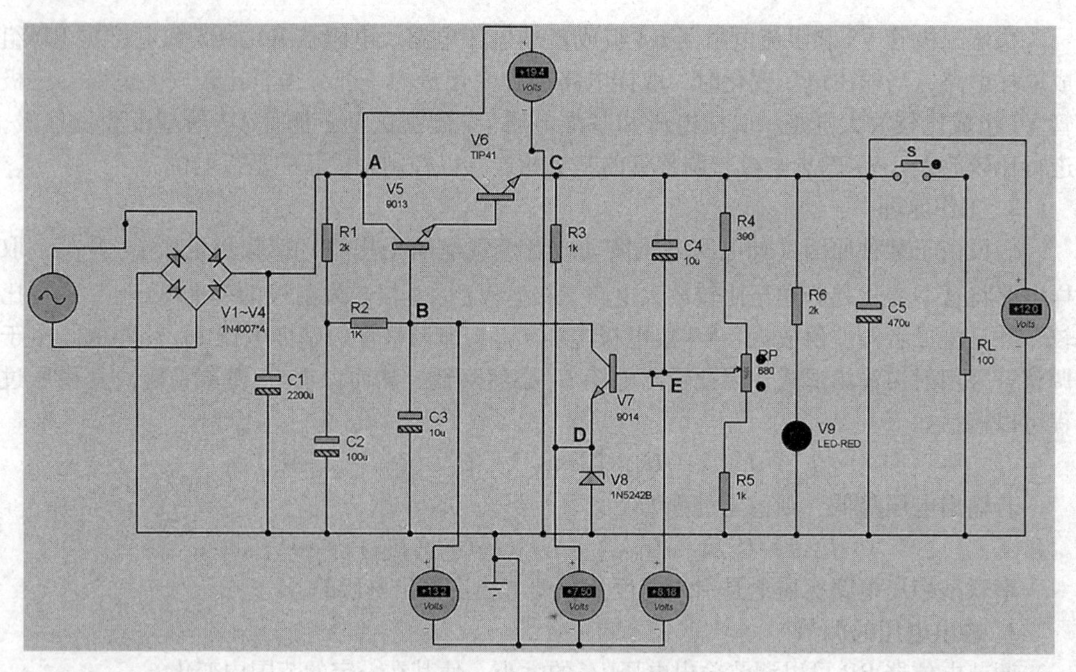

图 3-1-14　串联型稳压电路仿真

实训操作

一、实训目的

1. 熟悉串联型稳压电路的工作原理，掌握输出电压的调节方法。
2. 掌握串联型稳压电路内阻的概念和测量方法。
3. 理解减小串联型稳压电路输出电压纹波的措施。
4. 熟悉串联型稳压电路的安装、调试与检修。

二、实训器材

实训器材明细表见表 3-1-3。

表 3-1-3　实训器材明细表

序号	名称	规格	数量
1	示波器	通用	1 台
2	常用工具	—	1 套
3	电源变压器 T	220 V/15 V	1 只
4	整流二极管 V1 ~ V4	1N4007	4 只
5	稳压二极管 V8	7.5 V	1 只
6	发光二极管 V9	红色	1 只

续表

序号	名称		规格	数量
7	三极管	V5	9013	1只
8		V6	TIP41	1只
9		V7	9014	1只
10	电位器 RP		680 Ω	1只
11	电阻器	R1、R6	2 kΩ	2只
12		R2、R3、R5	1 kΩ	3只
13		R4	390 Ω	1只
14		R_L	100 Ω/2 W	1只
15	开关	S	单刀单掷	1个
16	电解电容器	C1	2 200 μF/50 V	1只
17		C2	100 μF/50 V	1只
18		C3、C4	10 μF/25 V	2只
19		C5	470 μF/25 V	1只
20	铝型散热片		—	1片
21	实验板		—	1块

三、实训内容

1. 串联型稳压电路的安装

按照图 3-1-12 进行电路安装图设计，再按照安装图进行安装，将元器件插装后焊接固定，用硬铜导线根据电路的电气连接关系进行布线并焊接固定。

安装完成的串联型稳压电路板如图 3-1-2 所示。

2. 串联型稳压电路的调试

（1）空载时工作电压的测量

将开关 S 断开，调节电位器 RP，使输出电压 U_o 为 12 V，测量电路中各点的电压。

（2）串联型稳压电路内阻的测量

将开关 S 合上，接负载电阻器 R_L，用万用表测量输出电压 U'_o，则串联型稳压电路的内阻 $r=\left(\frac{U_o}{U'_o}-1\right)\times R_L$。

（3）用示波器观察输出电压的波形，断开电容器 C2、C3，再观察输出电压的波形，比较哪种情况下输出电压波形的脉动程度相对较低。

（4）调节电位器 RP，用万用表测量串联型稳压电路的输出电压可调范围。

3. 串联型稳压电路的检修

串联型稳压电路检修流程如图 3-1-15 所示。

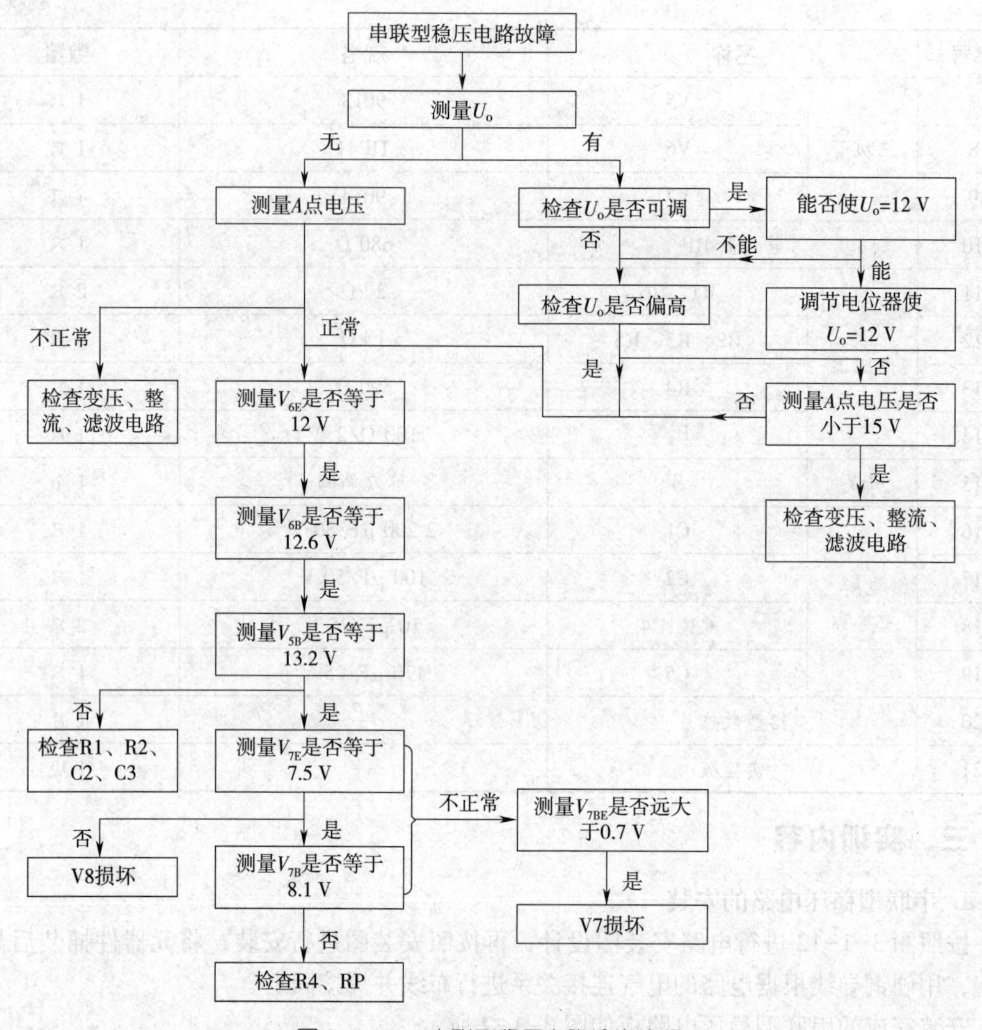

图3-1-15　串联型稳压电路检修流程

四、实训报告要求

1. 分别画出串联型稳压电路原理图和安装图。
2. 完成调试记录。
3. 分析串联型稳压电路的组成及其作用。

五、评分标准

评分标准见表3-1-4。

表 3-1-4　评分标准

姓名：________　　学号：________　　合计得分：________

内容	要求	评分标准	配分	扣分	得分
电路安装	电路安装正确、完整	一处不符合，扣 5 分	10		
	元器件完好，无损坏	一件损坏，扣 2.5 分	5		
	布局层次合理，主次分清	一处不符合，扣 2 分	10		
	接线规范，布线美观，横平竖直，接线牢固，无虚焊，焊点符合要求	一处不符合，扣 2 分	10		
	按图接线	一处不符合，扣 5 分	5		
电路调试	通电调试成功	通电调试不成功，扣 10 分	10		
波形测量	正确使用示波器测量波形，测量的结果（波形形状和幅度）正确	一处错误，扣 5 分	20		
电压测量	正确使用万用表测量电压，测量的结果正确	一处错误，扣 5 分	20		
安全生产	遵守国家颁布的安全生产法规或企业自定的安全生产规范	1. 违反安全生产相关规定，每项扣 2 分 2. 发生重大事故加倍扣分	10		
合计			100		

知识链接

稳压电源的分类

稳压电源的分类方法很多。按电源输出的类型不同，分为直流稳压电源和交流稳压电源；按稳压电路与负载的连接方式不同，分为串联稳压电源和并联稳压电源；按调整管的工作状态不同，分为线性稳压电源和开关稳压电源；按电路类型不同，分为简单稳压电源和反馈型稳压电源等。这些看似复杂繁多的分类方法之间存在着一定的层次关系，只要理清了这个层次关系就可以把握清楚电源的种类。

第一个层次，根据电源的输出类型来分类，区分输出的是直流电还是交流电。第二个层次，可以根据调整管的工作状态来分类。第三个层次，根据稳压电路与负载的连接方式来分类。再往下由于各种不同的电路特性相差太大，不能一概而论，应根据每一个具体类别的特性进行分类区分。

任务2　集成稳压电源

学习目标

1. 熟悉三端固定输出集成稳压器，掌握三端固定输出集成稳压器的应用。
2. 熟悉三端可调输出集成稳压器，掌握三端可调输出集成稳压器的应用。
3. 掌握集成稳压电源电路的工作原理、安装、调试与检修。

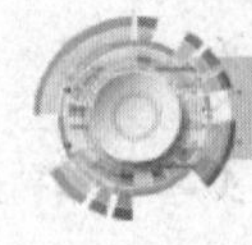

任务引入

分立元件制作的稳压电源分为串联型和并联型两种，此外还可以利用集成稳压器制作集成稳压电源。与前者相比，后者元器件少、可靠性高。集成稳压电源电路板如图3-2-1所示。

图3-2-1　集成稳压电源电路板

本任务是学会安装集成稳压电源电路，熟悉其工作原理，掌握其调试与检修方法。

相关知识

随着半导体集成电路工艺的迅速发展，现在常把串联型稳压电路中的取样、基准电压、比较放大、调整及保护环节等集成于一个半导体芯片上，构成集成稳压器，它具有体积小、质量轻、使用方便、可靠性高等优点，因而得到广泛应用。集成稳压器有多种类型，按照稳压原理不同，可以分为串联调整式、并联调整式、开关调整式。按照封装形式不同，可以分为金属封装和塑料封装两种形式。下面介绍三端集成稳压器。三端集成稳压器按照性能和用途不同可以分成两大类，一类是三端固定输出集成稳压器，另一类是三端可调输出集成稳压器。

一、三端固定输出集成稳压器

1. 三端固定输出集成稳压器的型号和外形

三端固定输出集成稳压器有输入端、输出端和公共端三个引出端。此类集成稳压器属于串联调整式，除了基准电压、取样、比较放大和调整等环节外，还有较完整的保护电路。常用的CW78××系列是正电压输出，CW79××系列是负电压输出，其型号意义如图3-2-2所示。

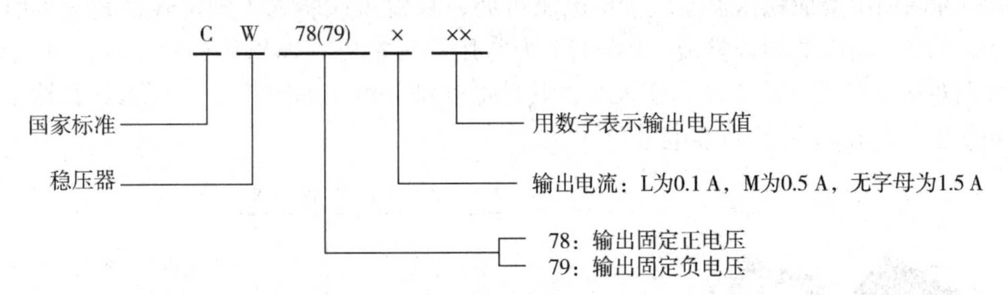

图3-2-2　三端固定输出集成稳压器的型号意义

CW78××系列和CW79××系列的引脚功能有较大的差异，CW78××系列的引脚1、2、3分别对应输入端、公共端、输出端，CW79××系列的引脚1、2、3分别对应公共端、输入端、输出端，使用时必须注意。常见的三端固定输出集成稳压器的外形如图3-2-3所示。

图3-2-3　常见的三端固定输出集成稳压器的外形

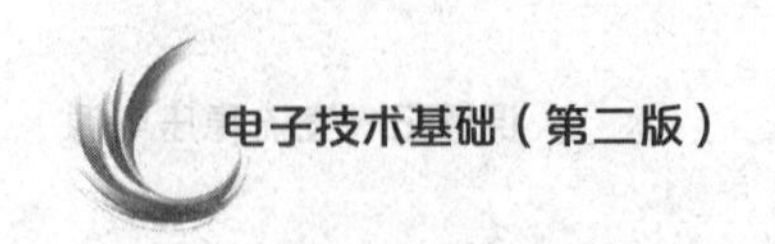

2. 三端固定输出集成稳压器的基本应用电路

图 3-2-4 所示为三端固定输出集成稳压器的基本应用电路。图中，输入端电容器 C1 用于减小输入电压的脉动和防止过电压；输出端电容器 C2 用于削弱电路的高频干扰，并具有消振作用。为保证集成稳压器正常工作，输入电压至少应高于输出电压 2~3 V。

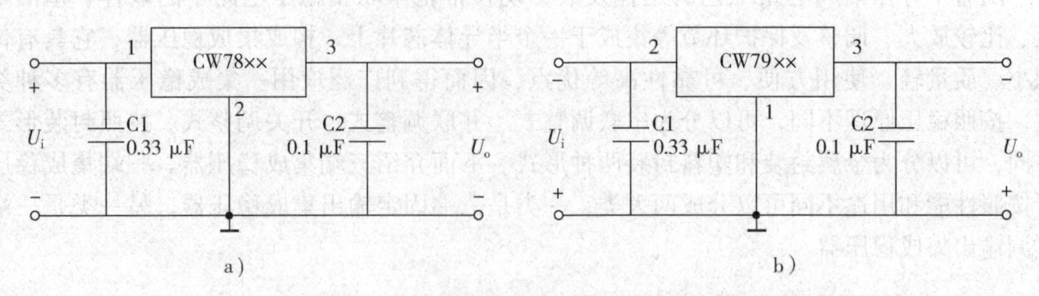

图 3-2-4 三端固定输出集成稳压器的基本应用电路

a）正电压输出 b）负电压输出

二、三端可调输出集成稳压器

1. 三端可调输出集成稳压器的型号和外形

三端可调输出集成稳压器不仅输出电压可调，且稳压性能优于固定式，其三个引出端分别为输入端、输出端和调整端。LM317T 为常用的三端可调输出集成稳压器，其引脚 1、2、3 分别对应调整端、输出端、输入端，其外形和型号意义如图 3-2-5 所示，其输出端与调整端的电压为 1.25 V 的基准电压。

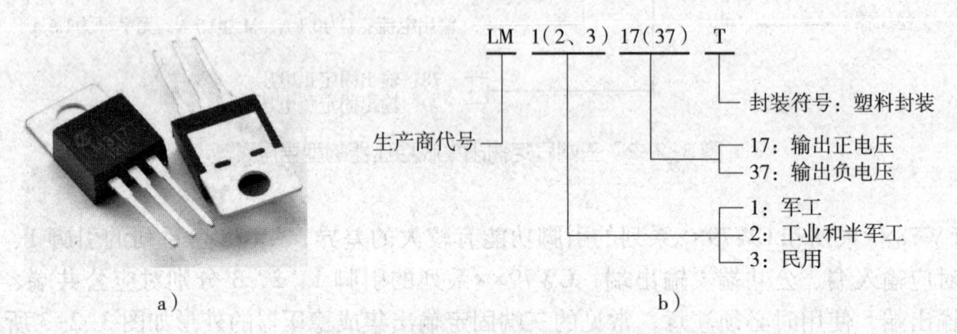

图 3-2-5 LM317T 的外形和型号意义

a）外形 b）型号意义

2. 三端可调输出集成稳压器的基本应用电路

图 3-2-6 所示为三端可调输出集成稳压器的基本应用电路，可以使输出电压在 1.25~30.63 V 范围内连续可调。在 LM317T 的调整端（又称 ADJ 端）与地之间连接一个电位器 RP，此时的输出电压为电阻器 R1 和 RP 两端的电压之和，即

$$U_o = U_{R1} + U_{RP}$$

上式中，$U_{R1} = 1.25$ V；$U_{RP} = (U_{R1}/R_1 + I_{ADJ}) R_P$，$I_{ADJ}$ 为 LM317T 调整端流出的电流，因 I_{ADJ} 很小，可以忽略。

故

$$U_o \approx 1.25(1+R_P/R_1)$$

因此，改变 RP 的电阻值即可改变输出电压的大小。当 $R_1=200\ \Omega$、$R_P=4.7\ k\Omega$ 时，能实现输出电压在 1.25~30.63 V 范围内连续可调。

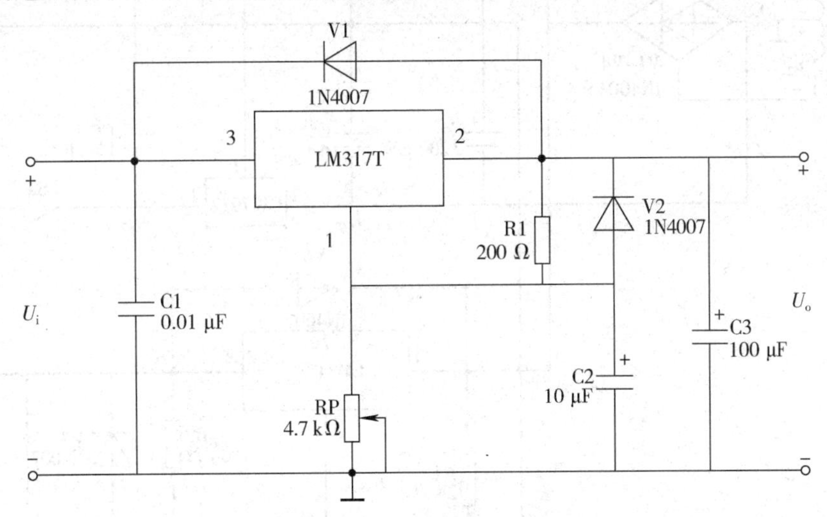

图 3-2-6 三端可调输出集成稳压器的基本应用电路

如果集成稳压器的滤波电容器的电容量值小于 2 200 μF，为了加强滤波效果，应在 LM317T 靠近输入端处接滤波电容器 C1。接在调整端和地之间的电容器 C2，用来过滤电位器 RP 两端电压的交流成分，使得输出电压脉动程度明显降低。此外，由于电路中接电容器 C2，一旦输入端或输出端发生短路，C2 中储存的电荷会通过 LM317T 形成放电电流，造成 LM317T 损坏。为了避免这种情况，在电阻器 R1 的两端并联一只二极管 V2。

LM317T 在没有容性负载的情况下，可以稳定工作。但当输出端有 500~5 000 pF 的容性负载时，就容易发生自激。为了抑制自激，在输出端接一只 100 μF 的电解电容器 C3。该电容器还可以改善电源的瞬态响应。但是，接上该电容器以后，集成稳压器的输入端一旦发生短路，C3 将对集成稳压器的输入端放电，其放电电流可能损坏集成稳压器，故在集成稳压器的输入端与输出端之间，接一只保护二极管 V1。

三、集成稳压电源电路的工作原理

集成稳压电源电路如图 3-2-7 所示，其中电源变压器要求带中心抽头，分别经过桥式整流、滤波，再利用集成稳压器稳压，输出±12 V 两组电压。此外还能输出可调直流电压。

任务实施使用的集成稳压电源电路如图 3-2-7 所示。

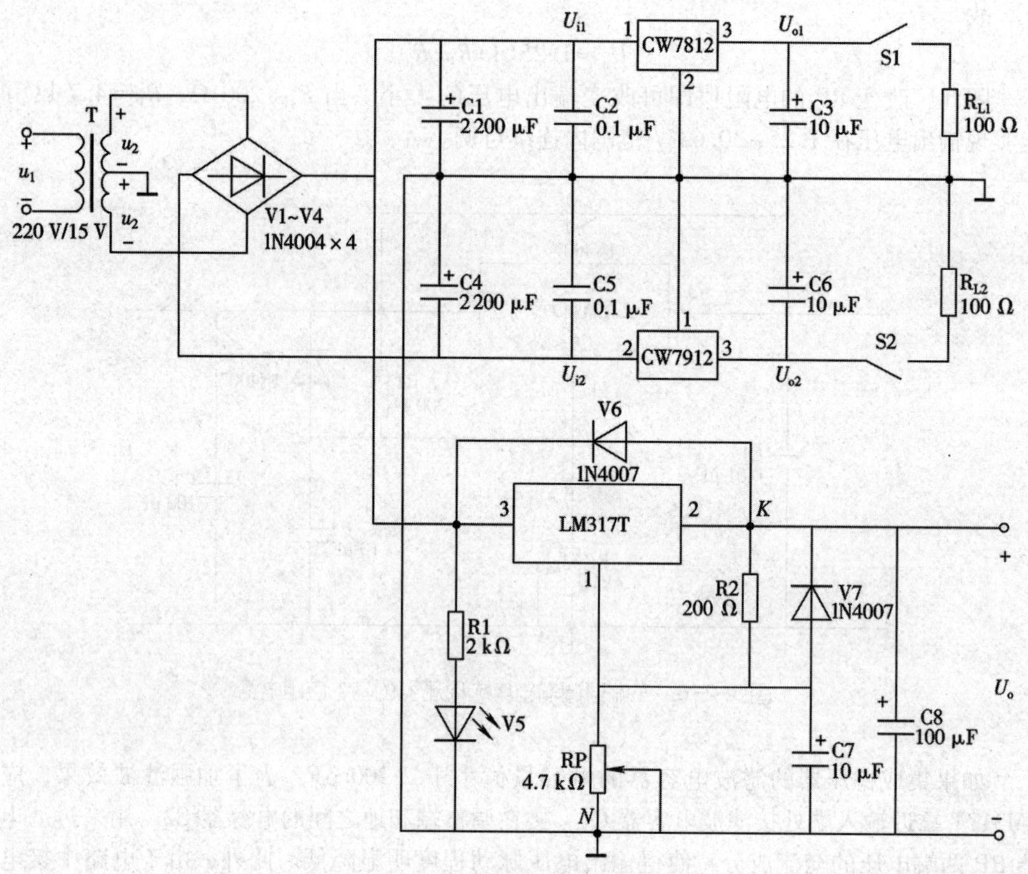

图 3-2-7　集成稳压电源电路

软件仿真

集成稳压电源电路仿真如图 3-2-8 所示，观察并记录示波器波形、电压表读数，分析集成稳压电源的工作原理。

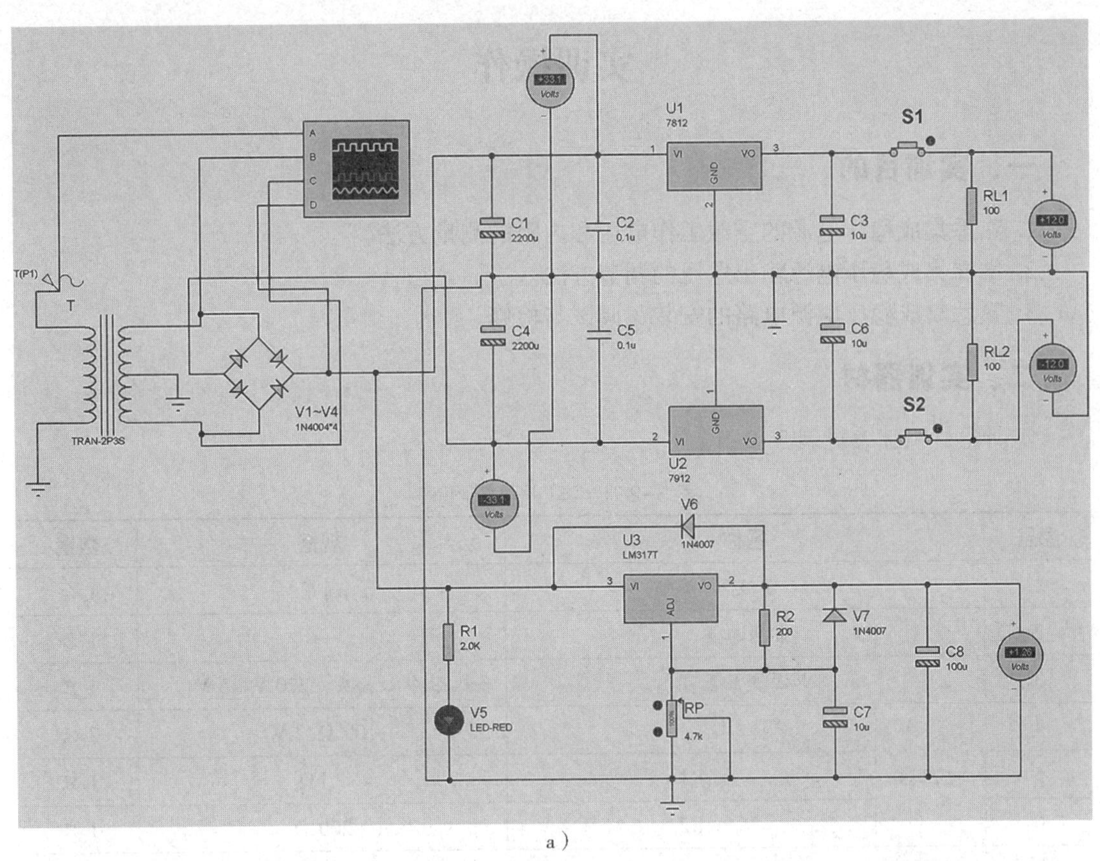

a）

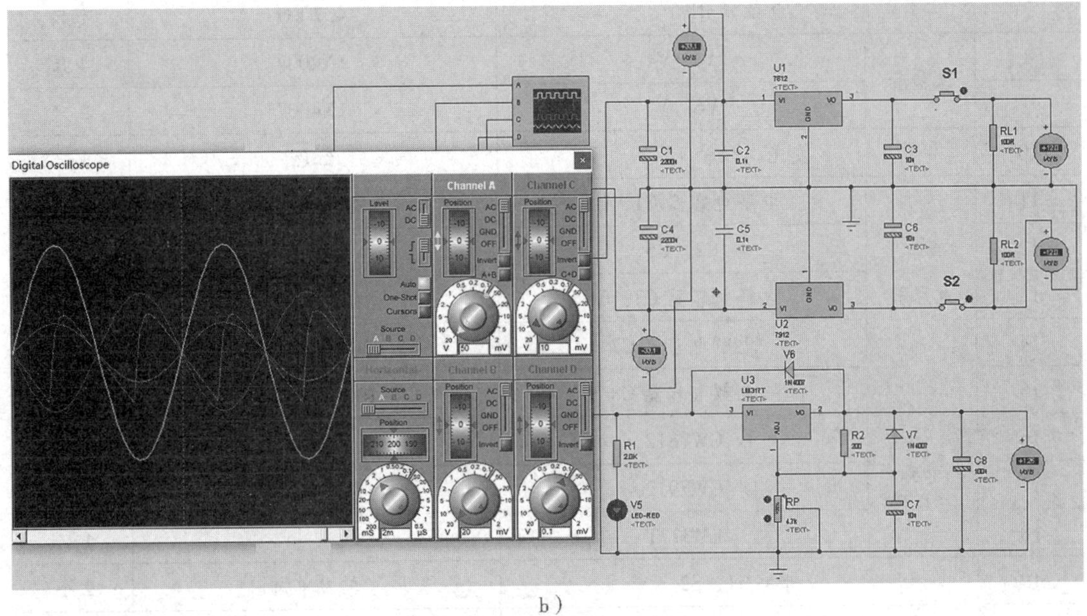

b）

图 3-2-8　集成稳压电源电路仿真

a）仿真布置　b）仿真调试

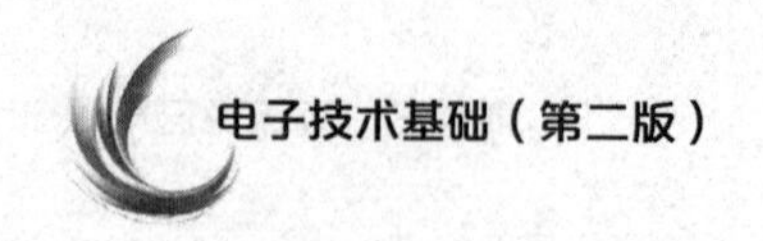

实训操作

一、实训目的

1. 熟悉集成稳压电源的空载工作电压和内阻的测量方法。
2. 掌握集成稳压电源输出电压的调节方法。
3. 熟悉集成稳压电源电路的安装、调试与检修。

二、实训器材

实训器材明细表见表 3-2-1。

表 3-2-1　实训器材明细表

序号	名称		规格	数量
1	示波器		通用	1 台
2	常用工具		—	1 套
3	电源变压器 T		带中心抽头，220 V/15 V	1 只
4	电阻器	R_{L1}、R_{L2}	100 Ω/2 W	2 只
5		R1	2 kΩ	1 只
6		R2	200 Ω	1 只
7	电位器 RP		4.7 kΩ	1 只
8	二极管	V1～V4	1N4004	4 只
9		V6、V7	1N4007	2 只
10	发光二极管 V5		红色	1 只
11	电容器	电解电容器 C1、C4	2 200 μF/50 V	2 只
12		C2、C5	0.1 μF	2 只
13		电解电容器 C3、C6	10 μF/25 V	2 只
14		电解电容器 C7	10 μF/50 V	1 只
15		电解电容器 C8	100 μF/50 V	1 只
16	集成稳压器	CW7812	—	1 只
17		CW7912	—	1 只
18		LM317T	—	1 只
19	开关 S1、S2		单刀单掷	2 个
20	铝型散热片		—	3 片
21	实验板		—	1 块

三、实训内容

1. 集成稳压电源电路的安装

按照图 3-2-7 进行电路安装图设计，再按照安装图进行安装，将元器件插装后焊接固定，用硬铜导线根据电路的电气连接关系进行布线并焊接固定。

安装完成的集成稳压电源电路板如图 3-2-1 所示。

2. 集成稳压电源电路的调试

在断开开关 S2、合上开关 S1 时，该集成稳压电源能输出+12 V 电压；在断开开关 S1、合上开关 S2 时，该集成稳压电源能输出-12 V 电压；当开关 S1 和 S2 都合上时，该集成稳压电源可以同时输出±12 V 电压。此外，该集成稳压电源对输出电压可调。分别进行调试，并做好记录。

（1）空载时工作电压的测量

将开关 S1 和 S2 断开，用万用表测量电路中 3 个三端集成稳压器输入端和输出端的电压。

（2）集成稳压电源内阻的测量

将开关 S1 和 S2 都合上，正、负电源分别接入负载电阻器 R_{L1} 和 R_{L2}，用万用表分别测量正、负电源输出端的电压 U'_{o1}和 U'_{o2}，则正电源的内阻 $r_1=\left(\frac{U_{o1}}{U'_{o1}}-1\right)\times R_{L1}$，负电源的内阻 $r_2=\left(\frac{U_{o2}}{U'_{o2}}-1\right)\times R_{L2}$。

（3）将开关 S1 和 S2 都合上，用示波器分别观察正、负电源输出电压的波形。

（4）调节电位器 RP，用万用表测量集成稳压电源输出电压可调范围。

3. 集成稳压电源电路的检修

集成稳压电源电路检修流程如图 3-2-9 所示。

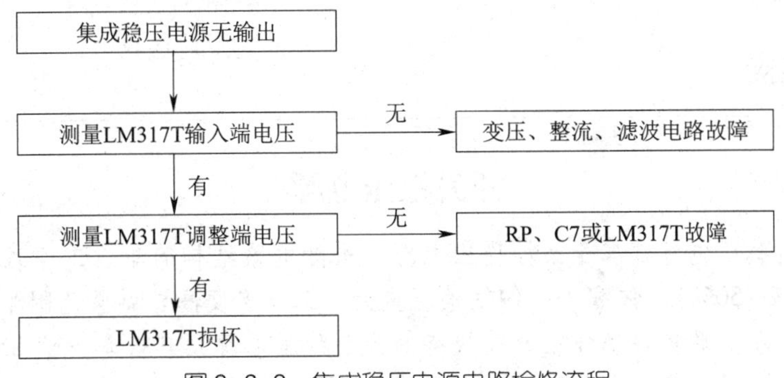

图 3-2-9　集成稳压电源电路检修流程

四、实训报告要求

1. 分别画出集成稳压电源电路原理图和安装图。
2. 完成调试记录。
3. 分析集成稳压电源的工作原理。

五、评分标准

评分标准见表 3-2-2。

表 3-2-2 评分标准

姓名：________ 学号：________ 合计得分：________

内容	要求	评分标准	配分	扣分	得分
电路安装	电路安装正确、完整	一处不符合，扣 5 分	10		
	元器件完好，无损坏	一件损坏，扣 2.5 分	5		
	布局层次合理，主次分清	一处不符合，扣 2 分	10		
	接线规范，布线美观，横平竖直，接线牢固，无虚焊，焊点符合要求	一处不符合，扣 2 分	10		
	按图接线	一处不符合，扣 5 分	5		
电路调试	通电调试成功	通电调试不成功，扣 10 分	10		
波形测量	正确使用示波器测量波形，测量的结果（波形形状和幅度）正确	一处错误，扣 5 分	20		
电压测量	正确使用万用表测量电压，测量的结果正确	一处错误，扣 5 分	20		
安全生产	遵守国家颁布的安全生产法规或企业自定的安全生产规范	1. 违反安全生产相关规定，每项扣 2 分 2. 发生重大事故加倍扣分	10		
合计			100		

知识链接

开关稳压电源

以上讨论的稳压电源都属于线性稳压电源，虽然电路结构简单、工作可靠，但存在效率低（只有 40%~50%）、体积大、铜铁消耗量大、工作温度高、调整范围小等缺点。为提高效率，于是研制了调整管工作在开关状态的开关稳压电源，其效率可达 85% 以上，具有稳压范围宽、稳压精度高、不使用电源变压器等特点，是一种比较理想的稳压电源。开关稳压电源已广泛应用于各种电子设备中，如计算机、彩色电视机、录像机等对稳压电源要求较高的场合。

一、开关稳压电源的类型

开关稳压电源按控制方式分为调宽式（脉冲宽度调制型）和调频式（脉冲频率调制型）

两种，在实际应用中，调宽式使用较多，在目前开发和使用的开关稳压电源集成电路中，绝大多数为调宽式。

二、开关稳压电源的基本电路

开关稳压电源的基本电路组成框图如图 3-2-10 所示。

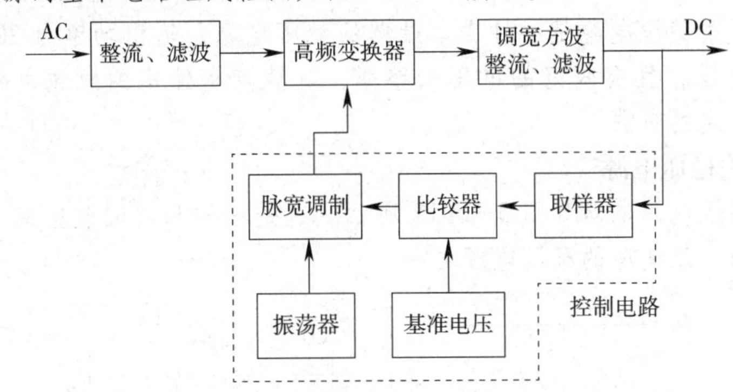

图 3-2-10　开关稳压电源基本电路组成框图

交流电压经整流、滤波电路整流、滤波后，转换为脉动的直流电压；脉动直流电压进入高频变换器，转换为所需电压值的方波；最后将方波电压整流、滤波，转换为所需的直流电压。

控制电路为一个脉冲宽度调制器，主要由取样器、比较器、振荡器、脉宽调制、基准电压等电路构成，用来调整高频开关元件的开关时间比例，以达到稳定输出电压的目的。控制电路目前已集成化，制成了各种集成开关稳压器。

三、常用开关稳压电源

1. 单端反激式开关稳压电源

单端反激式开关稳压电源电路如图 3-2-11 所示。

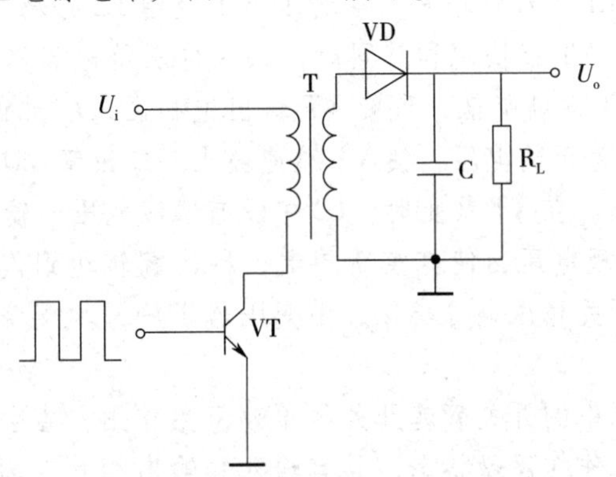

图 3-2-11　单端反激式开关稳压电源电路

所谓单端是指高频变压器的磁芯仅工作在磁滞回线的一侧。所谓反激是指当开关管VT导通时，变压器T一次侧绕组的感应电压为上正、下负，整流二极管VD处于截止状态，在一次侧绕组中储存能量；当开关管VT截止时，变压器T一次侧绕组中存储的能量通过二次侧绕组、VD整流和电容器C滤波后向负载输出。单端反激式开关稳压电源使用的开关管VT承受的最高反向工作电压是电路工作电压的两倍，工作频率在20~200 kHz之间。

单端反激式开关稳压电源是一种成本最低的稳压电源，输出功率为20~100 W，可以同时输出不同的电压，且有较好的电压调整率，其缺点是输出的纹波电压较大，外特性差，适用于相对固定的负载。

2. 自激式开关稳压电源

自激式开关稳压电源电路如图3-2-12所示。这是一种利用间歇振荡电路组成的开关稳压电源，是目前广泛使用的稳压电源之一。

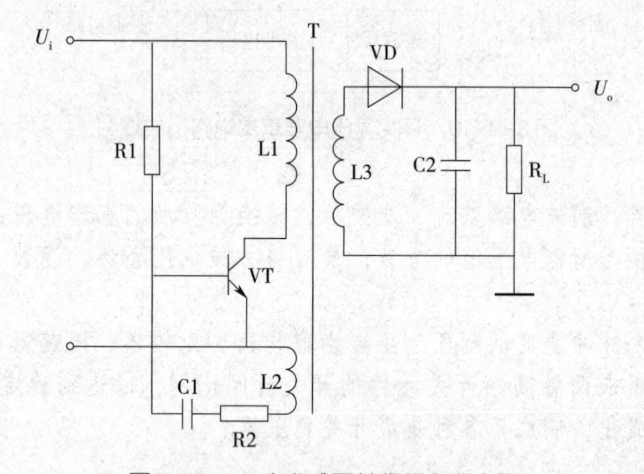

图3-2-12　自激式开关稳压电源电路

接入电源后，通过电阻器R1给开关管VT提供启动电流，使VT开始导通，其集电极电流I_C在变压器T绕组L1中线性增长，在变压器T绕组L2中感应出使VT基极为正、发射极为负的正向电压，使VT很快饱和。同时，感应电压给电容器C1充电，随着C1充电电压的升高，VT基极电压逐渐降低，致使VT退出饱和区，I_C开始减小，在L2中感应出使VT基极为负、发射极为正的电压，使VT迅速截止。二极管VD导通，变压器T一次侧绕组中的储能释放给负载。在VT截止时，L2中没有感应电压，输入电压又经R1给C1反向充电，逐渐提高VT基极电压，使其重新导通，再次翻转达到饱和状态，电路就这样反复振荡。与单端反激式开关稳压电源类似，由变压器T的二次侧绕组向负载输出所需要的电压。

自激式开关稳压电源中的开关管起开关和振荡双重作用，省去了控制电路。由于负载位于变压器的二次侧且工作在反激状态，具有输入和输出相互隔离的优点。自激式开关稳压电源不仅适用于大功率电源，也适用于小功率电源。

3. 推挽式开关稳压电源

推挽式开关稳压电源电路如图 3-2-13 所示。它属于双端式变换电路，高频变压器的磁芯工作在磁滞回线的两侧。

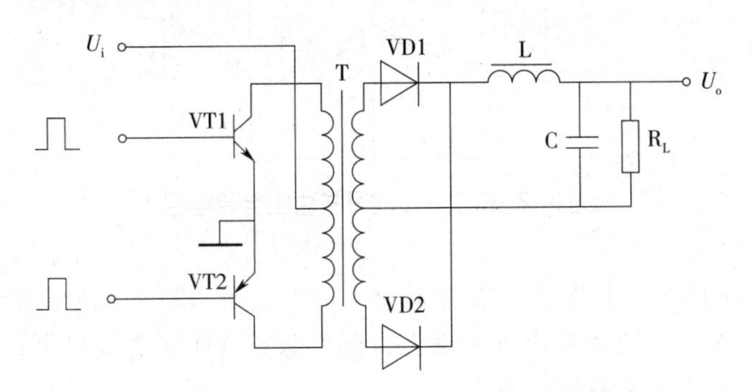

图 3-2-13　推挽式开关稳压电源电路

电路中的两个开关管 VT1 和 VT2 在外激励方波信号的控制下交替导通和截止，在变压器 T 二次侧绕组得到方波电压，经整流、滤波后转换为所需要的直流电压。

推挽式开关稳压电源的优点是两个开关管容易驱动，主要缺点是开关管的耐压值要达到两倍电路峰值电压。推挽式开关稳压电源的输出功率较大，一般在 100~500 W 范围内。

4. 降压式开关稳压电源

降压式开关稳压电源电路如图 3-2-14 所示。

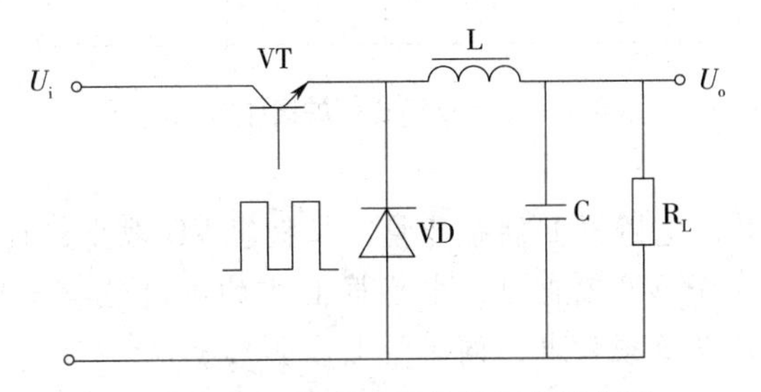

图 3-2-14　降压式开关稳压电源电路

当开关管 VT 导通时，二极管 VD 截止，输入的整流电压经 VT 和电感器 L 向电容器 C 充电，使 L 中的储能增加。当开关管 VT 截止时，电感器 L 感应出左负、右正的电压，经负载 R_L 和二极管 VD 释放 L 中存储的能量，维持输出的直流电压不变。输出直流电压的高低由加在 VT 基极上的脉冲宽度决定。

5. 升压式开关稳压电源

升压式开关稳压电源电路如图 3-2-15 所示。

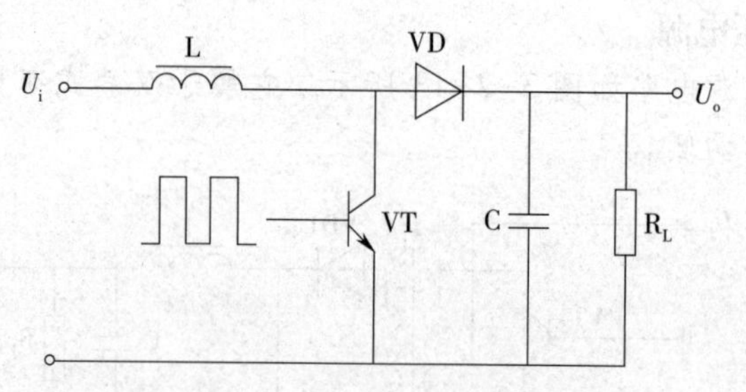

图 3-2-15　升压式开关稳压电源电路

当开关管 VT 导通时，电感器 L 储存能量。当开关管 VT 截止时，电感器 L 感应出左负、右正的电压，该电压叠加在输入电压上，经二极管 VD 向负载供电，使输出电压大于输入电压，形成升压式开关稳压电源。

6. 反转式开关稳压电源

反转式开关稳压电源电路如图 3-2-16 所示，又称为升降压式开关稳压电源。不论开关管 VT 之前的脉动直流电压高于还是低于输出端的稳定电压，电路均能正常工作。

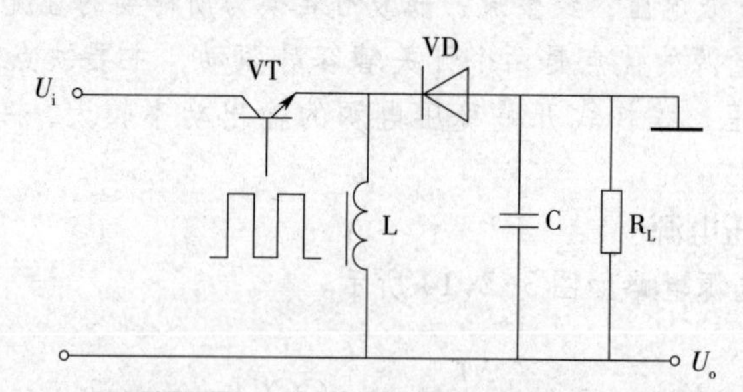

图 3-2-16　反转式开关稳压电源电路

当开关管 VT 导通时，电感器 L 储存能量，二极管 VD 截止，负载 R_L 由电容器 C 上次充电的电荷供电。当开关管 VT 截止时，电感器 L 中的电流继续流通，并感应出上负、下正的电压，经二极管 VD 向负载供电，同时给电容器 C 充电。

课题四
集成运算放大器及其应用

集成电路是20世纪60年代发展起来的一种新型电子器件，它采用半导体集成工艺，把众多晶体管、电阻器、电容器和导线制作在一块半导体基片上，做成具有特定功能的独立电子线路。与分立元件电路相比，集成电路具有体积小、质量轻、性能好、可靠性高、耗电少、成本低等优点。

集成运算放大器是模拟集成电路的一种，是从最初用于模拟电子计算机中作为直流电压运算部件发展起来的。由于集成运算放大器具有良好的性能，因此被广泛应用在计算技术、自动控制、无线电技术和各种电量与非电量的测量线路中。

任务1　集成运算放大器的线性应用

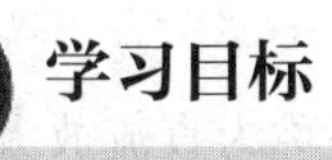

学习目标

1. 了解差动放大电路的组成与特点。
2. 熟悉集成运算放大器的图形符号和工作特性。
3. 掌握集成运算放大器线性应用电路的组成及分析方法。
4. 掌握采用集成运算放大器的放大电路（反相比例运算放大电路）的安装、调试与检修。

任务引入

在课题二任务 1 “单管放大电路及其应用” 中，利用单管放大电路对音乐信号进行放大。本任务是利用集成运算放大器来实现音乐信号的放大，其电路板如图 4-1-1 所示。

图 4-1-1　采用集成运算放大器的
放大电路（反相比例运算放大电路）板

相关知识

一、差动放大电路

1. 零点漂移

用于放大缓慢变化的信号或某个直流量变化的放大电路称为直流放大器，对于微弱的信号来说，一般需要多级放大才能达到要求，考虑到阻容耦合和变压器耦合都不能传递直流信号，因此只能采用直接耦合方式，但是直接耦合方式容易带来零点漂移现象。

（1）零点漂移的定义

所谓零点漂移，是指当直流放大器输入信号为零时（输入端对地短路），由于静态工作点的不稳定而引发缓慢、时大时小、时快时慢的不规则变化，这种变化经过逐级放大，使直流放大器输出端的输出信号偏离了原来的初始值（零值）而做缓慢、不规则地上下飘移，如图 4-1-2 所示。

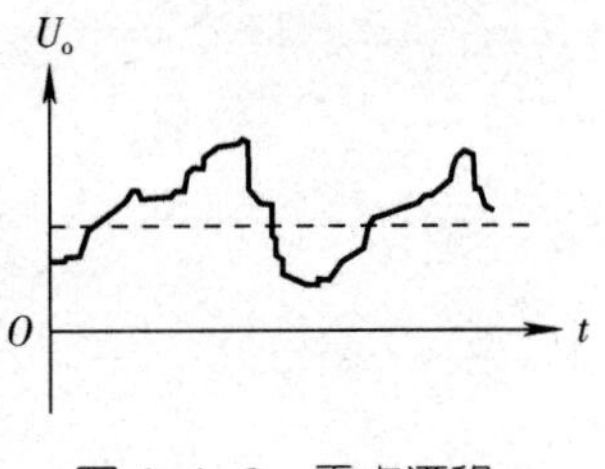

图 4-1-2　零点漂移

（2）产生零点漂移的原因

产生零点漂移的原因很多，如环境温度的变化、电源电压的波动、元器件参数的变化等，其中最主要的是环境温度变化带来的影响。因为三极管受温度变化的影响最为严重，所以由此引起的零点漂移也最为严重。

2. 差动放大电路的组成

抑制零点漂移较为有效的办法是采用具有对称结构的差动放大电路。

如图 4-1-3 所示，差动放大电路由对称的两个共射极基本放大电路，通过射极公共电阻器 R_E 耦合构成。对称的含义是指两只三极管的特性一致，电路参数对应相等，同时利用 R_E 的负反馈作用进一步抑制每只三极管的零点漂移。

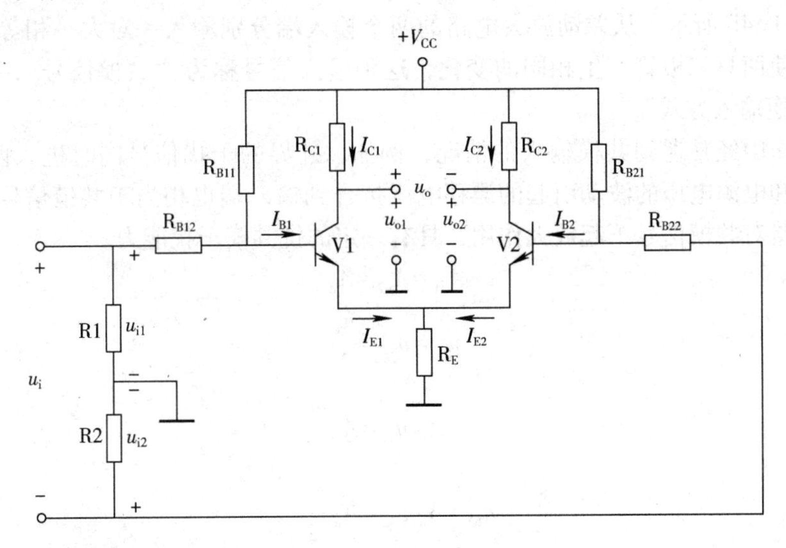

图 4-1-3　差动放大电路

3. 对零点漂移的抑制作用

当输入电压 $u_i=0$ 时，$u_{i1}=u_{i2}=0$，由于电路完全对称，则 $V_{B1}=V_{B2}$，$I_{B1}=I_{B2}$，$I_{C1}=I_{C2}$，$V_{C1}=V_{C2}$，因此输出电压 $u_o=V_{C1}-V_{C2}=0$，静态时输出电压为零。

当温度变化时，引起两只三极管的集电极电流和集电极电压产生等量的变化，输出端的漂移电压相互抵消使输出电压仍然为零。

4. 放大作用

（1）差模输入

如图 4-1-4a 所示，从差动放大电路的两个输入端分别输入一对大小相等、极性相反的信号，将使两只三极管产生相反的变化，这种输入信号称为“差模信号”，这种输入方式称为“差模输入方式”。

差动放大电路对差模信号具有放大作用。

$$A_{u1}=A_{u2}=A_u$$

$$u_{i1}=\frac{u_i}{2},\ u_{i2}=-\frac{u_i}{2}$$

$$u_{o1}=A_{u1}u_{i1}=A_u\frac{u_i}{2}$$

$$u_{o2}=A_{u2}u_{i2}=-A_u\frac{u_i}{2}$$

$$u_o=u_{o1}-u_{o2}=A_uu_i$$

差模电压放大倍数
$$A_{ud}=\frac{u_o}{u_i}=A_u$$

可知，差模电压放大倍数与单管放大电路电压放大倍数相同，多用一只三极管作为补偿，换取对零点漂移的抑制作用。

（2）共模输入

如图 4-1-4b 所示，从差动放大电路的两个输入端分别输入一对大小相等、极性相同的信号，将使两只三极管产生相同的变化，这种输入信号称为“共模信号”，这种输入方式称为“共模输入方式”。

实际工作中经常遇到共模输入的情况，例如，外界的干扰信号同时进入两个输入端，温度的变化和电源电压的波动引起的漂移电压折合到输入端也相当于共模信号，因此需要差动放大电路对共模信号不起放大作用，具有一定的抗共模干扰能力。

$$A_{u1}=A_{u2}=A_u$$

$$u_{i1}=u_{i2}=\frac{u_i}{2}$$

$$u_{o1}=A_{u1}u_{i1}=A_u\frac{u_i}{2}$$

$$u_{o2}=A_{u2}u_{i2}=A_u\frac{u_i}{2}$$

$$u_o=u_{o1}-u_{o2}=0$$

共模电压放大倍数
$$A_{uc}=\frac{u_o}{u_i}=0$$

可知，对于完全对称的差动放大电路，共模输入时的输出电压为零，因此共模电压放大倍数也为零。实际上，电路不可能完全对称，因此 A_{uc} 应尽可能小。

（3）共模抑制比

差动放大电路的作用是放大有用的差模信号，抑制无用且有害的共模信号，故衡量一个差动放大电路的质量，不但要看其对差模信号的放大能力，而且要看其对共模信号的抑制能力，常用差模电压放大倍数与共模电压放大倍数之比（即共模抑制比 K_{CMR}）衡量差动放大电路的质量。

$$K_{CMR}=\left|\frac{A_{ud}}{A_{uc}}\right|$$

当电路完全对称时，$A_{uc}=0$，K_{CMR} 趋于无穷大。电路对称性越差，K_{CMR} 越小，表明电路抑制零点漂移的能力越差。

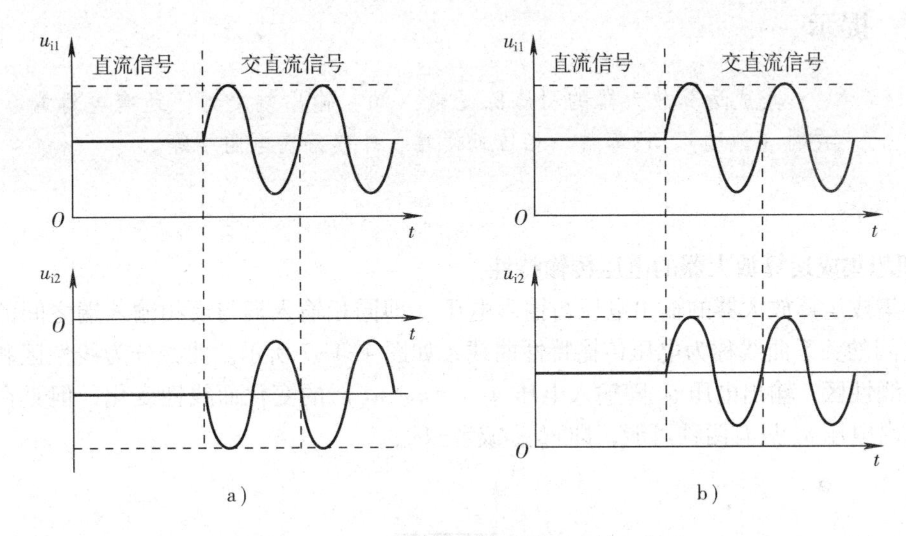

图 4-1-4　差动放大电路的两种输入信号

a）差模信号　b）共模信号

二、理想集成运算放大器

1. 集成运算放大器的图形符号和外形

（1）理想集成运算放大器的图形符号（见图 4-1-5）

图中，三角形符号表示放大器，三角形顶角方向为信号传输方向，“∞”表示理想条件下开环差模电压放大倍数无穷大。它有两个输入端和一个输出端。同相输入端标“+”（或 P），输出端信号与该端输入信号同相。反相输入端标“-”（或 N），输出端信号与该端输入信号反相。

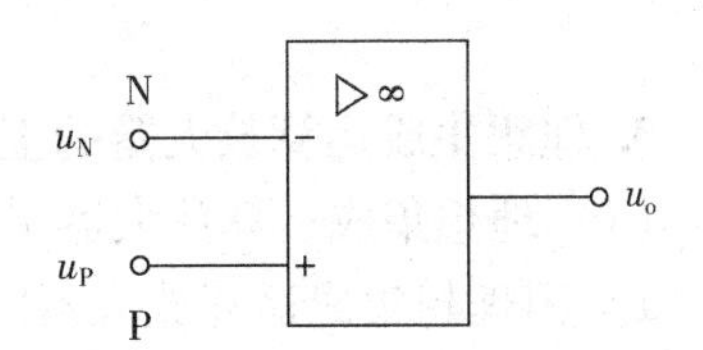

图 4-1-5　理想集成运算放大器的图形符号

（2）集成运算放大器的外形

集成运算放大器包括扁平式、单列直插式和双列直插式等多种封装形式，如图 4-1-6 所示。

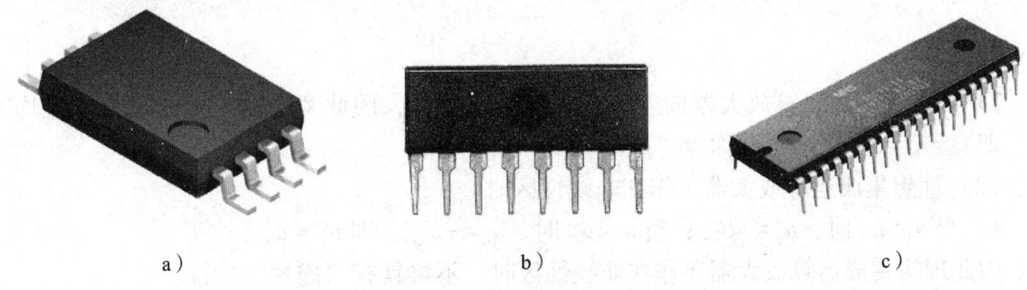

图 4-1-6　集成运算放大器的外形

a）扁平式　b）单列直插式　c）双列直插式

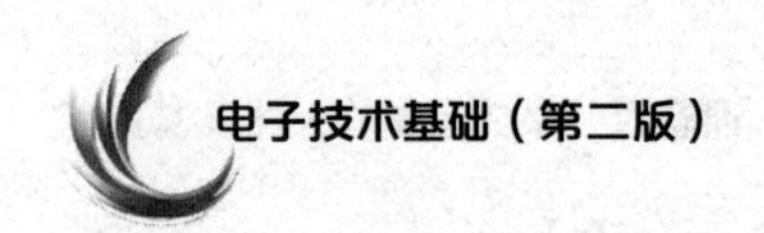

提示

集成运算放大器的引脚除了输入端、输出端之外，还有电源端、公共端（地端）、调零端、相位补偿端、外接偏置电阻端等。

2. 理想集成运算放大器的电压传输特性

理想集成运算放大器的输出电压与输入电压（即同相输入端与反相输入端之间的电压差值）之间的关系曲线称为电压传输特性曲线，如图 4-1-7 所示。曲线分为线性区和非线性区。在线性区，输出电压 u_o 随输入电压 u_i（$=u_P-u_N$）的变化而线性变化；但是在非线性区，输出电压 u_o 只有两种可能，即$+U_{om}$ 或者$-U_{om}$。

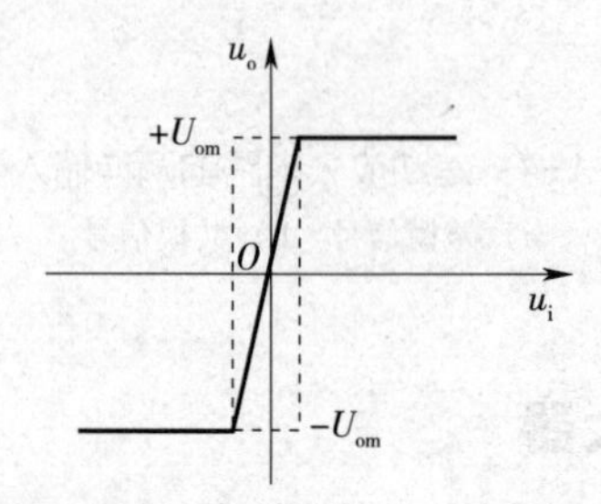

图 4-1-7　理想集成运算放大器的电压传输特性曲线

3. 理想集成运算放大器的工作特性

（1）理想集成运算放大器工作在线性区时

1）因理想集成运算放大器的开环差模电压放大倍数接近∞，因此净输入电压 $u_P-u_N=0$，即 $u_P=u_N$。这一特性称为“虚短”。

提示

如果一个输入端接地，则另外一个输入端也非常接近地电位，称为“虚地”。

2）因理想集成运算放大器的差模输入电阻接近∞，因此两个输入端的输入电流均为零，即 $i_P=i_N=0$。这一特性称为“虚断”。

（2）理想集成运算放大器工作在非线性区时

1）当 $u_P>u_N$ 时，$u_o=+U_{om}$；当 $u_P<u_N$ 时，$u_o=-U_{om}$。即 $u_P\neq u_N$。

因此理想集成运算放大器工作在非线性区时，不再具有“虚短”特性。

2）两个输入端的输入电流仍为零，即 $i_P=i_N=0$。

因此理想集成运算放大器工作在非线性区时，仍然具有“虚断”特性。

三、集成运算放大器的线性应用电路

1. 比例运算放大电路

（1）反相比例运算放大电路

反相比例运算放大电路如图 4-1-8a 所示，其特点是输入信号和反馈信号都加在集成运算放大器的反相输入端。图中，R_f 为反馈电阻器，R2 为平衡电阻器，取值为 $R_2=R_1//R_f$。接入 R2 是为了使集成运算放大器输入级的差动放大电路对称，有利于抑制零点漂移。

由于同相输入端接地，根据“虚短”特性，则 $u_P=u_N=0$；根据“虚断”特性，净输入电流为零，则 $i_1=i_f$。

由图 4-1-8a 可得

$$\frac{u_i-u_N}{R_1}=\frac{u_N-u_o}{R_f}$$

放大电路的电压放大倍数为

$$A_{uf}=\frac{u_o}{u_i}=-\frac{R_f}{R_1}$$

式中，负号表示 u_o 与 u_i 反相，因此该放大电路称为反相放大电路。

由于 u_o 与 u_i 成比例关系，故又称为反相比例运算放大电路。

若取 $R_f=R_1=R$，则比例系数为-1，电路便成为反相器。

（2）同相比例运算放大电路

同相比例运算放大电路如图 4-1-8b 所示，其特点是输入信号经平衡电阻器 R2 接到同相输入端。

根据“虚短”特性，$u_P=u_N$；根据“虚断”特性，$i_N=0$，$u_P=u_i$。

由图 4-1-8b 可得

$$u_N=\frac{R_1}{R_1+R_f}u_o$$

放大电路的电压放大倍数为

$$A_{uf}=\frac{u_o}{u_i}=1+\frac{R_f}{R_1}$$

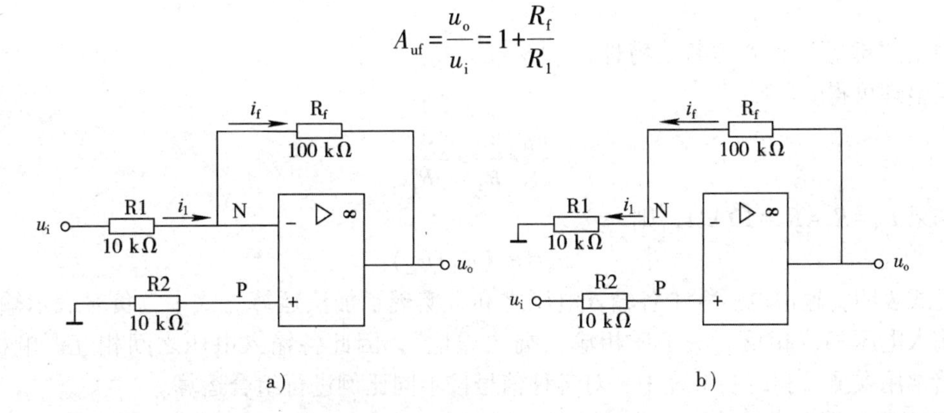

图 4-1-8 比例运算放大电路

a）反相比例运算放大电路 b）同相比例运算放大电路

u_o 与 u_i 同相且成比例关系，因此该放大电路称为同相放大电路，又称为同相比例运算放大电路。

若令 $R_f=0$，$R_1=\infty$（即开路状态），则比例系数为 1，电路便成为电压跟随器。

2. 加法运算电路

在反相放大电路的基础上，若使几个输入信号同时加在集成运算放大器的反相输入端上，则称为反相加法运算电路；在同相放大电路的基础上，若使几个输入信号同时加在集成运算放大器的同相输入端上，则称为同相加法运算电路。图 4-1-9 所示为反相加法运算电路。

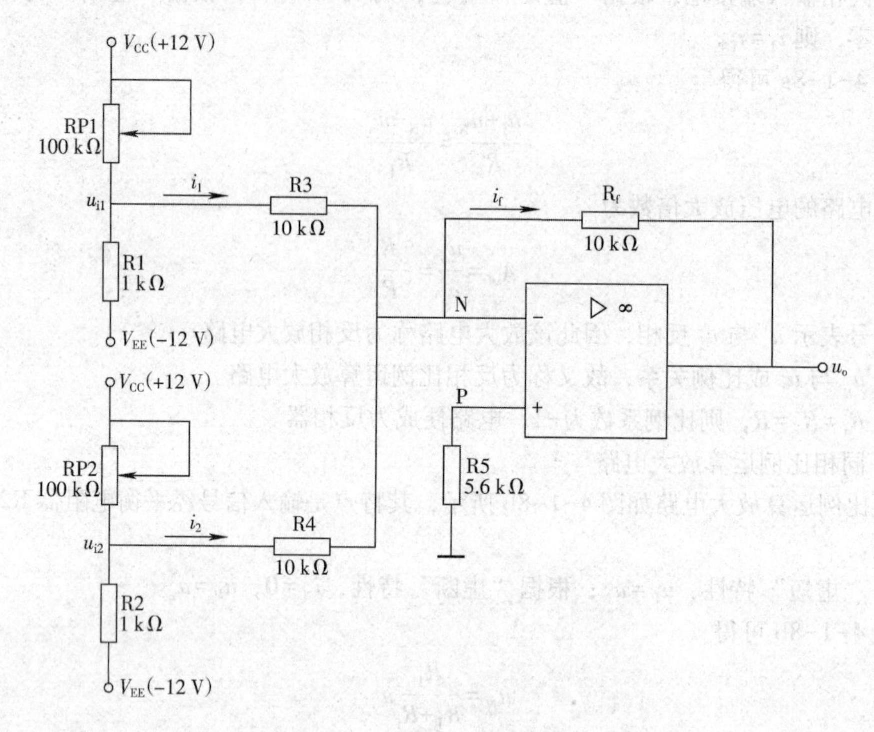

图 4-1-9　反相加法运算电路

根据“虚短”和“虚断”特性，$i_1+i_2=i_f$。

经整理可得

$$\frac{u_{i1}}{R_3}+\frac{u_{i2}}{R_4}=-\frac{u_o}{R_f}$$

如果 $R_3=R_4=R_f=10\ \text{k}\Omega$，则

$$u_o=-(u_{i1}+u_{i2})$$

上式表明，输出电压等于各输入电压之和，实现了加法运算。式中，负号表示输出电压与输入电压相位相反。由于反相输入端“虚地”，因此各输入电压之间相互影响极小。该电路常用在测量和控制系统中，对各种信号按不同比例进行组合运算。

3. 积分运算电路

将反相比例运算放大电路中的反馈电阻器 R_f 并联一个电容器 C，即可构成积分运算电路，如图 4-1-10 所示。

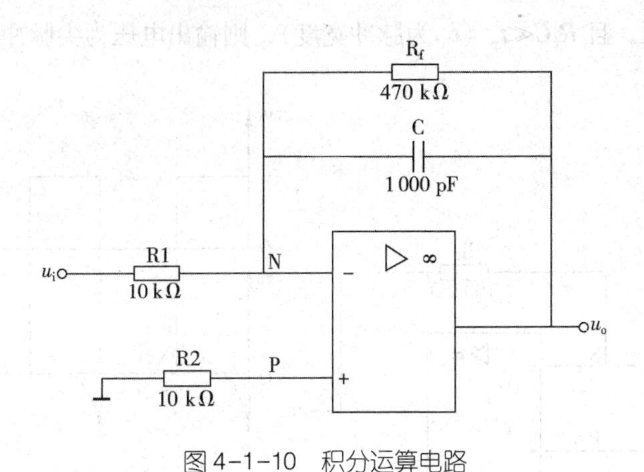

图 4-1-10　积分运算电路

当输入阶跃电压时，输出电压波形如图 4-1-11a 所示；当输入方波电压，且$R_1C \gg t_p$（t_p 为脉冲宽度）时，输出电压波形如图 4-1-11b 所示。

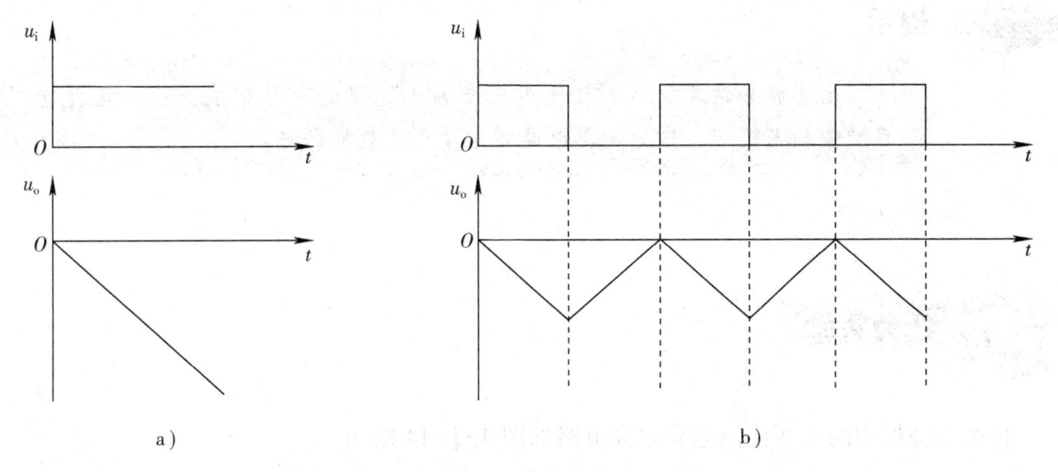

图 4-1-11　积分运算电路的输入、输出电压波形

a）输入为阶跃电压　b）输入为方波电压

提示

利用积分运算电路可以实现延时、定时和变换功能，在自动控制系统中可以用来减缓过渡过程所造成的冲击，使得外加电压缓慢上升，避免机械损坏。

4. 微分运算电路

微分运算电路如图 4-1-12 所示。

若输入方波电压，且 $R_f C \ll t_p$（t_p 为脉冲宽度），则输出电压为尖脉冲波形，如图 4-1-13 所示。

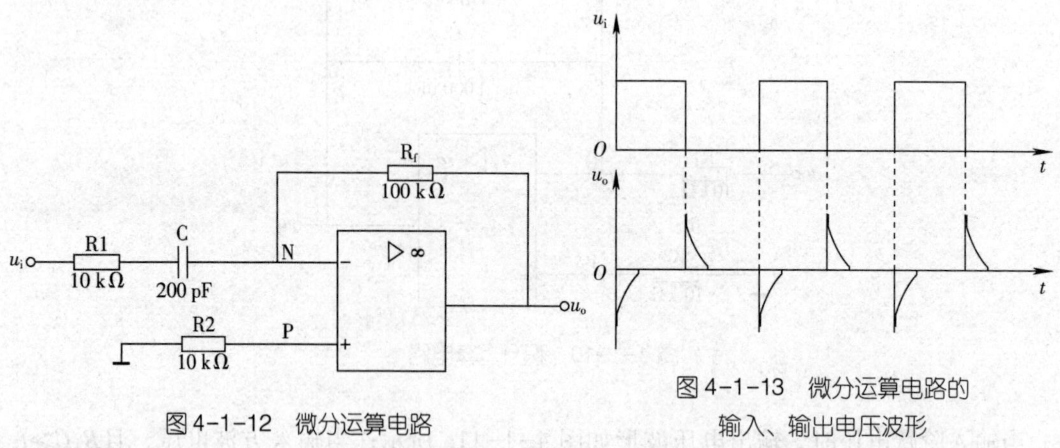

图 4-1-12　微分运算电路

图 4-1-13　微分运算电路的输入、输出电压波形

提示

> 由于微分运算电路的输出电压与输入电压的变化率成正比，因此在自动控制系统中，微分运算电路常用于产生控制脉冲。

任务实施

任务实施使用的反相比例运算放大电路如图 4-1-14 所示。

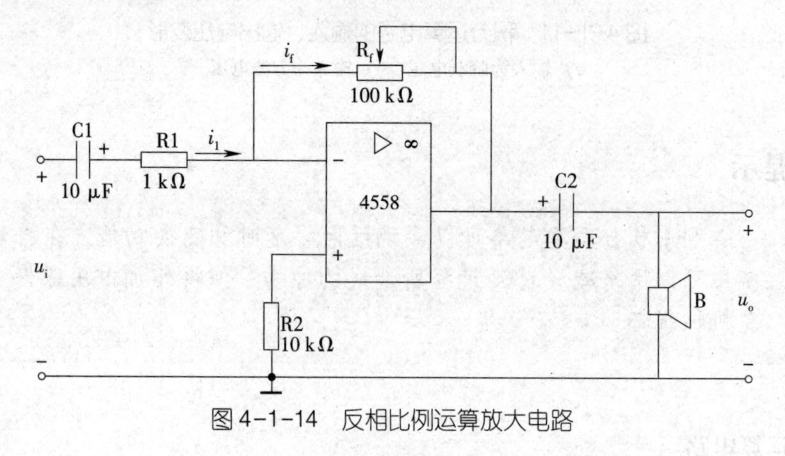

图 4-1-14　反相比例运算放大电路

软件仿真

反相比例运算放大电路仿真如图 4-1-15 所示，用示波器观察并记录输入、输出电压波形，调节电位器，观察并记录输出电压变化，聆听扬声器声音变化。

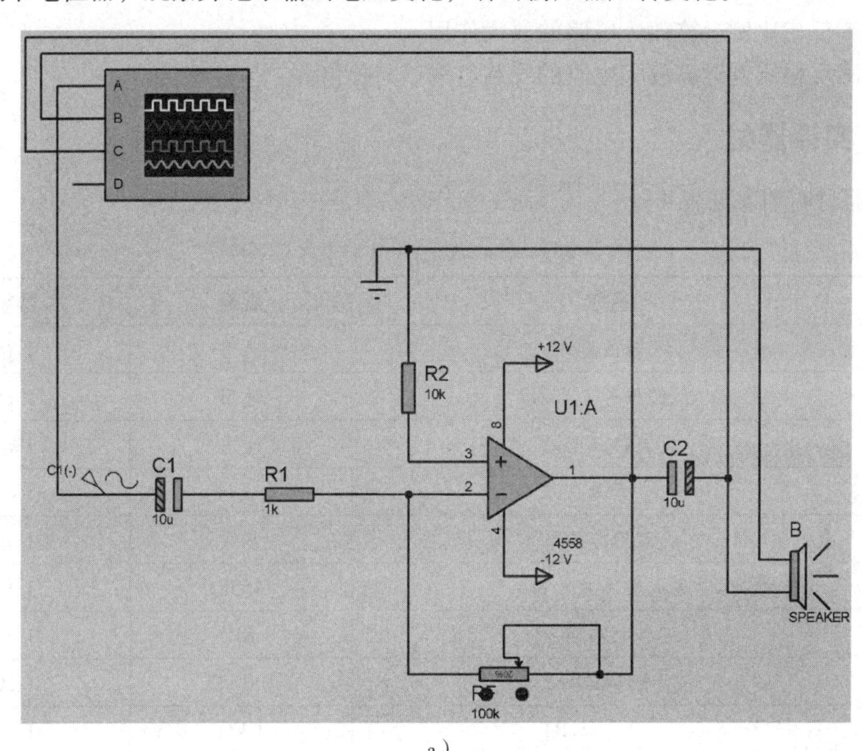

a）

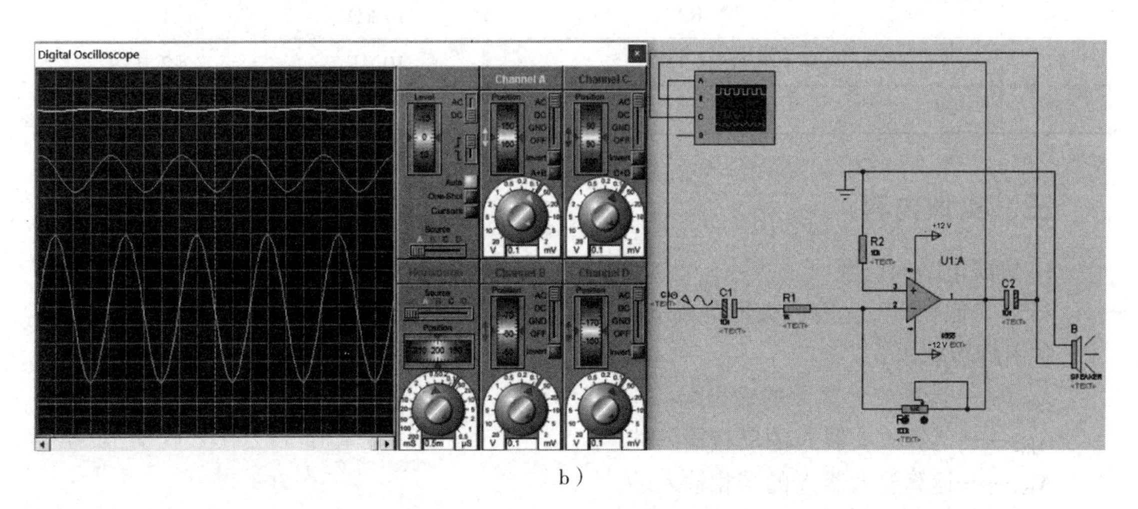

b）

图 4-1-15　反相比例运算放大电路仿真

a）仿真布置　b）仿真调试

实训操作

一、实训目的

1. 理解反相比例运算放大电路的放大作用。
2. 熟悉反相比例运算放大电路的安装、调试与检修。

二、实训器材

实训器材明细表见表 4-1-1。

表 4-1-1 实训器材明细表

序号	名称		规格	数量
1	示波器		通用	1 台
2	低频信号发生器		通用	1 台
3	直流稳压电源		通用	1 台
4	音源		—	1 个
5	常用工具		—	1 套
6	集成运算放大器		4558	1 只
7	集成电路插座		8P	1 个
8	电位器 R_f		100 kΩ	1 只
9	电阻器	R1	1 kΩ	1 只
10	电阻器	R2	10 kΩ	1 只
11	电解电容器 C1、C2		10 μF	2 只
12	实验板		—	1 块

三、实训内容

1. 集成电路的识别

4558 是低噪声双运算放大器集成电路，其引脚排列如图 4-1-16 所示。

各引脚功能如下：

A_{OUT}——运算放大器 A 的输出端。

A_{IN-}——运算放大器 A 的反相输入端。

A_{IN+}——运算放大器 A 的同相输入端。

V-——负电源端。

B_{IN+}——运算放大器 B 的同相输入端。

B_{IN-}——运算放大器 B 的反相输入端。

B_{OUT}——运算放大器 B 的输出端。

V+——正电源端。

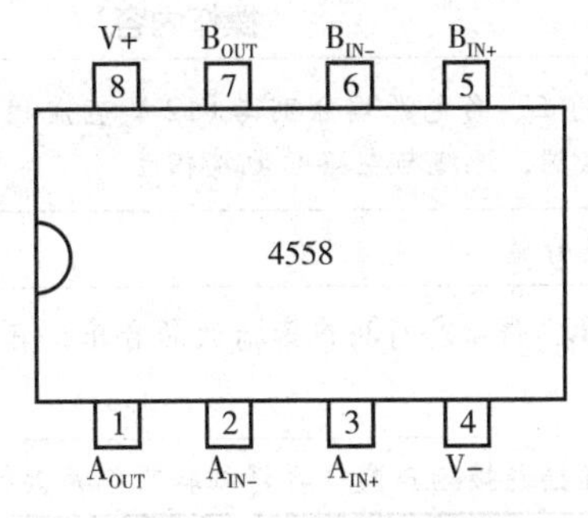

图 4-1-16 4558 的引脚排列

2. 反相比例运算放大电路的安装

按照图 4-1-14 进行电路安装图设计，再按照安装图进行安装，将元器件插装后焊接固定，用硬铜导线根据电路的电气连接关系进行布线并焊接固定。

在电路安装过程中，应特别注意集成电路插座的插焊和集成电路的插装。

（1）弄清引脚排列顺序

双列直插式封装的集成电路及其插座的一般规律是：如果集成电路引脚朝上，以缺口或色点等标记为参考标记，引脚编号按顺时针方向排列；如果集成电路引脚朝下，以缺口或色点等标记为参考标记，引脚编号按逆时针方向排列。

（2）先插焊集成电路插座，再将集成电路插装到插座内。在插装集成电路时，应注意方向，弄清引脚排列顺序，并与插孔位置对准，用力要均匀，不要倾斜，以防引脚折断或偏斜。注意：切忌带电插拔集成电路。

安装完成的反相比例运算放大电路板如图 4-1-1 所示。

3. 反相比例运算放大电路放大功能的体验

音源、反相比例运算放大电路板和扬声器如图 4-1-17 所示。反相比例运算放大电路放大功能的体验见表 4-1-2。

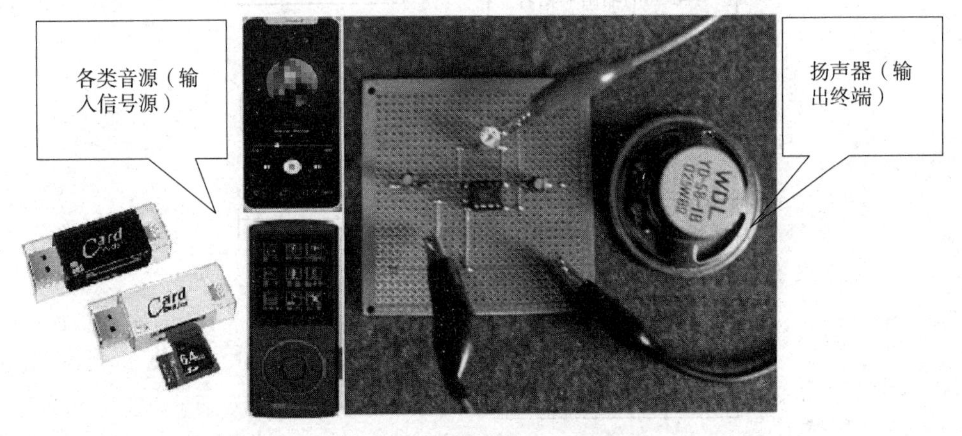

图 4-1-17 音源、反相比例运算放大电路板和扬声器

表 4-1-2 反相比例运算放大电路放大功能的体验

序号	操作内容
1	正确连线，4558 的正、负电源端分别与+12 V 直流稳压电源的对应接线端相连，音源的输出端接电路输入端，地线与电路的地端相连
2	开启音源，调节其音量
3	反复调节电位器 R_f，仔细聆听扬声器播放的音乐，直到声音清晰、音量适中且无失真为止
4	将音源的输出端直接连接扬声器，再仔细聆听扬声器播放的音乐

想一想

反相比例运算放大电路为什么能增强扬声器播放的音乐音量?

4. 反相比例运算放大电路的调试

用低频信号发生器输入正弦波，用示波器观察反相比例运算放大电路的输入和输出电压波形，读出它们的最大值 U_{im} 和 U_{om}，验证电压放大倍数 $A_{uf}=\frac{u_o}{u_i}=-\frac{R_f}{R_1}$。

5. 反相比例运算放大电路的检修

反相比例运算放大器检修流程如图 4-1-18 所示。

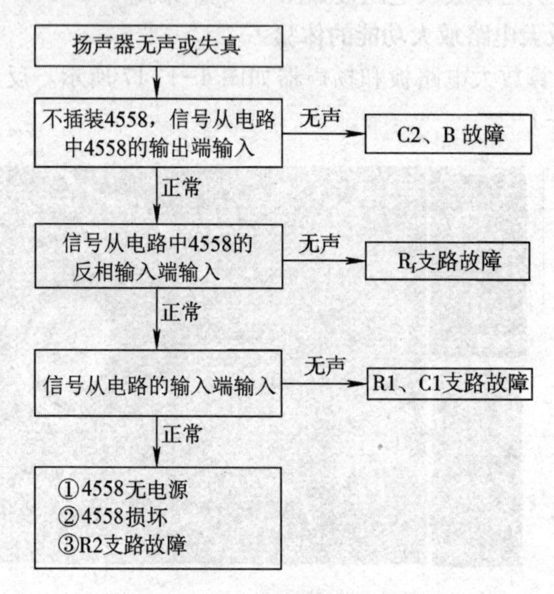

图 4-1-18 反相比例运算放大电路检修流程

四、实训报告要求

1. 分别画出反相比例运算放大电路原理图和安装图。
2. 完成调试记录。
3. 将集成运算放大器放大电路与分立元件放大电路比较，说明它们的优缺点。

五、评分标准

评分标准见表 4-1-3。

表 4-1-3 评分标准

姓名：________ 学号：________ 合计得分：________

内容	要求	评分标准	配分	扣分	得分
电路安装	电路安装正确、完整	一处不符合，扣 5 分	10		
	元器件完好，无损坏	一件损坏，扣 2.5 分	5		
	布局层次合理，主次分清	一处不符合，扣 2 分	10		
	接线规范，布线美观，横平竖直，接线牢固，无虚焊，焊点符合要求	一处不符合，扣 2 分	10		
	按图接线	一处不符合，扣 5 分	5		
电路调试	通电调试成功	通电调试不成功，扣 10 分	10		
波形测量	正确使用示波器测量波形，测量的结果（波形形状和幅度）正确	一处错误，扣 10 分	40		
安全生产	遵守国家颁布的安全生产法规或企业自定的安全生产规范	1. 违反安全生产相关规定，每项扣 2 分 2. 发生重大事故加倍扣分	10		
合计			100		

知识链接

集成电路检测

用万用表检测集成电路可采用电压法或电阻法。

一、非在线状态下的集成电路检测

如果集成电路是非在线状态（即没有接在电路中），可用万用表黑表笔接集成电路的地端，用红表笔测量各引脚对地的电阻值，观测与正确的电阻值是否一致，如果电阻值相同或接近，则可判定被测集成电路是正常的。正确的电阻值可通过有关资料、图样获得或从同型号的功能正常的集成电路获得。

二、在线状态下的集成电路检测

如果集成电路是在线状态（即已经接在电路中），可在通电状态下测量各引脚对地端的电压，观测与正确的电压是否一致，如果电压相同或接近，则可判定被测集成电路是正常的。正确的电压值可通过有关资料、图样获得或从同型号的功能正常的集成电路获得。

任务2　集成运算放大器的非线性应用

学习目标

1. 熟悉单门限电压比较器、双门限电压比较器的工作特性。
2. 掌握集成运算放大器非线性应用电路的组成及分析方法。
3. 掌握方波发生电路的工作原理、安装、调试与检修。

任务引入

函数信号发生器是一种使用范围广泛的多波形通用信号源，可以产生正弦波、方波、三角波、锯齿波甚至任意波形，适用于生产测试、仪器维修和实验室，广泛应用于医学、教育、化学、通信、地球物理学、工业控制、军事和宇航等领域，如图4-2-1所示。

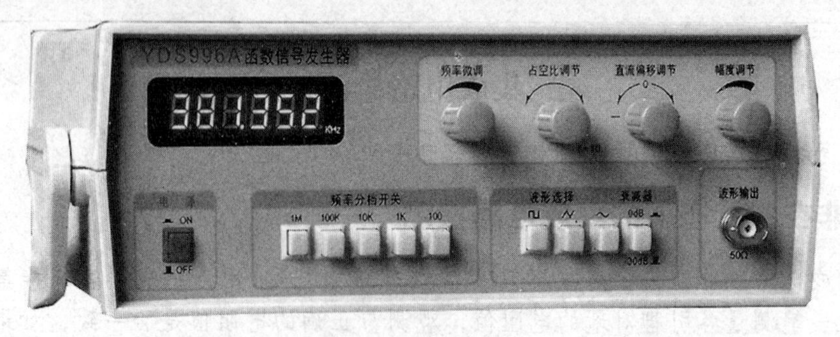

图4-2-1　函数信号发生器

本任务是利用集成运算放大器制作方波发生电路，熟悉其工作原理和调试、检修方法，其电路板如图 4-2-2 所示，输出波形如图 4-2-3 所示。

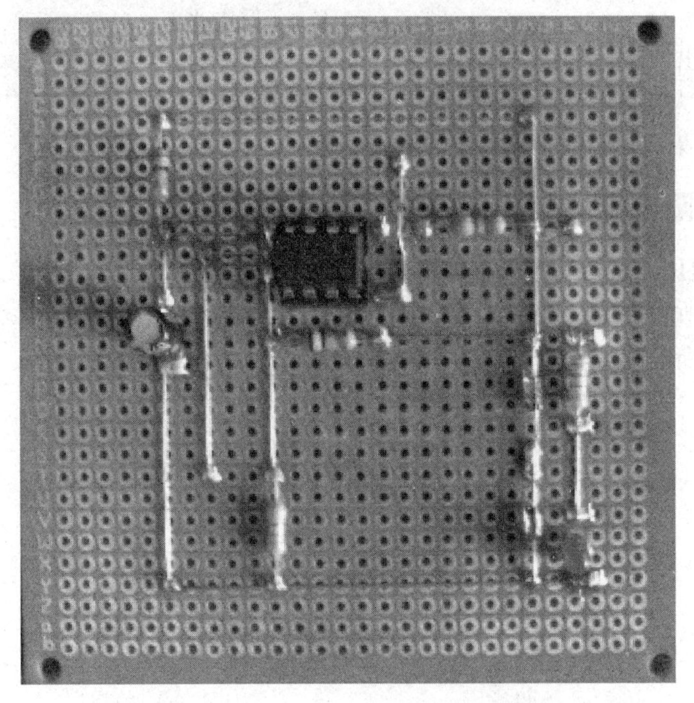

图 4-2-2　方波发生电路板

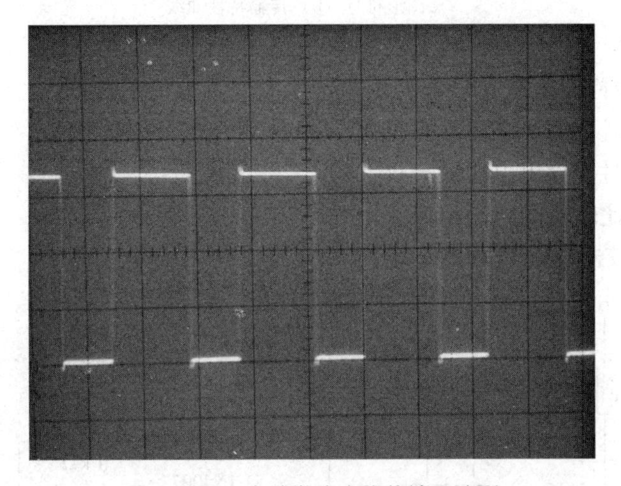

图 4-2-3　方波发生电路的输出波形

相关知识

当集成运算放大器处于开环状态或引入正反馈时，其工作在非线性区。输出电压只有

两种可能的数值，即

$$u_P>u_N \text{ 时}，u_o=+U_{om}（高电平）$$

$$u_P<u_N \text{ 时}，u_o=-U_{om}（低电平）$$

式中，U_{om} 为输出饱和电压。

集成运算放大器的非线性特性在数字电子技术和自动控制系统中有广泛的应用，电压比较器是典型的集成运算放大器非线性应用电路。

一、单门限电压比较器

1. 单门限电压比较器的图形符号和工作特性

图 4-2-4a 所示为单门限电压比较器的图形符号，U_R 为门限电压，u_i 为输入电压。

图 4-2-4b 所示为 $U_R>0$ 时，单门限电压比较器的传输特性曲线。

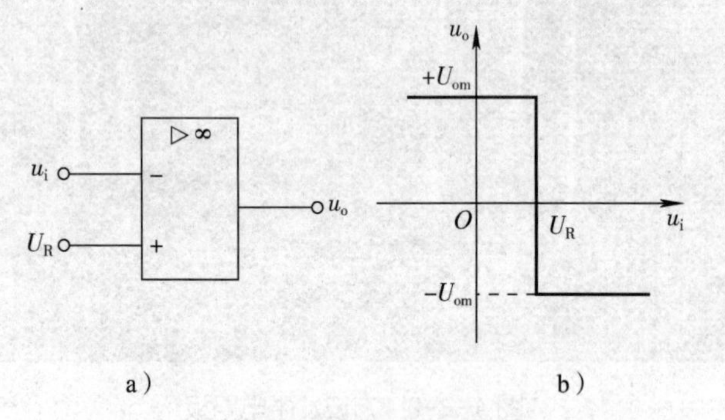

图 4-2-4　单门限电压比较器

a）图形符号　b）传输特性曲线

当 $U_R>0$ 时，单门限电压比较器的传输特性曲线具有以下特点：

（1）当 $u_i>U_R$ 时，输出电压 $u_o=-U_{om}$。

（2）当 $u_i<U_R$ 时，输出电压 $u_o=+U_{om}$。

2. 单门限电压比较器的电路组成

单门限电压比较器电路如图 4-2-5 所示。

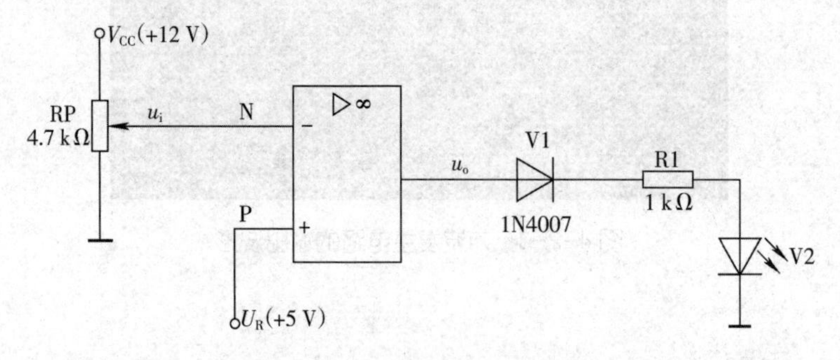

图 4-2-5　单门限电压比较器电路

调节电位器 RP，当 $u_i<U_R$ 时，$u_o=+U_{om}$，则发光二极管 V2 亮；当 $u_i>U_R$ 时，$u_o=-U_{om}$，则 V2 不亮。

利用单门限电压比较器可以实现波形的变换。例如，当单门限电压比较器输入正弦波时，相应的输出电压是矩形波，如图 4-2-6 所示。

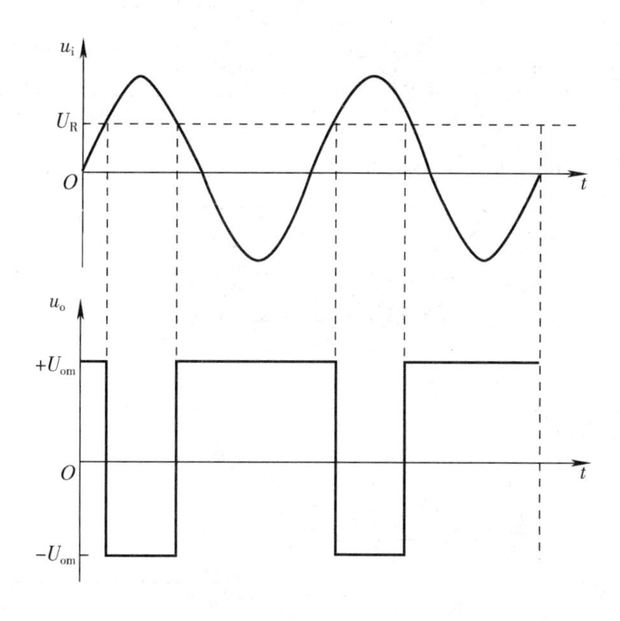

图 4-2-6　利用单门限电压比较器实现波形变换

提示

单门限电压比较器的输入电压只跟一个参考电压 U_R 相比较，这种比较器虽然电路结构简单，灵敏度高，但是抗干扰能力差，当输入电压因受干扰在参考值附近反复发生微小变化时，输出电压就会频繁地反复跳变。

二、双门限电压比较器

1. 双门限电压比较器的图形符号和工作特性

双门限电压比较器又称为迟滞比较器，也称为施密特触发器。它是一个含有正反馈的比较器，其图形符号和传输特性曲线如图 4-2-7 所示。

2. 双门限电压比较器的电路组成

双门限电压比较器电路如图 4-2-8 所示。输出电压 u_o 经 R_f 和 R1 分压后加到集成运算放大器的同相输入端，形成正反馈。由于输出有两种可能的电压值，因此门限电压也有两个相应的值。

当 $u_o=+U_{om}$ 时，门限电压用 U_{TH} 表示，根据叠加原理，可得

$$U_{TH}=\frac{R_f}{R_f+R_1}U_R+\frac{R_1}{R_f+R_1}U_{om}$$

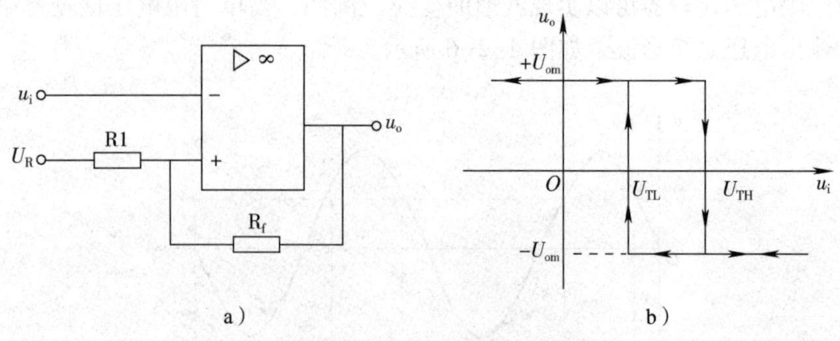

a） b）

图 4-2-7 双门限电压比较器

a）图形符号 b）传输特性曲线

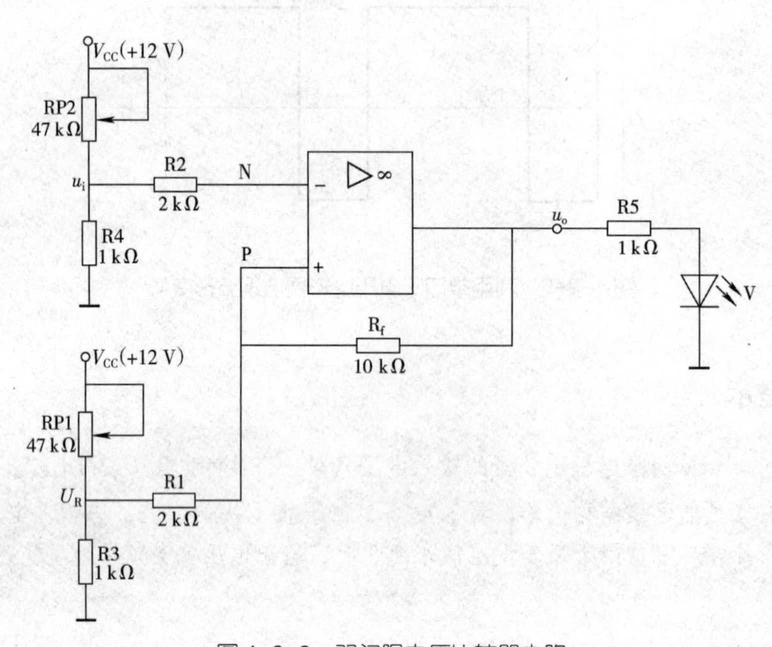

图 4-2-8 双门限电压比较器电路

当输入电压逐渐升高至 $u_i = U_{TH}$ 时，输出电压 u_o 发生翻转，由 $+U_{om}$ 跳变为 $-U_{om}$，门限电压随之变为

$$U_{TL} = \frac{R_f}{R_f + R_1} U_R - \frac{R_1}{R_f + R_1} U_{om}$$

当输入电压逐渐降低至 $u_i = U_{TL}$ 时，输出电压再度翻转，由 $-U_{om}$ 跳变为 $+U_{om}$。

两个门限电压之差称为回差电压，用 ΔU 表示，可得

$$\Delta U = U_{TH} - U_{TL} = \frac{2R_1}{R_f + R_1} U_{om}$$

上式表明，回差电压 ΔU 与参考电压 U_R 无关。

提示

利用双门限电压比较器可以大大提高抗干扰能力。例如，当输入信号受到干扰或者含有噪声信号时，只要其变化幅度不超过回差电压，输出电压就不会在此期间来回变化，而仍然保持比较稳定的输出电压波形。

三、窗口比较器

1. 窗口比较器的工作特性

窗口比较器的传输特性曲线如图 4-2-9 所示。当输入电压 u_i 处于两个参考电压之间，即 $U_{TL}<u_i<U_{TH}$ 时，窗口比较器输出为低电平（或者负电压）；当输入电压 u_i 不在这两个参考电压之间，即 $u_i>U_{TH}$ 或 $u_i<U_{TL}$ 时，窗口比较器输出为高电平。

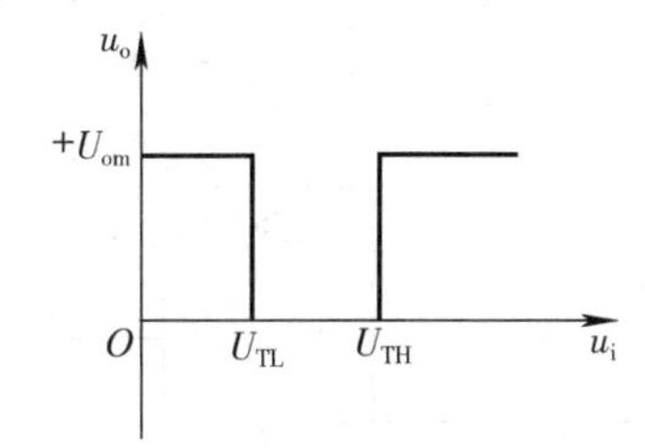

图 4-2-9　窗口比较器的传输特性曲线

提示

窗口比较器用于判断待比较电压 u_i 是否处于某两个给定的参考电压 U_{TH} 和 U_{TL} 之间。窗口比较器可以由一个上行单门限电压比较器和一个下行单门限电压比较器组合而成。

2. 窗口比较器的电路组成及分析

窗口比较器电路如图 4-2-10 所示。图中，参考电压 $U_{TH}>U_{TL}$，U_{TH} 称为上限参考电压或上阈值电压，U_{TL} 称为下限参考电压或下阈值电压。在电路输出部分，两个单门限电压比较器分别通过两只二极管 V1、V2 输出。

若 $U_{TL}<u_i<U_{TH}$，$u_{o1}=u_{o2}=-U_{om}$，二极管 V1、V2 均截止，$u_o=0$ V。

若 $u_i<U_{TL}$，则 $u_{o1}=-U_{om}$，$u_{o2}=+U_{om}$，二极管 V1 截止，V2 导通，$u_o=u_{o2}=+U_{om}$。

若 $u_i>U_{TH}$，则 $u_{o1}=+U_{om}$，$u_{o2}=-U_{om}$，二极管 V2 截止，V1 导通，$u_o=u_{o1}=+U_{om}$。

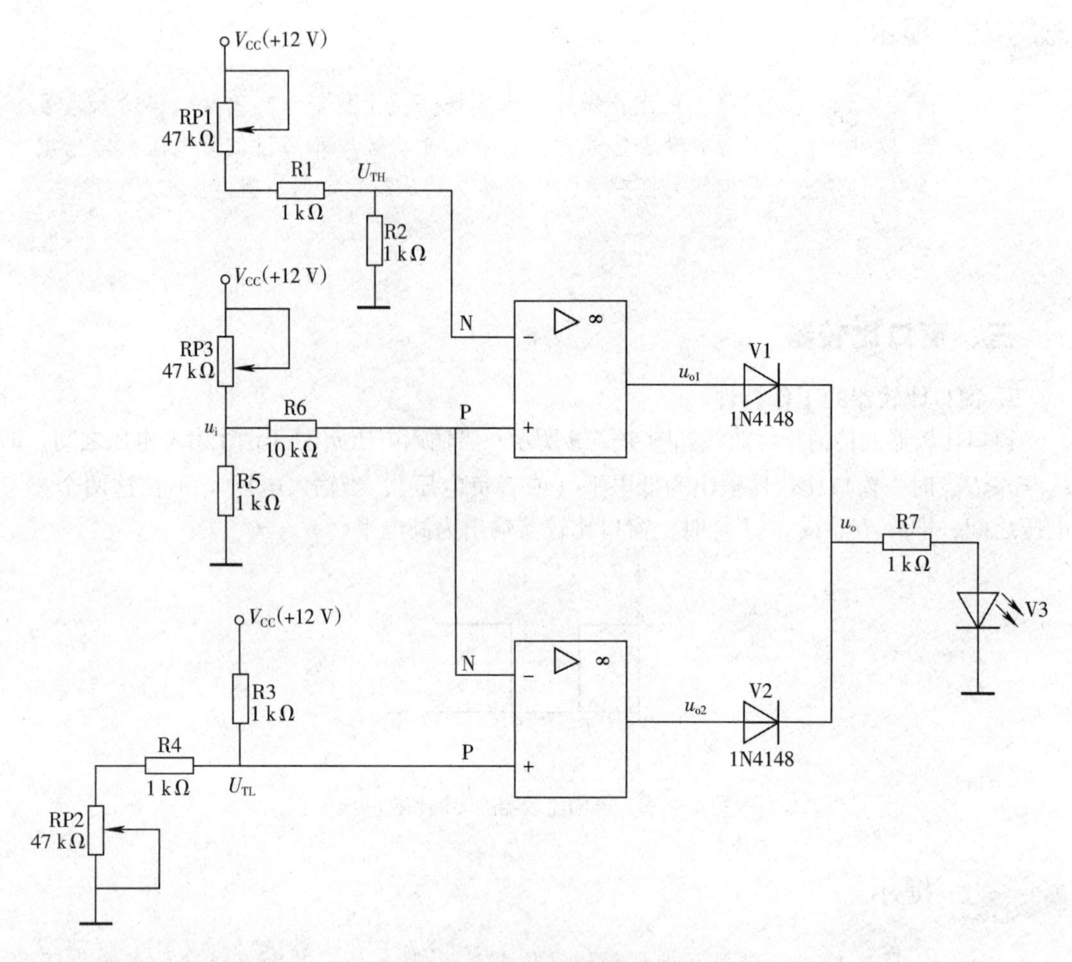

图 4-2-10　窗口比较器电路

四、方波发生电路

1. 电路组成

如图 4-2-11a 所示，方波发生电路由双门限电压比较器和 RC 电路组成。其中电位器 R_f 和电容器 C 组成具有延时特性的反馈电路，负反馈电压 u_c 加至集成运算放大器的反相输入端。限压电阻器 R3 和双向稳压二极管 V_Z 构成稳压电路，对集成运算放大器的输出电压 u_o 起限幅作用，当集成运算放大器正向饱和输出时，$u_o=U_Z$；当集成运算放大器负向饱和输出时，$u_o=-U_Z$。电阻器 R1 和 R2 构成正反馈电路，将 u_o 分压加至集成运算放大器的同相输入端，因此集成运算放大器的两个门限电压分别为

$$U_{TH}=\frac{R_2}{R_1+R_2}U_Z$$

$$U_{TL}=-\frac{R_2}{R_1+R_2}U_Z$$

2. 工作原理

假设 $t=0$ 时，$u_c=0$，且 $u_o=U_Z$，则门限电压为 U_{TH}，此时 $u_c<U_{TH}$，确保输出电压 $u_o=U_Z$。u_o 通过电位器 R_f 对电容器 C 充电，u_c 逐渐升高，当 $u_c>U_{TH}$（$t=t_1$）时，输出电压 u_o 发生翻转，由 U_Z 跳变为 $-U_Z$，于是门限电压变为 U_{TL}，此时输出电压 $u_o=-U_Z$。电容器 C 放电，u_c 逐渐降低，当 $u_c<U_{TL}$（$t=t_2$）时，输出电压 u_o 再次发生翻转，从 $-U_Z$ 跳变回 U_Z。如此周而复始，形成振荡，波形如图 4-2-11b 所示。

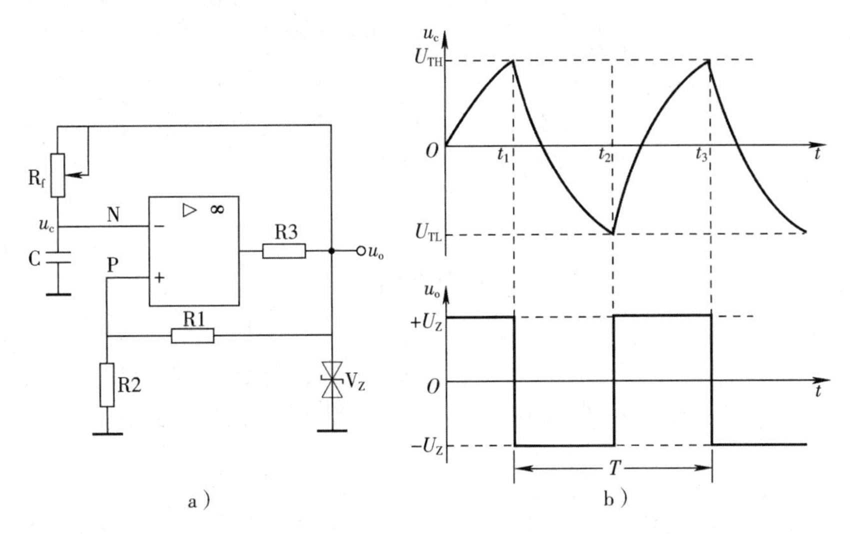

图 4-2-11　方波发生电路

a）电路组成　b）波形

3. 振荡周期计算

方波周期与电容器 C 的充、放电时间有关，估算公式为

$$T=2R_fC\ln\left(1+\frac{2R_2}{R_1}\right)$$

由上式可知，改变 R_f、C 或 $R1$、$R2$，即可改变方波的周期。若将电路适当改动，使电路充电和放电时间常数不相等，则输出矩形波信号。

任务实施使用的方波发生电路如图 4-2-12 所示。

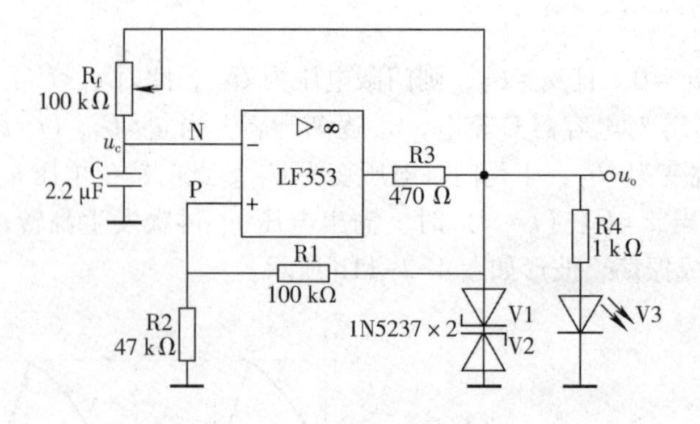

图 4-2-12　方波发生电路

软件仿真

方波发生电路仿真如图 4-2-13 所示，用示波器观察电容器两端电压和输出电压波形，调节电位器，观察并记录电容器两端电压和输出电压波形的变化，观察发光二极管的变化。

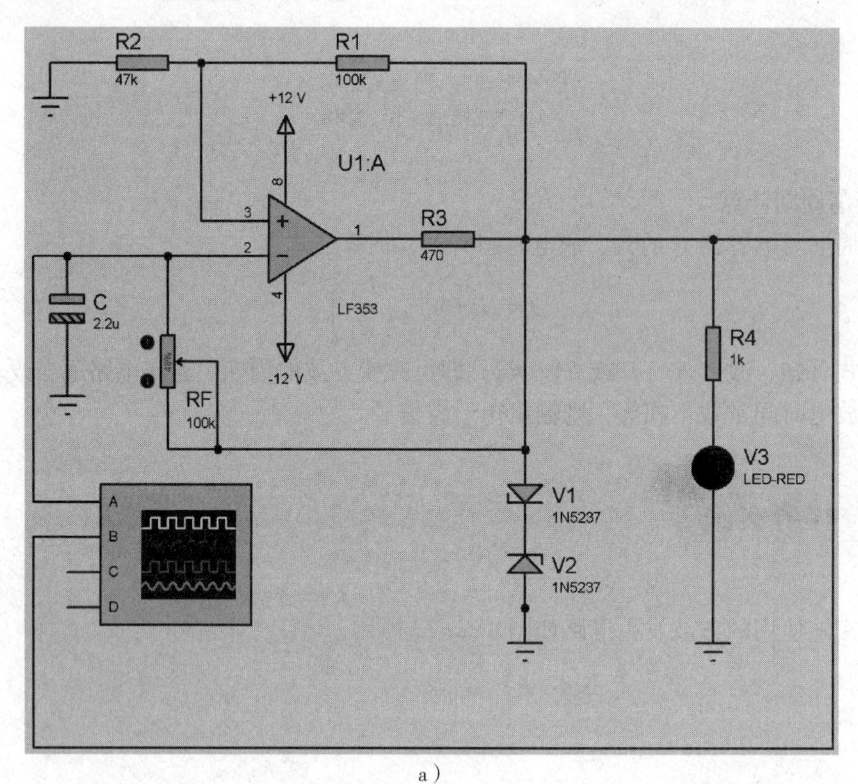

a）

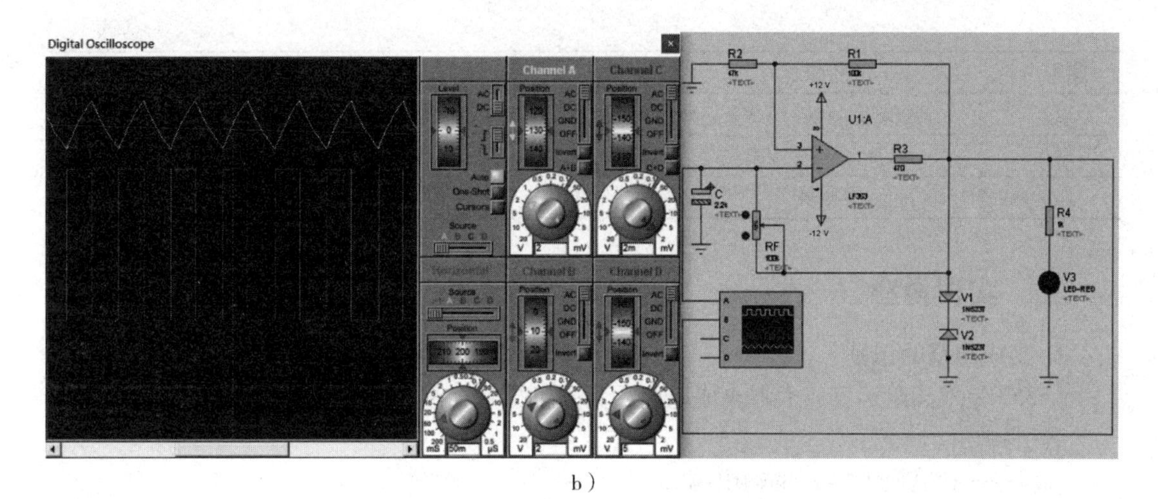

b）

图 4-2-13　方波发生电路仿真

a）仿真布置　b）仿真调试

实训操作

一、实训目的

1. 掌握方波发生电路的工作原理。
2. 熟悉方波发生电路的安装、调试与检修。

二、实训器材

实训器材明细表见表 4-2-1。

表 4-2-1　实训器材明细表

序号	名称		规格	数量
1	示波器		通用	1 台
2	直流稳压电源		通用	1 台
3	常用工具		—	1 套
4	集成运算放大器		LF353	1 只
5	集成电路插座		8P	1 个
6	电阻器	R1	100 kΩ	1 只
7		R2	47 kΩ	1 只
8		R3	470 Ω	1 只
9		R4	1 kΩ	1 只
10	电位器 R_f		100 kΩ	1 只
11	电容器 C		2.2 μF/50 V	1 只

续表

序号	名称	规格	数量
12	稳压管二极 V1、V2	1N5237	2 只
13	发光二极管 V3	红色	1 只
14	实验板	—	1 块

三、实训内容

1. 集成电路的识别

LF353 是双高阻运算放大器集成电路，其引脚排列如图 4-2-14 所示。

各引脚功能如下：

A_{OUT}——运算放大器 A 的输出端。

A_{IN-}——运算放大器 A 的反相输入端。

A_{IN+}——运算放大器 A 的同相输入端。

V-——负电源端。

B_{IN+}——运算放大器 B 的同相输入端。

B_{IN-}——运算放大器 B 的反相输入端。

B_{OUT}——运算放大器 B 的输出端。

V+——正电源端。

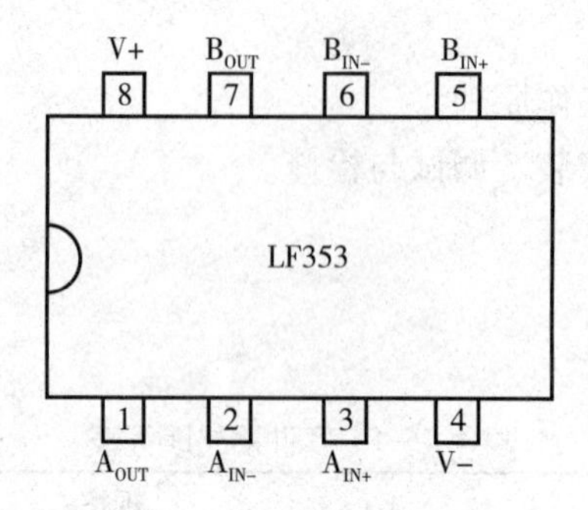

图 4-2-14　LF353 的引脚排列

2. 方波发生电路的安装

按照图 4-2-12 进行电路安装图设计，再按照安装图进行安装，将元器件插装后焊接固定，用硬铜导线根据电路的电气连接关系进行布线并焊接固定。

安装完成的方波发生电路板如图 4-2-2 所示。

3. 方波发生电路的调试

（1）将电位器 R_f 调至最大位置，用示波器测量并观察 u_c 和 u_o 的波形，记录它们的频率和最大值。

（2）将电位器 R_f 调至中间位置，用示波器测量并观察 u_c 和 u_o 的波形，记录它们的频率和最大值。

想一想

改变 R_f 的电阻值对方波发生电路的 u_c 和 u_o 的频率和幅度有什么影响？

4. 方波发生电路的检修

方波发生电路检修流程如图 4-2-15 所示。

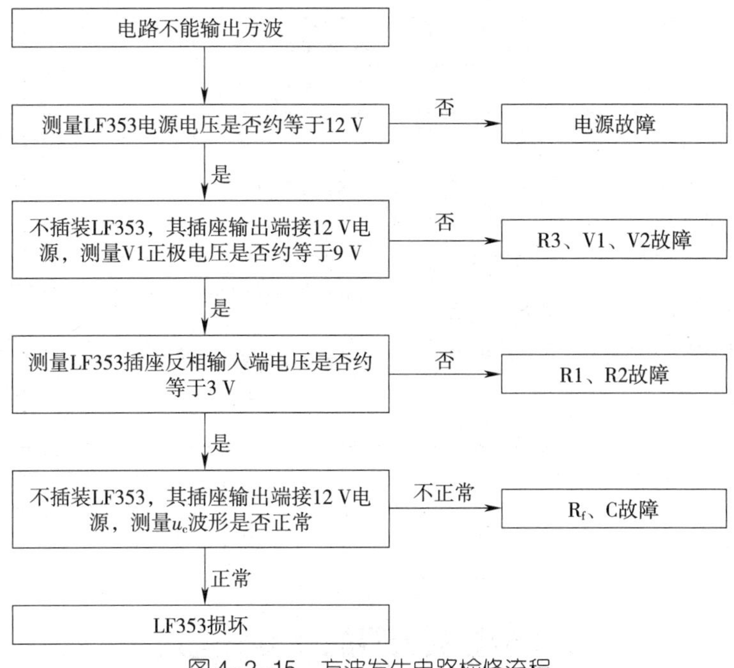

图 4-2-15 方波发生电路检修流程

四、实训报告要求

1. 分别画出方波发生电路原理图和安装图。
2. 完成调试记录。
3. 说明调节方波发生电路输出信号频率的方法。

五、评分标准

评分标准见表 4-2-2。

表4-2-2　评分标准

姓名：________　　学号：________　　合计得分：________

内容	要求	评分标准	配分	扣分	得分
电路安装	电路安装正确、完整	一处不符合，扣5分	10		
	元器件完好，无损坏	一件损坏，扣2.5分	5		
	布局层次合理，主次分清	一处不符合，扣2分	10		
	接线规范，布线美观，横平竖直，接线牢固，无虚焊，焊点符合要求	一处不符合，扣2分	10		
	按图接线	一处不符合，扣5分	5		
电路调试	通电调试成功	通电调试不成功，扣10分	10		
波形测量	正确使用示波器测量波形，测量的结果（波形形状、幅度和频率）正确	一处错误，扣10分	40		
安全生产	遵守国家颁布的安全生产法规或企业自定的安全生产规范	1. 违反安全生产相关规定，每项扣2分 2. 发生重大事故加倍扣分	10		
合计			100		

知识链接

集成运算放大器的分类与选用

目前广泛应用的电压型集成运算放大器是一种高放大倍数的直接耦合放大器。在该集成电路的输入端与输出端之间接入不同的反馈电路，可实现不同用途，例如利用集成运算放大器可非常方便地完成信号放大、信号运算（加、减、乘、除、对数、反对数、平方、开方等）、信号处理（滤波、调制）以及波形的产生和变换。集成运算放大器的种类非常多，可适用于不同的场合。

一、集成运算放大器的分类

按照集成运算放大器的参数不同，集成运算放大器可分为以下类型。

1. 通用型运算放大器

通用型运算放大器是以通用为目的设计的。主要特点是价格低廉、产品量大面广，其性能指标能满足一般性使用。例如，μA741（单运放）、LM358（双运放）、LM324（四运放）及以场效应管为输入级的LF356都属于此类。通用型运算放大器是目前应用最为广泛的集成运算放大器。

2. 高阻型运算放大器

高阻型运算放大器的特点是差模输入阻抗非常高，输入偏置电流非常小，通常差模输入阻抗大于（10^9~10^{12}）Ω，输入偏置电流为几皮安到几十皮安。实现这些性能的主要措施是利用场效应管高输入阻抗的特点，用场效应管组成运算放大器的差分输入级。用场效应管作输入级，不仅输入阻抗高，输入偏置电流小，而且具有高速、宽带和低噪声等优点，但输入失调电压较高。常见的高阻型运算放大器有 LF355、LF347（四运放）及更高输入阻抗的 CA3130、CA3140 等。

3. 低温漂型运算放大器

在精密仪器、弱信号检测等自动控制仪表中，要求运算放大器的失调电压高且不随温度的变化而变化，低温漂型运算放大器就是为此而设计的。目前常用的高精度、低温漂型运算放大器有 OP－07、OP－27、AD508 及由 MOS 管组成的斩波稳零型低漂移器件 ICL7650 等。

4. 高速型运算放大器

在快速 A/D 和 D/A 转换器、视频放大器中，要求集成运算放大器的转换速率 S_R 高，单位增益带宽 BWG 大，而通用型运算放大器不适合于高速应用的场合。高速型运算放大器的主要特点是具有高转换速率和宽频率响应，常见的有 LM318、μA715 等，其 S_R＝50~70 V/ms，BWG>20 MHz。

5. 低功耗型运算放大器

由于电子电路集成化的最大优点是能使复杂电路小型轻便，因此随着便携式仪器应用范围的扩大，必须使用低电源电压供电、低功率消耗的运算放大器相适应。常用的低功耗型运算放大器有 TL-022C、TL-060C 等，其工作电压为±2~±18 V，电流为 50~250 mA。有的产品功耗已达微瓦级，例如 ICL7600 的供电电源电压为 1.5 V，功耗为 10 mW，可采用单节电池供电。

6. 高压大电流型运算放大器

运算放大器的输出电压主要受供电电源的限制。在普通的运算放大器中，输出电压最大值一般仅为几十伏，输出电流仅为几十毫安。若要提高输出电压或增大输出电流，集成运算放大器外部必须要加辅助电路。高压大电流型运算放大器外部不需附加任何电路，即可输出高电压和大电流。例如，D41 的电源电压可达±150 V，μA791 的输出电流可达 1 A。

二、集成运算放大器的选用

集成运算放大器是模拟集成电路中应用最广泛的一种器件。在由运算放大器组成的各种系统中，由于应用要求不一样，对运算放大器的性能要求也不一样。在没有特殊要求的场合，尽量选用通用型运算放大器，这样既可降低成本，又容易保证货源。当一个系统中使用多个运算放大器时，尽可能选用多运算放大器集成电路，例如 LM324、LF347 等是将四个运算放大器封装在一起的集成电路。

评价集成运算放大器性能的优劣，应看其综合性能。一般用优值系数 K 来衡量集成运算放大器的优良程度，除此之外，还应关注其他方面，例如信号源的性质，是电压源还是电流源；负载的性质，集成运算放大器输出电压和电流是否满足要求；环境条件，集成运算放大器允许工作范围、工作电压范围、功耗与体积等是否满足要求。

课题五 晶闸管及其应用

晶闸管是一种大功率半导体电子器件，主要用于大功率交流电能与直流电能的相互转换和交、直流电路的开关控制与调压，具有体积小、质量轻、效率高、无噪声、使用寿命长等优点。

晶闸管在电子技术中的应用使半导体器件从弱电领域扩展到强电范围，使得用弱电控制强电输出成为可能，为强电工业的电子化、自动化提供了有效途径。

任务 1　晶闸管调光灯电路

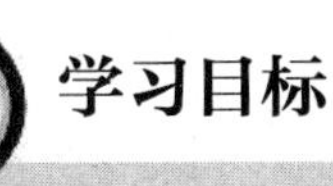

学习目标

1. 了解晶闸管的结构、图形符号和型号意义，熟悉其工作特性和主要参数。
2. 理解晶闸管可控整流电路的原理。
3. 掌握晶闸管调光灯电路的工作原理、安装、调试与检修。

任务引入

在书房里经常能看到调光台灯，如图 5-1-1 所示。调光台灯可通过调节流过白炽灯的电流大小控制灯光强弱，能有效保护视力。

本任务是利用双向晶闸管制作调光灯电路，并掌握调光灯电路的工作原理和调试、检修方法，其电路板如图 5-1-2 所示。

图 5-1-1　调光台灯

图 5-1-2　晶闸管调光灯电路板

相关知识

一、晶闸管

晶闸管是晶体闸流管的简称，又称为可控硅整流管，俗称可控硅（SCR）。晶闸管不仅具有硅整流器的特性，更重要的是能以小功率信号控制大功率系统，可作为强电与弱电的接口，高效完成对电能的转换和控制。晶闸管的种类很多，包括普通型（单向型）、双向型、可关断型、快速型、光控型等，其中，普通晶闸管应用最广泛。

1. 普通晶闸管的结构和图形符号

普通晶闸管的结构如图 5-1-3a 所示，内部由 PNPN 四层半导体材料构成，中间形成三个 PN 结，外层 P 型半导体区引出阳极 A，外层 N 型半导体区引出阴极 K，中间 P 型半导体区引出控制极（或称为门极）G。普通晶闸管的图形符号如图 5-1-3b 所示。

普通晶闸管的外形包括塑封式（小功率）、平板式（中功率）和螺栓式（中、大功率）等，其中，平板式晶闸管的外形如图 5-1-3c 所示。平板式和螺栓式晶闸管使用时固定在散热片上。

2. 普通晶闸管的工作特性

（1）正向阻断

当晶闸管阳极与阴极间加正向电压，但控制极未加正向电压时，晶闸管不能导通，这

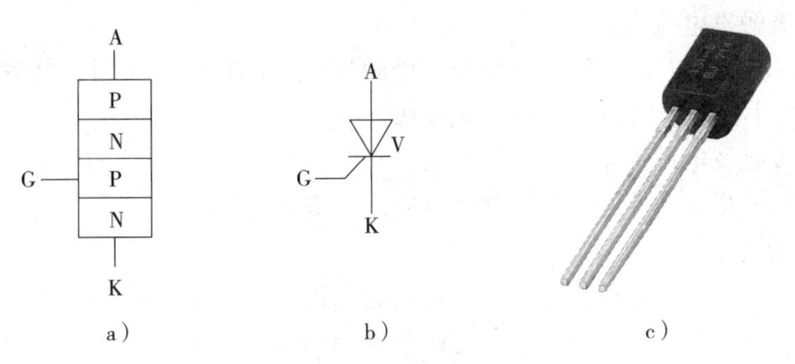

图 5-1-3　普通晶闸管的结构、图形符号和外形

a）结构　b）图形符号　c）外形

种状态称为晶闸管的正向阻断。

（2）触发导通

当晶闸管阳极与阴极间加正向电压，且控制极与阴极间加一定大小和时间的触发电压时，晶闸管导通，这种状态称为晶闸管的触发导通。

晶闸管一旦导通，控制极就失去了控制作用。要使晶闸管关断，必须减小晶闸管的正向电流，使其小于维持电流，晶闸管即可关断。

（3）反向阻断

当晶闸管阳极与阴极间加反向电压时，不管控制极加怎样的电压，晶闸管都将关断，这种状态称为晶闸管的反向阻断。

3. 普通晶闸管的主要参数

（1）断态重复峰值电压 U_{DRM}

控制极开路而结温为额定值时，允许重复加在晶闸管阳极与阴极间的正向峰值电压。若加在晶闸管阳极与阴极间的正向电压大于 U_{DRM}，晶闸管可能会失控而自行导通。

（2）反向重复峰值电压 U_{RRM}

控制极开路而结温为额定值时，允许重复加在晶闸管阳极与阴极间的反向峰值电压。若加在晶闸管阳极与阴极间的反向电压大于 U_{RRM}，晶闸管可能会被击穿而损坏。

通常把 U_{DRM} 和 U_{RRM} 中较小的那个数值作为晶闸管型号中的额定电压。在选用晶闸管时，额定电压应为正常工作峰值电压的 2~3 倍，以保证电路的工作安全。

（3）通态平均电流 $I_{T(AV)}$

在规定的环境温度和散热条件下，结温为额定值时，允许连续通过晶闸管的工频正弦半波电流的平均值。需要注意的是，如果晶闸管的导通时间远小于正弦波的半个周期，即使通态平均电流没有超过额定值，但峰值电流也将非常大，可能超过晶闸管所能承受的极限。

（4）通态平均电压 $U_{T(AV)}$

在规定的环境温度和散热条件下，晶闸管导通并通过工频正弦半波额定电流时，晶闸管阳极与阴极间压降的平均值，一般为 0.4~1.2 V。

（5）维持电流 I_H

在规定的环境温度下而控制极开路时，维持晶闸管持续导通所需要的最小电流，一般为几十到几百毫安。

（6）控制极触发电流 I_{GT}

在规定的环境温度下，晶闸管阳极与阴极间加一定的正向电压时，能安全地触发晶闸管导通所需的最小控制极电流，一般为毫安级。

（7）控制极触发电压 U_{GT}

产生控制极触发电流所需要的控制极电压，一般为 5 V 左右。

4. 双向晶闸管

双向晶闸管是在普通晶闸管的基础上发展起来的，不仅能代替两只反极性并联的普通晶闸管，而且仅用一个触发电路，是目前比较理想的交流开关器件。双向晶闸管广泛应用于工业、交通、家电领域，能实现交流调压、交流调速、交流开关和调光等多种功能，此外，还被用在固态继电器和固态接触器电路中。

双向晶闸管的结构和图形符号如图 5-1-4 所示，其内部是一个三端 NPNPN 五层半导体结构，可看作是将具有公共控制极 G 的一对反向并联的普通晶闸管集成在同一块硅片上，电极 T1 和控制极（门极）G 在芯片的正面，电极 T2 在芯片的背面，控制极区的面积远小于其余面积。由图 5-1-4a 可知，控制极 G 距电极 T1 较近，距电极 T2 较远，因此，G-T1 间的正、反向电阻值均较小，而 G-T2、T2-T1 间的正、反向电阻值均为无穷大。由于双向晶闸管可以双向导通，因此两个电极 T1、T2 统称为主电极，不再划分为阳极或阴极。当控制极 G 和主电极 T2 相对于主电极 T1 的电压均为正时，T2 为阳极，T1 为阴极；反之，当控制极 G 和主电极 T2 相对于主电极 T1 的电压均为负时，T1 为阳极，T2 为阴极。

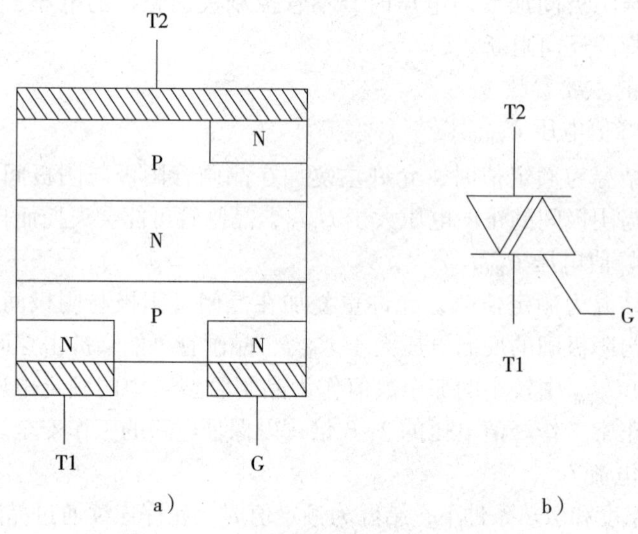

图 5-1-4　双向晶闸管的结构和图形符号

a）结构　b）图形符号

双向晶闸管的主电极 T1、T2 无论加正向电压还是加反向电压，其控制极 G 的触发信号无论是正向还是反向，它都能被触发导通，因此，双向晶闸管正、反两个方向都能导通，输出的不是直流而是交流。

通常情况下，双向晶闸管包括以下四种触发方式：

（1）T2 为正，T1 为负，G 相对 T1 为正。

（2）T2 为正，T1 为负，G 相对 T1 为负。

（3）T2 为负，T1 为正，G 相对 T1 为正。

（4）T2 为负，T1 为正，G 相对 T1 为负。

上述四种触发方式所需要的触发电流是不一样的，触发方式（1）和触发方式（4）所需要的触发电流较小，而触发方式（2）和触发方式（3）所需要的触发电流较大。在使用时，一般采用触发方式（1）和触发方式（4）。

5. 晶闸管的型号意义

国产晶闸管的型号主要由四部分组成，各组成部分的意义见表 5-1-1。

表 5-1-1　国产晶闸管型号组成部分的意义

第一部分：主体		第二部分：类别		第三部分：额定通态平均电流		第四部分：额定电压	
字母	意义	字母	意义	数字	意义	数字	意义
K	晶闸管	P	普通反向阻断型	1	1 A	1	100 V
				5	5 A	2	200 V
				10	10 A	3	300 V
				20	20 A	4	400 V
		K	快速反向阻断型	30	30 A	5	500 V
				50	50 A	6	600 V
				100	100 A	7	700 V
				200	200 A	8	800 V
		S	双向型	300	300 A	9	900 V
				400	400 A	10	1 000 V
				500	500 A	12	1 200 V
						14	1 400 V

第一部分用字母“K”表示晶闸管。

第二部分用字母表示晶闸管的类别。

第三部分用数字表示额定通态平均电流。

第四部分用数字表示额定电压。

例如，KP1-2（1 A、200 V 普通反向阻断型晶闸管）：

K——晶闸管；P——普通反向阻断型；1——额定通态平均电流 1 A；2——额定电压 200 V。

又如，KS5-4（5 A、400 V 双向晶闸管）：

K——晶闸管；S——双向型；5——额定通态平均电流 5 A；4——额定电压 400 V。

二、晶闸管可控整流电路

1. 单相可控半波整流电路

（1）电路组成

将单相半波整流电路中的整流二极管换成晶闸管即构成单相可控半波整流电路，如图 5-1-5a 所示。

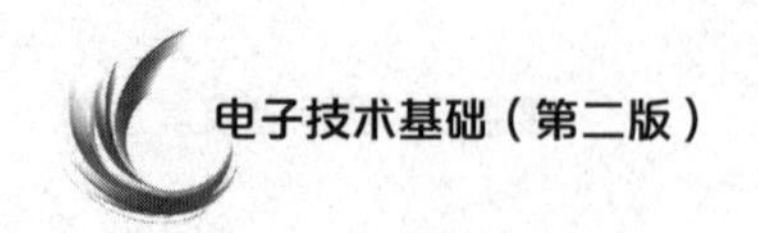

（2）工作原理分析

单相可控半波整流电路的波形如图 5-1-5b 所示。

1）在 $\omega t=0\sim\alpha$ 期间，u_2 为正半周，晶闸管 V 的阳极与阴极间加正向电压，此时控制极未加触发脉冲，晶闸管 V 处于正向阻断状态，输出电压 $u_L=0$。

2）在 $\omega t=\alpha$ 时，加入触发脉冲 u_g，晶闸管 V 触发导通。

3）在 $\omega t=\alpha\sim\pi$ 期间，尽管触发脉冲 u_g 已经消失，但是晶闸管 V 仍保持导通，直到 u_2 过零（$\omega t=\pi$）时，通过晶闸管 V 的正向电流小于其维持电流，晶闸管自行关断。在此期间，$u_L=u_2$，极性为上正、下负。

4）在 u_2 为负半周时，晶闸管 V 的阳极与阴极间加反向电压，处于反向阻断状态，输出电压 $u_L=0$。

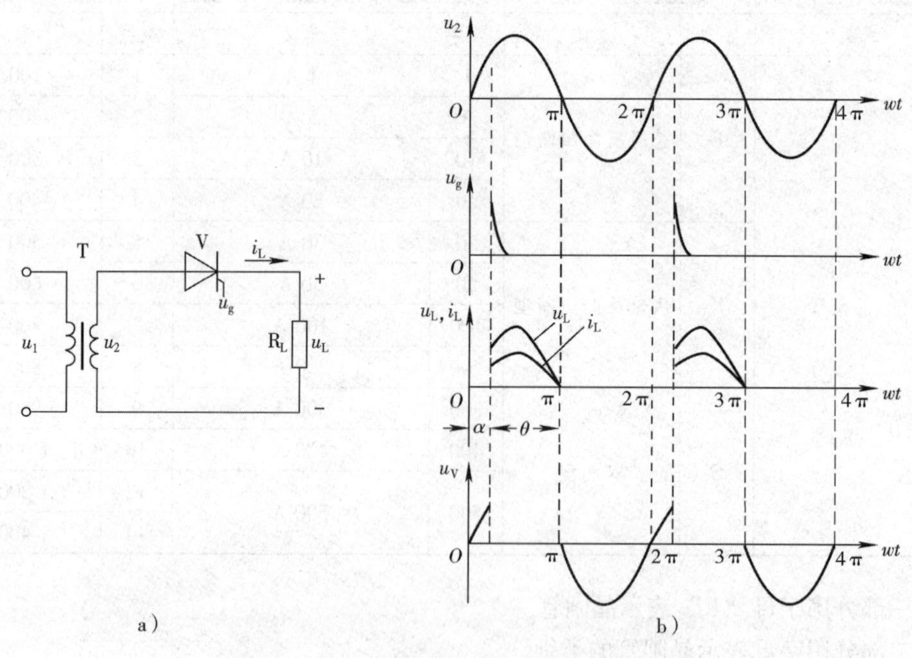

图 5-1-5　单相可控半波整流电路及其波形

a）电路组成　b）波形

晶闸管在一个周期内阳极与阴极间加正向电压而不导通的范围称为控制角 α，导通的范围称为导通角 θ，显然 $\theta=180-\alpha$。控制角 α 越小，导通角 θ 越大，负载上输出电压平均值 U_L 越大，改变控制角 α 的大小，就可以调整 U_L 的大小。

（3）主要参数计算

输出电压平均值　$U_L=0.45U_2\dfrac{1+\cos\alpha}{2}$

输出电流平均值　$I_L=\dfrac{U_L}{R_L}=0.45\dfrac{U_2}{R_L}\dfrac{1+\cos\alpha}{2}$

晶闸管承受的最高正向电压　$U_{Fm}=\sqrt{2}U_2$

晶闸管承受的最高反向电压　$U_{Rm}=\sqrt{2}U_2$

通过晶闸管的电流平均值 $I_F = I_L$

2. 单相半控桥式整流电路

(1) 电路组成

将单相桥式整流电路中的两只整流二极管换成晶闸管即构成单相半控桥式整流电路，如图 5-1-6a 所示。

(2) 工作原理分析

单相半控桥式整流电路的波形如图 5-1-6b 所示。

1) 在 $\omega t = 0 \sim \alpha$ 期间，u_2 为正半周，晶闸管 V1 和二极管 V4 加正向电压，此时控制极未加触发脉冲，晶闸管 V1 处于正向阻断状态，输出电压 $u_L = 0$。

2) 在 $\omega t = \alpha$ 时，加入触发脉冲 u_g，晶闸管 V1 触发导通。

3) 在 $\omega t = \alpha \sim \pi$ 期间，尽管触发脉冲 u_g 已经消失，但是晶闸管 V1 仍保持导通，直到 u_2 过零（$\omega t = \pi$）时，晶闸管 V1 自行关断。在此期间，$u_L = u_2$，极性为上正、下负。

4) 在 u_2 为负半周时，晶闸管 V2 和二极管 V3 加正向电压，只要触发脉冲 u_g 到来，晶闸管 V2 就会导通，负载上仍然得到上正、下负的电压。

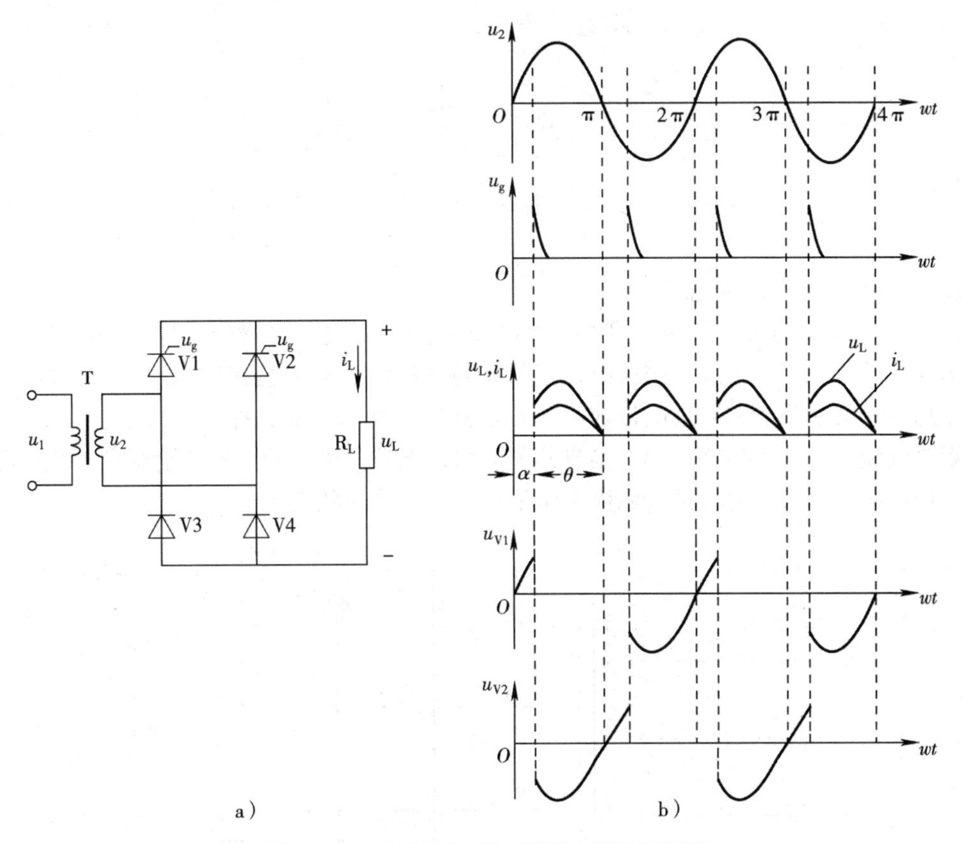

图 5-1-6 单相半控桥式整流电路及其波形

a) 电路组成 b) 波形

（3）主要参数计算

输出电压平均值 $U_L=0.9U_2\dfrac{1+\cos\alpha}{2}$

输出电流平均值 $I_L=\dfrac{U_L}{R_L}=0.9\dfrac{U_2}{R_L}\dfrac{1+\cos\alpha}{2}$

晶闸管承受的最高正向电压 $U_{Fm}=\sqrt{2}U_2$

晶闸管承受的最高反向电压 $U_{Rm}=\sqrt{2}U_2$

通过晶闸管的电流平均值 $I_F=\dfrac{1}{2}I_L$

图 5-1-7 所示为另外一种单相可控桥式整流电路，只使用一只晶闸管 V5，其作用相当于串联在负载电路中的开关，电路的分析计算与单相半控桥式整流电路一样。

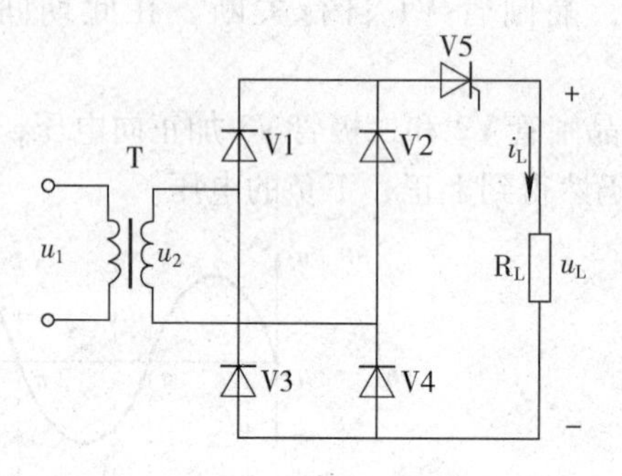

图 5-1-7 使用一只晶闸管的单相可控桥式整流电路

3. 三相半控桥式整流电路

图 5-1-8 所示为最常用的三相半控桥式整流电路，图中六只整流器件分为两组，一组是晶闸管 V1、V2、V3 接成共阴极组，三只晶闸管的阳极分别接在三相电源上，因此，任何时刻总有一只晶闸管的阳极电位最高，若在其控制极加触发脉冲，它将被触发导通；另外一组是整流二极管 V4、V5、V6 接成共阳极组，三只二极管的阴极分别接在三相电源上，因此，任何时刻总有一只二极管阴极电位最低而处于导通状态。

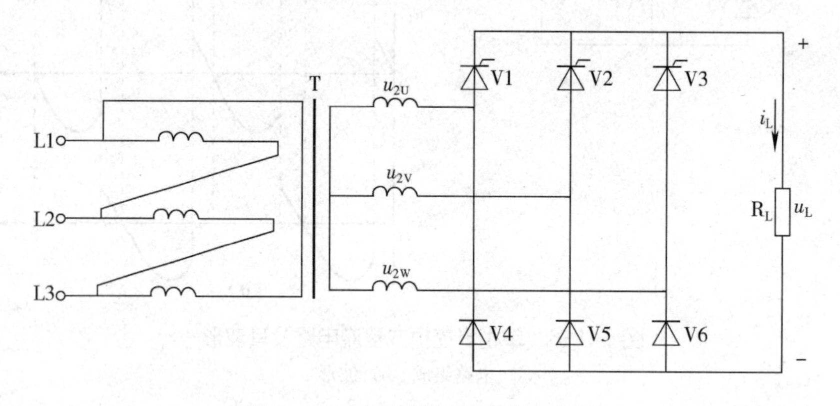

图 5-1-8 三相半控桥式整流电路

三、晶闸管调光灯电路

1. 双向二极管

双向二极管是与双向晶闸管同时问世的，常用来触发双向晶闸管，其结构、图形符号、等效电路及伏安特性曲线如图 5-1-9 所示。它是 NPN 三层对称性质的二端半导体器件，等效于基极开路、发射极与集电极对称的 NPN 型三极管，其正、反向伏安特性完全对称。当双向二极管两端的电压小于正向转折电压 U_{BO} 时，呈高阻态；当两端电压大于 U_{BO} 时，进入负阻区。同样，当两端电压小于反向转折电压 U_{BR} 时，也进入负阻区。双向二极管的正向转折电压 U_{BO} 一般包括三个等级：20~60 V、100~150 V、200~250 V。

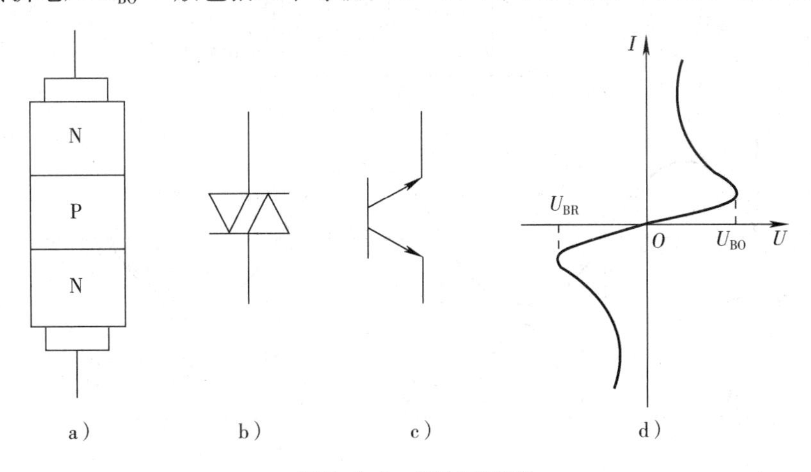

图 5-1-9 双向二极管

a）结构 b）图形符号 c）等效电路 d）伏安特性曲线

2. 晶闸管调光灯电路的工作原理

图 5-1-10a 所示为双向晶闸管 V1 与双向二极管 V2 等构成的调光灯电路，其波形如图 5-1-10b 所示。一般情况下，双向二极管 V2 处于高阻截止状态，只有当加到双向二极管 V2 上的外加电压高于其转折电压时，双向二极管才会导通。电路接通交流电源后，当交流电源电压处于正半周时，则通过白炽灯 EL、电位器 RP、电阻器 R2 对电容器 C 充电，当电容器 C 上的充电电压达到双向二极管 V2 的正向转折电压时，V2 导通，给双向晶闸管 V1 的控制极加入正向触发脉冲 u_g，V1 正向导通，白炽灯 EL 得到相应的正半周交流电压。在电源电压过零瞬间，通过双向晶闸管 V1 的电流小于其维持电流而自行关断。当交流电源电压处于负半周时，电源对 C 反向充电，C 上的电压为下正、上负，当 C 上的电压达到双向二极管 V2 的反向转折电压时，V2 导通，给双向晶闸管 V1 的控制极加入反向触发脉冲 u_g，V1 反向导通，白炽灯 EL 得到相应的负半周交流电压。电容器 C 通过限流电阻器 R1、双向二极管 V2 对双向晶闸管 V1 控制极放电，触发双向晶闸管导通。

通过改变电位器 RP 的电阻值可以改变电源对电容器 C 充电的速度，也就改变了双向晶闸管 V1 的导通角。由于双向二极管的双向转折特性，电容器可在两个方向对双向晶闸管控制极放电，形成触发脉冲，实现交流调压，从而改变通过白炽灯的电流（平均值）实现连续调光。如果将白炽灯换成电熨斗、电热褥，也可实现连续调温。双向二极管省去了桥式整流回路，使电路变得简单可靠。

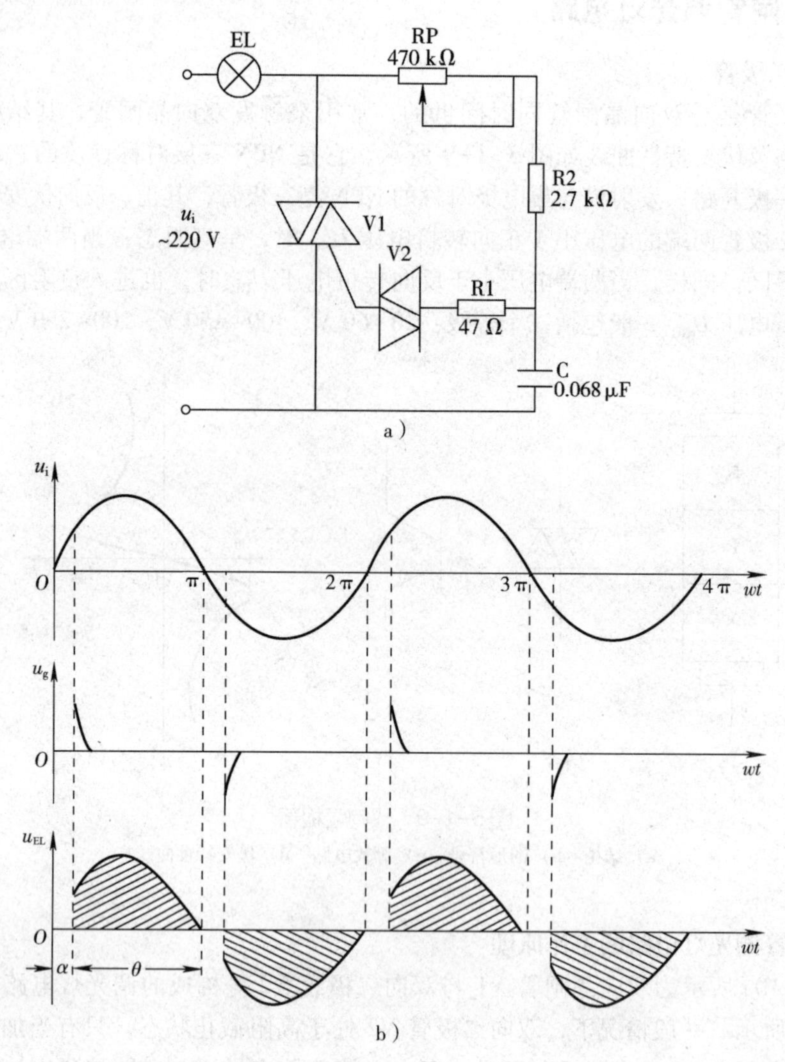

图 5-1-10　晶闸管调光灯电路及其波形

a）电路组成　b）波形

任务实施

任务实施使用的晶闸管调光灯电路如图 5-1-10a 所示。

软件仿真

晶闸管调光灯电路仿真如图 5-1-11 所示，用电压表测量双向二极管两端电压、双向晶闸管两端电压和白炽灯两端电压，用示波器观察电源电压、双向晶闸管控制极触发电压和电容器两端电压的波形，调节电位器，观察并记录电容器两端电压和双向晶闸管控制极触发电压波形的变化以及各个电压表读数的变化，观察白炽灯亮度的变化。

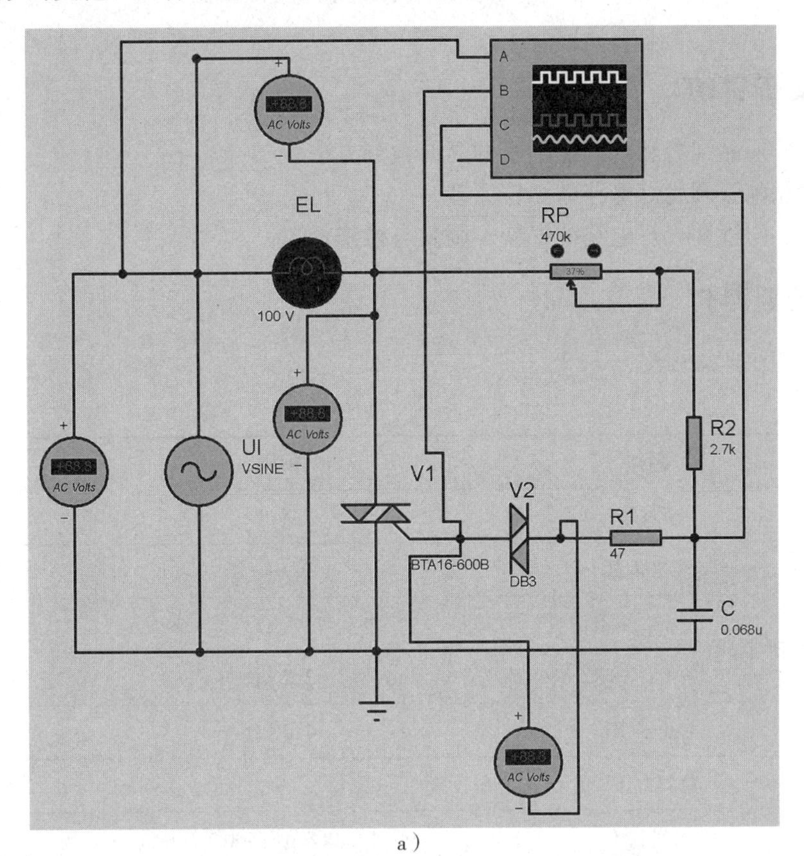

a）

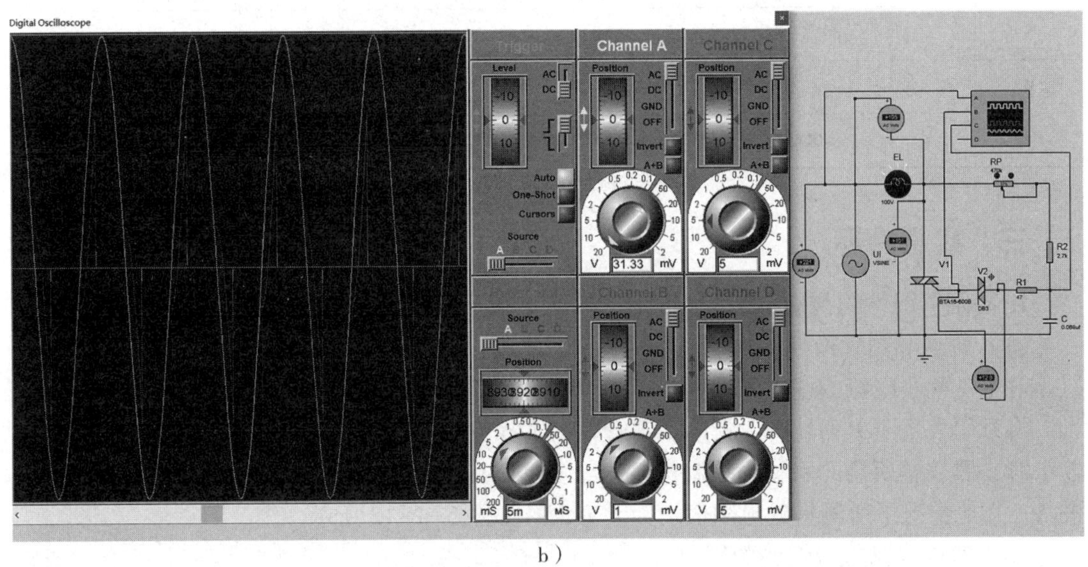

b）

图 5-1-11　晶闸管调光灯电路仿真

a）仿真布置　b）仿真调试

实训操作

一、实训目的

1. 学习普通晶闸管和双向晶闸管的简易检测方法。
2. 理解晶闸管调光灯电路的工作原理。
3. 熟悉晶闸管调光灯电路的安装、调试与检修。

二、实训器材

实训器材明细表见表 5-1-2。

表 5-1-2　实训器材明细表

序号	名称		规格	数量
1	示波器		通用	1台
2	常用工具		—	1套
3	电阻器	R1	47 Ω	1只
4		R2	2.7 kΩ	1只
5	电位器 RP		470 kΩ	1只
6	白炽灯 EL		—	1只
7	电容器 C		0.068 μF/400 V	1只
8	双向晶闸管 V1		BTA16	1只
9	双向二极管 V2		DB3	1只
10	实验板		—	1块

三、实训内容

1. 晶闸管极性的判别

（1）普通晶闸管极性的判别

对于一些小电流的塑封式普通晶闸管可按照以下方法判别：

将万用表置于 R×1k 挡，测量晶闸管任意两个引脚间的电阻值。当万用表指示电阻值较小时，黑表笔所接的引脚为控制极 G，红表笔所接的引脚为阴极 K，剩余一个引脚为阳极 A。其他情况下所测得的电阻值均为无穷大，如图 5-1-12 所示。

（2）双向晶闸管极性的判别

用万用表电阻挡判别双向晶闸管的极性时，可先根据电阻值关系判断出主电极 T2，方法如下：将万用表一只表笔接假设的主电极 T2，另一只表笔分别接其他两个引脚，若测得的电阻值均为无穷大，则假设的引脚即为主电极 T2。

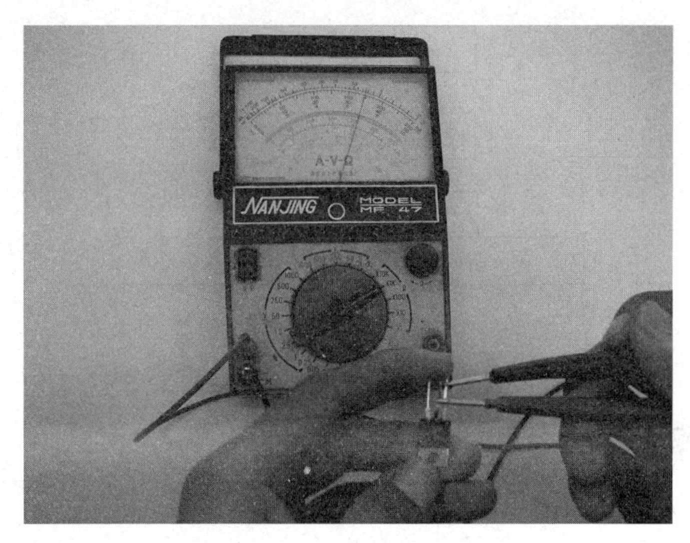

图5-1-12 普通晶闸管极性的判别

判断出主电极 T2 后，可进一步判断主电极 T1 和控制极 G，可采用以下两种方法。

方法 1：将黑表笔接主电极 T2，红表笔接假设的主电极 T1，电阻值应为无穷大；用黑表笔将主电极 T2 和假设的控制极 G 短路，给控制极 G 加正向触发脉冲，双向晶闸管应导通，电阻值应变小；将黑表笔与假设的控制极 G 脱离后，若电阻值维持较小值不变，说明假设正确；如果黑表笔与假设的控制极 G 脱离后，电阻值变为无穷大，说明假设错误，原先假设的主电极 T1 为控制极 G，控制极 G 为主电极 T1。

方法 2：将红表笔接主电极 T2，黑表笔接假设的主电极 T1，电阻值应为无穷大；用红表笔将主电极 T2 和假设的控制极 G 短路，给控制极 G 加负向触发脉冲，双向晶闸管应导通，电阻值应变小；将红表笔与假设的控制极 G 脱离后，若电阻值维持较小值不变，说明假设正确；如果红表笔与假设的控制极 G 脱离后，电阻值变为无穷大，说明假设错误。

上述方法只能检测小功率双向晶闸管的极性和质量好坏，对于大功率双向晶闸管，由于其通态电压和触发电流都较大，万用表的电阻挡所提供的电压和电流已不足以使其导通，因此不能采用万用表进行检测。

2. 晶闸管调光灯电路的安装

按照图 5-1-10a 进行电路安装图设计，再按照安装图进行安装，将元器件插装后焊接固定，用硬铜导线根据电路的电气连接关系进行布线并焊接固定。

安装完成的晶闸管调光灯电路板如图 5-1-2 所示。

3. 晶闸管调光灯电路的调试

调试时，接通电源，调节电位器 RP，仔细观察白炽灯亮度的变化，做好记录。

4. 晶闸管调光灯电路的检修

晶闸管调光灯电路检修流程如图 5-1-13 所示。

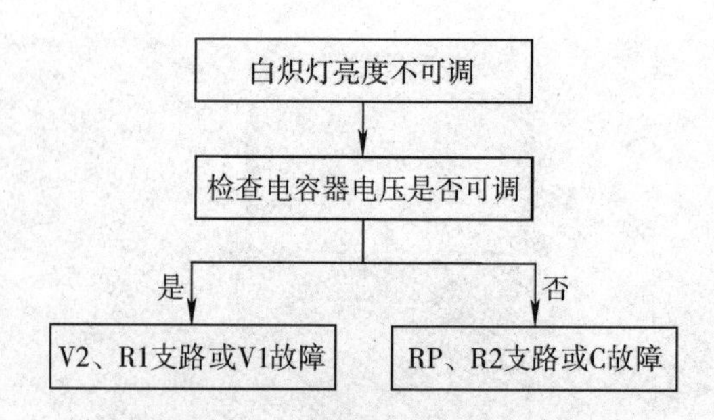

图 5-1-13　晶闸管调光灯电路检修流程

四、实训报告要求

1. 分别画出晶闸管调光灯电路原理图和安装图。
2. 完成调试记录。
3. 说明晶闸管调光灯电路的工作原理。

五、评分标准

评分标准见表 5-1-3。

表 5-1-3　评分标准

姓名：________　　学号：________　　合计得分：________

内容	要求	评分标准	配分	扣分	得分
晶闸管检测	晶闸管的极性判别正确	一处错误，扣 5 分	15		
电路安装	电路安装正确、完整	一处不符合，扣 5 分	10		
	元器件完好，无损坏	一件损坏，扣 2.5 分	5		
	布局层次合理，主次分清	一处不符合，扣 2 分	10		
	接线规范，布线美观，横平竖直，接线牢固，无虚焊，焊点符合要求	一处不符合，扣 2 分	10		
	按图接线	一处不符合，扣 5 分	5		
电路调试	通电调试成功	通电调试不成功，扣 10 分	10		
白炽灯亮度变化观察	调节电位器，观察白炽灯亮度的变化，结果正确	一处错误，扣 10 分	25		
安全生产	遵守国家颁布的安全生产法规或企业自定的安全生产规范	1. 违反安全生产相关规定，每项扣 2 分 2. 发生重大事故加倍扣分	10		
合计			100		

知识链接

防盗报警器（断线报警器）

防盗报警器电路如图 5-1-14 所示，当开关 S 闭合后，电路处于值班状态，晶闸管 V 的控制极被 *A*、*B* 间导线短路接地而使晶闸管截止。当短路导线被弄断时，电源经电阻器 R1 和 R2 分压使控制极获得触发电压，晶闸管 V 导通，报警器（蜂鸣器）H 即发声报警。

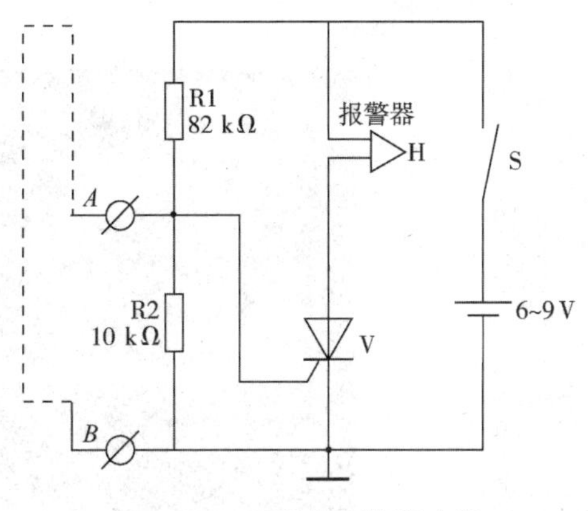

图 5-1-14　防盗报警器电路

任务 2　单结晶体管触发电路

学习目标

1. 了解单结晶体管的结构、图形符号和工作特性。
2. 熟悉单结晶体管的识别检测方法。
3. 掌握微风扇调速电路的工作原理、安装、调试与检修。

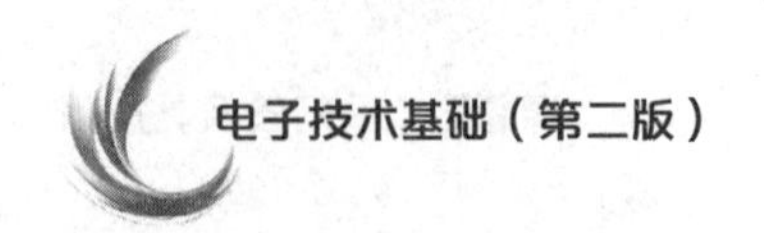

任务引入

在本课题任务 1 的晶闸管调光灯电路中，双向晶闸管利用双向二极管提供触发信号进行触发。实际应用中，晶闸管的触发信号也可以由单结晶体管触发电路提供。在炎热的夏季，有时会用微风扇进行降温，如图 5-2-1 所示，转速越快，人体感觉越凉快，微风扇的转速是由调速电路控制的，其中的晶闸管就是利用单结晶体管触发电路进行触发的，其输出波形如图 5-2-2 所示。

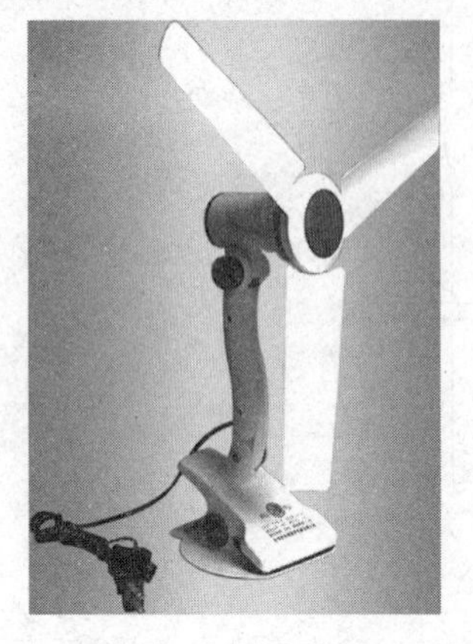

图 5-2-1　微风扇

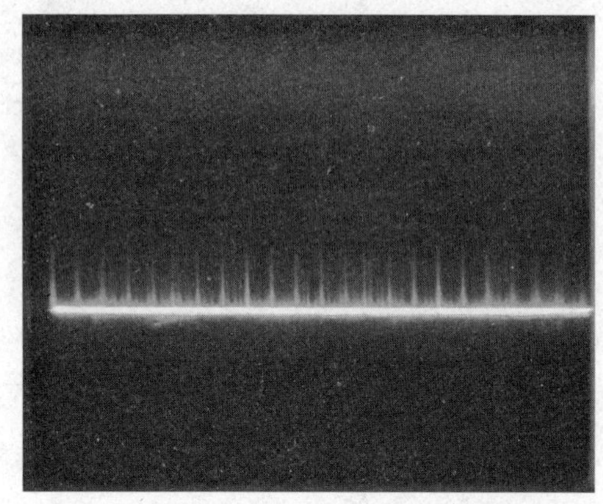

图 5-2-2　单结晶体管触发电路的输出波形

微风扇调速电路板如图 5-2-3 所示，本任务是通过微风扇调速电路的安装、调试与检修，掌握单结晶体管触发电路的工作原理及其在微风扇调速电路中的运用。

图 5-2-3　微风扇调速电路板

一、单结晶体管

1. 单结晶体管的结构、图形符号和外形

单结晶体管又称为双基极二极管，其结构如图 5-2-4a 所示，内部只有一个 PN 结，从 P 型半导体区引出的电极为发射极 E，从 N 型半导体区引出两个电极，分别称为第一基极 B1（b1）和第二基极 B2（b2）。

单结晶体管的图形符号如图 5-2-4b 所示，等效电路如图 5-2-4c 所示。由于 E 与 B1 之间为一个 PN 结，故可用二极管等效。R_{B1} 表示 E 与 B1 之间的电阻值，R_{B2} 表示 E 与 B2 之间的电阻值。R_{B1} 随发射极电流 I_E 的变化而变化，即 I_E 增大，R_{B1} 减小；R_{B2} 与 I_E 无关。两个基极 B1 与 B2 之间的电阻值 $R_{BB}=R_{B1}+R_{B2}$。$\eta=\frac{R_{B1}}{R_{B1}+R_{B2}}$称为分压比，一般为 0.3~0.8，它是单结晶体管的重要参数，其数值由晶体管内部结构决定。

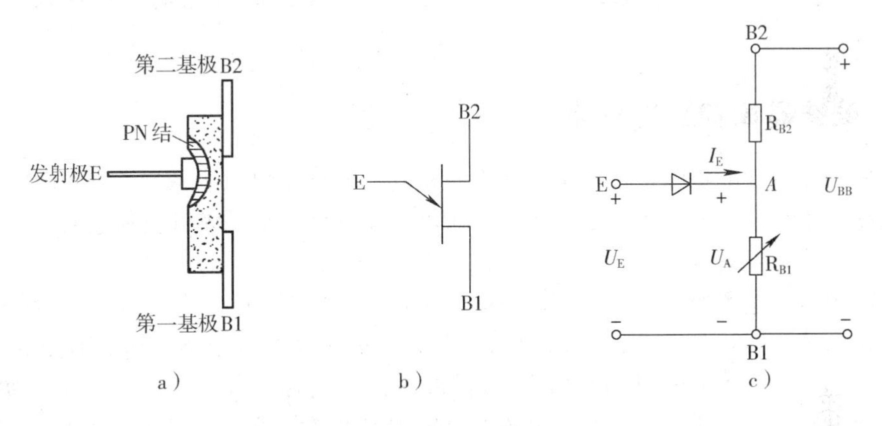

图 5-2-4 单结晶体管

a）结构 b）图形符号 c）等效电路

单结晶体管的外形如图 5-2-5 所示，其外形和普通小功率三极管相似，常见型号包括 BT31、BT33、BT35 等，其中“B”表示半导体，“T”表示特种管，“3”表示 3 个电极，第四位数字表示耗散功率分别为 100 mW、300 mW、500 mW 等。

2. 单结晶体管的工作特性

单结晶体管的伏安特性曲线如图 5-2-6 所示。在单结晶体管两个基极 B1 和 B2 之间加电压 U_{BB}，在发射极 E 和第一基极 B1 之间加可变电压 U_E。

当 $U_E<U_A$（$U_A=\eta U_{BB}$）时，PN 结截止，单结晶体管也截止，对应曲线中 P 点之前的区域，称为截止区。

当 U_E 达到峰点电压 U_P 时，PN 结开始导通，单结晶体管也开始导通，$U_P=U_{on}+U_A$，其中 U_{on} 为 PN 结的开启电压。随着 I_E 的增大，R_{B1} 显著减小，U_E 相应下降，直至下降到

谷点电压 U_V。在这一区域，单结晶体管具有明显的负阻特性，该区域称为负阻区。

在谷点之后，当调大 U_E 使 I_E 继续增大时，U_E 略有上升，但是变化不大，对应曲线中 V 点之后的区域，称为饱和区。当发射极电压减小到 $U_E<U_V$ 时，单结晶体管将重新截止。

不同单结晶体管有不同的 U_P 和 U_V；同一只单结晶体管，如果 U_{BB} 不同，相应的 U_P 和 U_V 也不同。在触发电路中常选用 U_V 低一些或 I_V 大一些的单结晶体管。

图 5-2-5　单结晶体管的外形

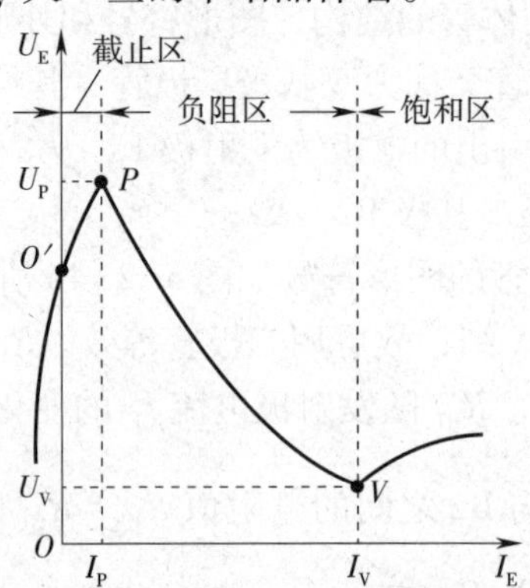

图 5-2-6　单结晶体管的伏安特性曲线

二、单结晶体管触发电路

利用单结晶体管的负阻特性和 RC 电路的充放电特性，可以组成频率可调的单结晶体管触发电路，用来产生晶闸管的触发脉冲。该电路又称为单结晶体管振荡电路。

单结晶体管触发电路如图 5-2-7a 所示，工作原理如下：

接通电源后，电源通过电位器 RP、电阻器 R1 对电容器 C 充电，电容器两端电压 u_C 按指数规律上升，当 $u_C \geqslant U_P$ 时，单结晶体管导通，电容器 C 通过 R_{B1} 和电阻器 R3 迅速放电，在 R3 上形成脉冲电压。随着电容器 C 的放电，u_C 迅速下降，当 $u_C<U_V$ 时，单结晶体管截止，放电结束，完成一次振荡。电源对电容器 C 再次充电，重复上述过程。在电容器 C 上形成锯齿波脉冲，在电阻器 R3 上形成尖脉冲，如图 5-2-7b 所示。改变电位器 RP 的电阻值或电容器 C 的电容量大小，可以调节电容器充电的快慢，从而改变输出脉冲的频率。

三、微风扇调速电路

微风扇调速电路如图 5-2-8 所示，T 为电源变压器，二极管 V1 ~ V4 组成单相桥式整流电路，R1、V_Z 和 V6 组成并联稳压电路，V5、RP、R4、C、R2、R3 等组成单结晶体管触发电路。

220 V 交流电压由电源变压器 T 降压为 9 V，经整流和稳压后，为微风扇直流电动机提供直流电源，同时为单结晶体管触发电路提供同步的直流稳压电源。单结晶体管触发电路振荡产生尖脉冲信号 u_{R3}，当合上开关 S 时，u_{R3} 触发晶闸管 V6 的控制极，调节电位器 RP，能改变晶闸管 V6 控制极电压的控制角，即可改变微风扇两端的直流电压大小，从而对微风扇的转速进行调节。

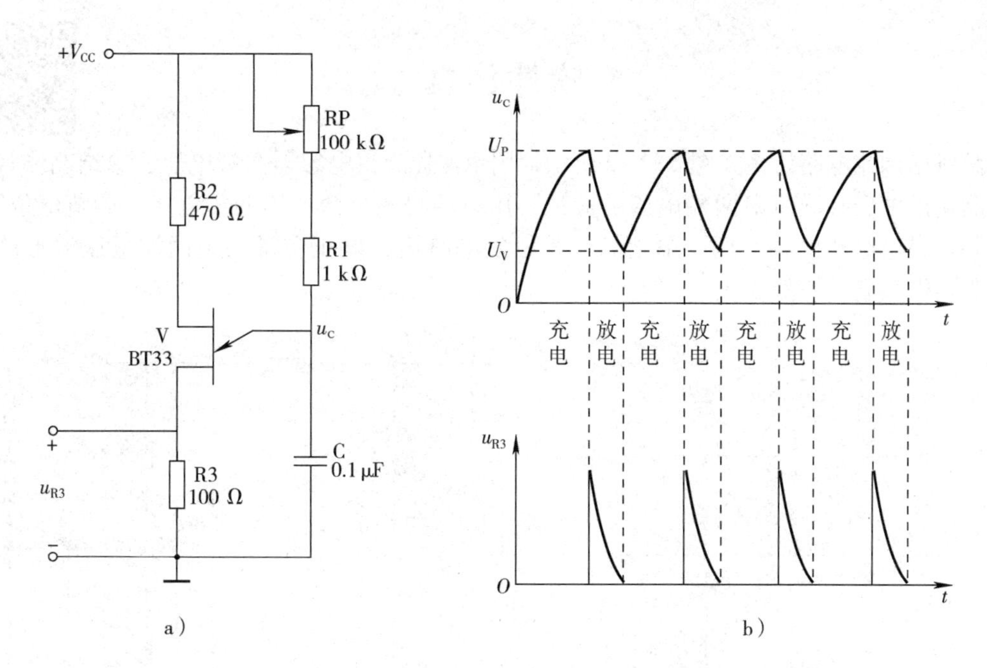

图 5-2-7 单结晶体管振荡器电路及其波形

a）电路 b）波形

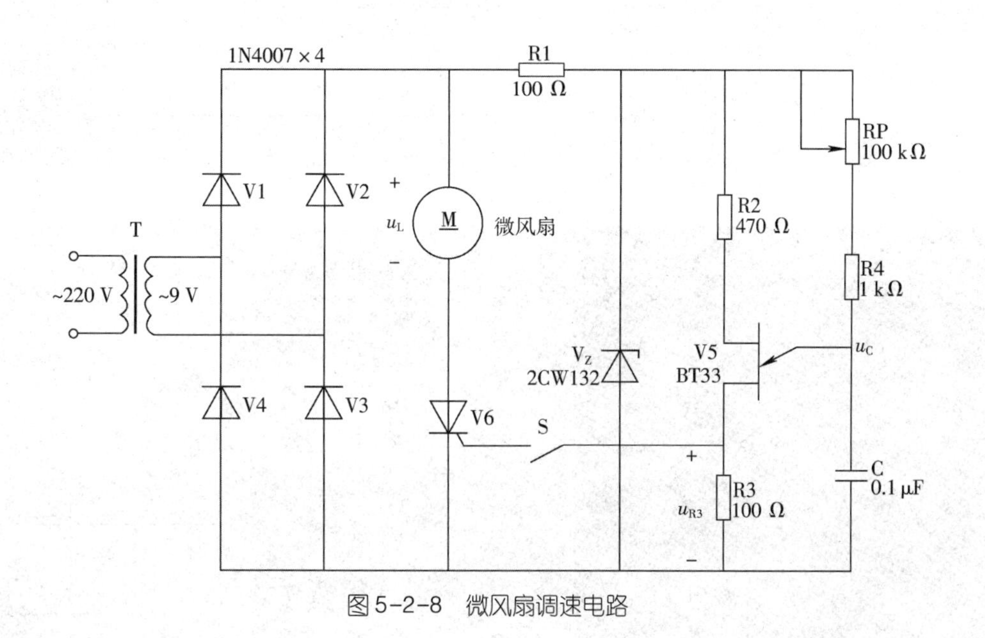

图 5-2-8 微风扇调速电路

任务实施

任务实施使用的微风扇调速电路如图 5-2-8 所示。

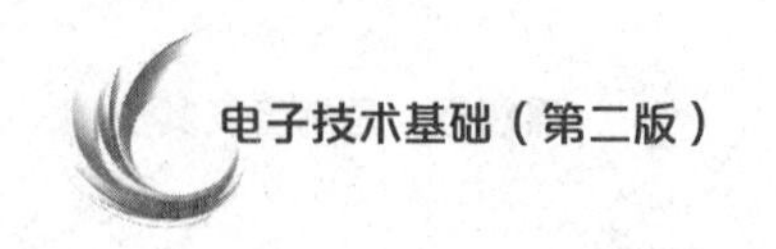

软件仿真

微风扇调速电路仿真如图 5-2-9 所示，用示波器观察电容器两端电压、单结晶体管触发电路输出电压和微风扇两端电压的波形，用电压表测量微风扇两端电压，调节电位器，观察并记录电容器两端电压、单结晶体管触发电路输出电压和微风扇两端电压波形的变化，观察微风扇转速的变化。

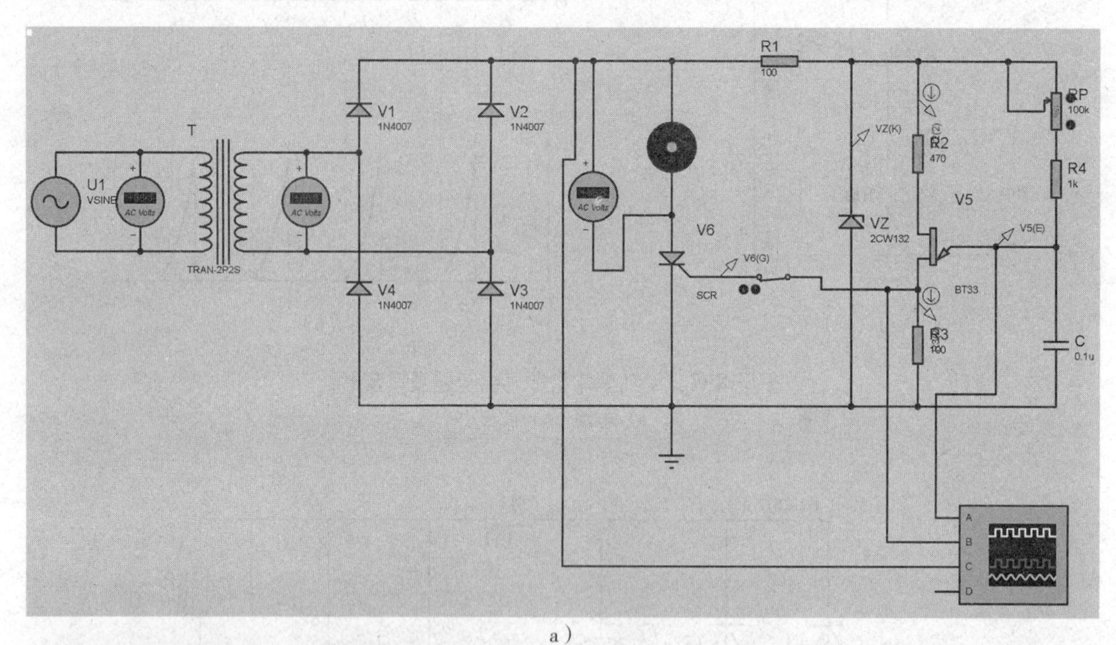

a）

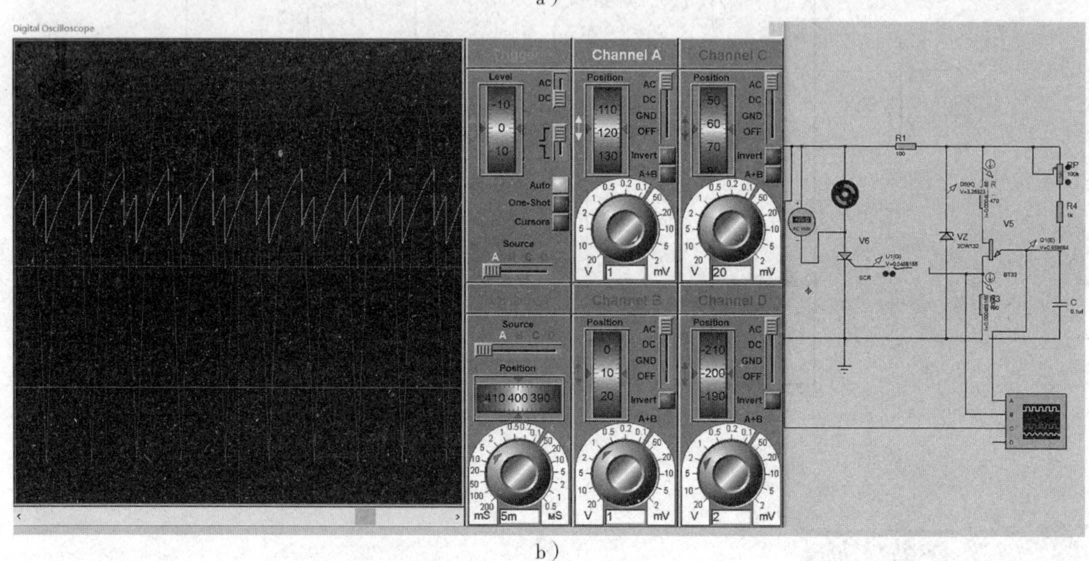

b）

图 5-2-9　微风扇调速电路仿真

a）仿真布置　b）仿真调试

实训操作

一、实训目的

1. 学习单结晶体管的简易检测方法。

2. 熟悉微风扇调速电路的工作原理，加深对单结晶体管触发电路工作原理的理解，掌握其安装、调试与检修。

二、实训器材

实训器材明细表见表 5-2-1。

表 5-2-1 实训器材明细表

序号	名称		规格	数量
1	示波器		通用	1 台
2	常用工具		—	1 套
3	电源变压器 T		220 V/9 V	1 只
4	整流二极管 V1、V2、V3、V4		1N4007	4 只
5	稳压二极管 V_Z		2CW132	1 只
6	晶闸管 V6		BT151	1 只
7	单结晶体管 V5		BT33	1 只
8	电阻器	R1、R3	100 Ω	2 只
9		R2	470 Ω	1 只
10		R4	1 kΩ	1 只
11	电位器 RP		100 kΩ	1 只
12	微风扇		—	1 台
13	电容器 C		0. 1 μF	1 只
14	开关 S		单刀单掷	1 个
15	实验板		—	1 块

三、实训内容

1. 单结晶体管极性的判别

（1）确定发射极 E

将万用表置于 R×1k 挡，测量任意两个引脚间的正、反向电阻值，其中必有两个引脚间的正、反向电阻值是相等的（这两个引脚为第一基极 B_1 和第二基极 B_2），则剩余一个引脚为发射极 E。

提示

单结晶体管是在一块高电阻率的 N 型硅片上引出两个欧姆接触的电极作为两个基极 B_1 和 B_2，B_1 和 B_2 之间的电阻值就是硅片本身的电阻值，正、反向电阻值相同，一般为 3~10 kΩ。

（2）确定两个基极 B_1、B_2

用万用表测量发射极与某一基极间的正向电阻值，电阻值较大时的基极为 B_1，电阻值较小时的基极为 B_2。

想一想

如何用万用表辨别单结晶体管和普通三极管（NPN 型）？

提示

单结晶体管的外形与普通三极管相似，其检测方法与 NPN 型三极管的检测方法也有相似之处。单结晶体管的发射极 E 对两个基极 B_1、B_2 均呈现 PN 结的正向特性，正小、反大，与普通 NPN 型三极管特性一样。利用单结晶体管的两个基极 B_1 与 B_2 之间没有 PN 结的特性，可以与普通 NPN 型三极管相区别。单结晶体管的两个基极 B_1 与 B_2 间正、反向电阻值相同，而 NPN 型三极管的集电极与发射极之间是一个正向 PN 结和一个反向 PN 结串联，正、反向电阻值都很大。

2. 微风扇调速电路的安装

按照图 5-2-8 进行电路安装图设计，再按照安装图进行安装，将元器件插装后焊接固定，用硬铜导线根据电路的电气连接关系进行布线并焊接固定。

安装完成的微风扇调速电路板如图 5-2-3 所示。

3. 微风扇调速电路的调试

合上开关 S，调节电位器 RP，用示波器观察单结晶体管触发电路输出电压 u_{R3} 和微风扇两端电压（负载电压）u_L 的波形，记录波形的形状，测量波形的频率和幅值，同时仔细观察微风扇转速的变化，做好记录。

4. 微风扇调速电路的检修

微风扇调速电路检修流程如图 5-2-10 所示。

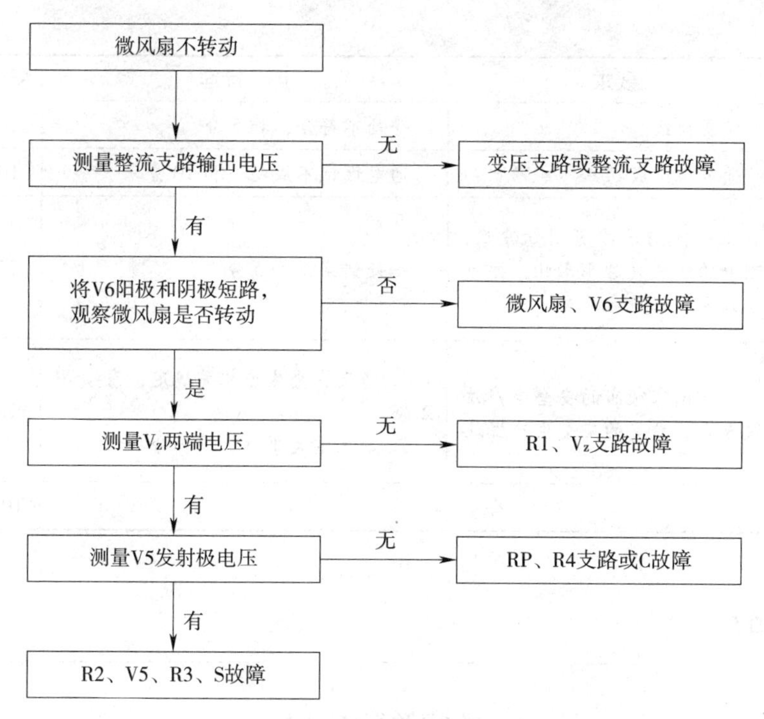

图 5-2-10　微风扇调速电路检修流程

四、实训报告要求

1. 分别画出微风扇调速电路原理图和安装图。
2. 完成调试记录。
3. 简述微风扇调速电路的工作原理。

五、评分标准

评分标准见表 5-2-2。

表 5-2-2　评分标准

姓名：________　　学号：________　　合计得分：________

内容	要求	评分标准	配分	扣分	得分
单结晶体管检测	单结晶体管的极性判别正确	一处错误，扣 5 分	15		
电路安装	电路安装正确、完整	一处不符合，扣 5 分	10		
	元器件完好，无损坏	一件损坏，扣 2.5 分	5		
	布局层次合理，主次分清	一处不符合，扣 2 分	10		
	接线规范，布线美观，横平竖直，接线牢固，无虚焊，焊点符合要求	一处不符合，扣 2 分	10		

续表

内容	要求	评分标准	配分	扣分	得分
电路安装	按图接线	一处不符合，扣5分	5		
电路调试	通电调试成功	通电调试不成功，扣10分	10		
波形测量	正确使用示波器测量波形，测量的结果（波形形状、幅度和频率）正确	一处错误，扣5分	25		
安全生产	遵守国家颁布的安全生产法规或企业自定的安全生产规范	1. 违反安全生产相关规定，每项扣2分 2. 发生重大事故加倍扣分	10		
合计			100		

知识链接

晶闸管的应用

晶闸管在电子技术和工业控制中，常用于整流和电子开关等。

一、SCR 振荡器

图5-2-11a 所示为利用 SCR 的锁存性能制作的低频振荡器电路。扬声器 LS（8 Ω/0.5 W）作为振荡器的负载。当电路接通电源时，电源通过电阻器 R 对电容器 C 充电，初始时，C 两端电压很低，电位器 RP 的分压不能触发 SCR，SCR 截止。当 C 两端电压达到一定值时，*A*、*B* 间电压升高，SCR 被触发导通。SCR 导通后，C 通过 SCR 和 LS 放电，*A*、*B* 间电压下降，当 *A*、*B* 间电压下降到很低时，又使 SCR 截止，SCR 截止后，电源通过 R 对 C 充电，如此反复形成电路的振荡，LS 发出响声。电路中的 RP 可用来调节 SCR 控制极电压的大小，以控制振荡器的频率变化。按图中元器件参数，C 的电容量取值为 0.22~4 μF，电路均可正常工作。

二、SCR 半波整流稳压电源

图5-2-11b 所示为一种输出电压为 12 V 的稳压电源电路。变压器将 220 V 交流电压转换为低压 16~20 V，采用 SCR 半波整流。SCR 的控制极从 R、V1 和 V2 支路中的 *C* 点取出约 13.4 V 的电压作为 SCR 控制极与阴极间的偏置电压。电容器 C 起滤波和储能作用。在输出端可获得 12 V 的稳定电压值。

电路工作时，当 *A* 点交流电压为正半周时，SCR 导通对电容器 C 充电。当充电电压接近 *C* 点电压或交流电压负半周时，SCR 截止，电容器 C 上的电压（即输出端电压）不会高于 *C* 点的电压值。只有电容器 C 对负载放电，其电压低于 *C* 点电压时，*A* 点的正半周电压才会给电容器C即时充电，以维持输出电压的稳定。按图中参数，该稳压电源输出电流可达2~3 A。

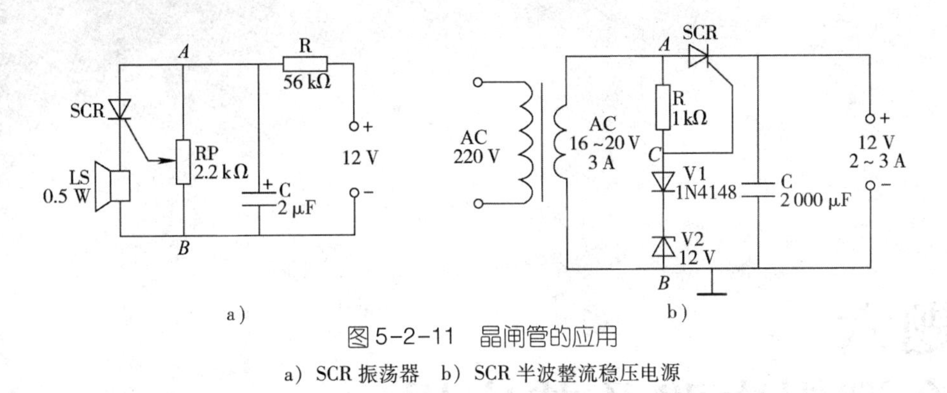

图5-2-11　晶闸管的应用

a）SCR振荡器　b）SCR半波整流稳压电源

课题六 组合逻辑电路及其应用

随着电子技术的发展，数字电路已广泛应用于计算机、自动控制、电子测量仪表、电视、雷达、通信等各个领域。随着集成技术的发展，尤其是中、大规模和超大规模集成电路的发展，数字电路的应用范围更加广泛，与人们生活的联系更加紧密。数字电路主要分为组合逻辑电路和时序逻辑电路两大类，门电路是构成数字电路的基本单元。

任务1　门电路及其应用

学习目标

1. 理解基本逻辑关系，掌握基本门电路的逻辑符号和逻辑功能。
2. 掌握常用复合门电路的逻辑符号和逻辑功能。
3. 熟悉集成门电路的电路组成、逻辑符号、逻辑功能、引脚功能及应用。
4. 掌握表决器电路的工作原理、安装、调试与检修。

在会议、体育比赛等场合中经常要用到表决器，如何设计一个少数服从多数的表决器逻辑电路，让结果直接显示出来呢？用A、B和C表示三个表决者，按少数服从多数的规则表决，电路组成框图如图6-1-1所示，用三个按钮的状态分别代表三个表决者A、B和C，按钮按下或不按时分别代表“同意”或“反对”，用发光二极管显示表决的结果，即绿色发光二极管亮表示“同意”，红色发光二极管亮表示“反对”。

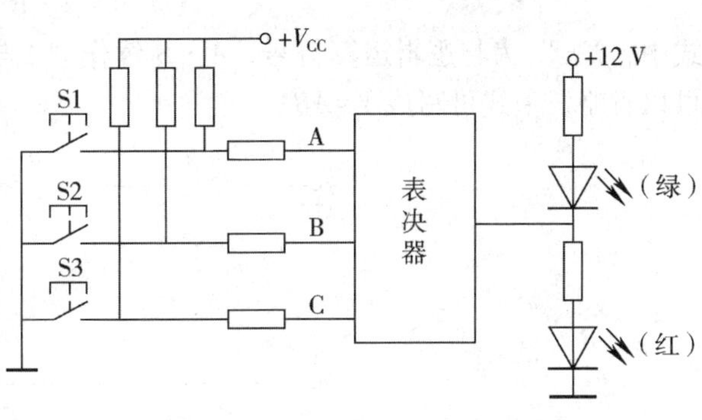

图6-1-1 表决器电路组成框图

本任务是理解基本逻辑关系及其门电路的概念，熟悉常用复合门电路的逻辑符号和逻辑功能，完成少数服从多数表决器电路的安装、调试与检修，掌握常用门电路的实际应用。

一、基本逻辑关系及其门电路

门电路是实现一定逻辑关系的电路。在数字电路中，基本逻辑关系包括与、或、非三种，实现这三种逻辑功能的电路分别称为与门电路、或门电路和非门电路，简称与门、或门和非门。

1. 与逻辑和与门

（1）与逻辑

1）定义。在有些重大问题的表决中不是采用少数服从多数原则，而是采用一票否决制，只有当所有表决者都赞成的时候，这件事情才能通过，则这件事的通过和决定它的所有表决者的表态之间的因果关系就是与逻辑关系，可概括为：只有当决定一个事件的所有条件都成立时，事件才会发生，这种逻辑关系称为与逻辑关系。

想一想

能否列举一些生活中与逻辑关系的实例？

2）运算规则。图 6-1-2 所示为两个开关串联控制灯亮或灯灭的电路，要使灯亮，两个开关都必须闭合，因此，灯亮与开关闭合的因果关系就是与逻辑关系。如果用 Y 表示灯的状态，用 A 和 B 分别表示两个开关的状态，那么与逻辑关系可以表示为

$$Y=A\cdot B$$

式中，“·”为与逻辑运算符号，$A\cdot B$ 读作“A 与 B”，与逻辑运算符号“·”在运算中可以省略，上式可写成 $Y=AB$。

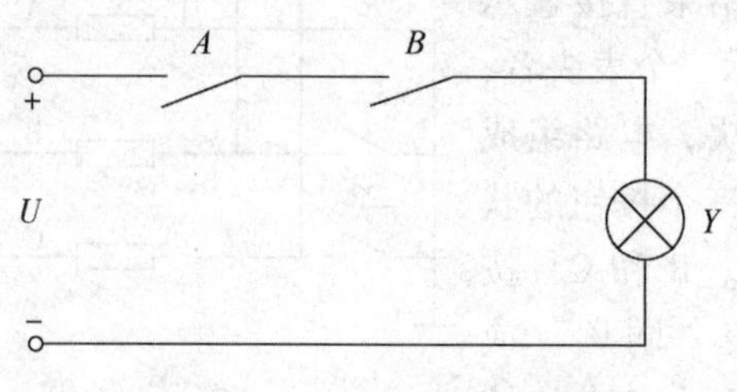

图 6-1-2　开关控制与逻辑电路

$Y=AB$ 称为逻辑表达式，A、B、Y 都是逻辑变量，逻辑变量只有两种状态，通常用 1 或 0 表示，作为逻辑取值的 1 和 0 并不表示数值的大小，而是表示完全对立的两个逻辑状态，可以是条件的有或无，事件的发生或不发生，灯的亮或灭，开关的通或断，电压的高或低等。根据与逻辑的定义，若用“1”表示灯亮，“0”表示灯灭；用“1”表示开关闭合，“0”表示开关断开，则可以得到与逻辑关系的运算规则为

$$0\cdot 0=0 \quad 1\cdot 0=0 \quad 0\cdot 1=0 \quad 1\cdot 1=1$$

（2）二极管与门电路

图 6-1-3 所示为与门逻辑符号。二极管与门电路如图 6-1-4 所示。

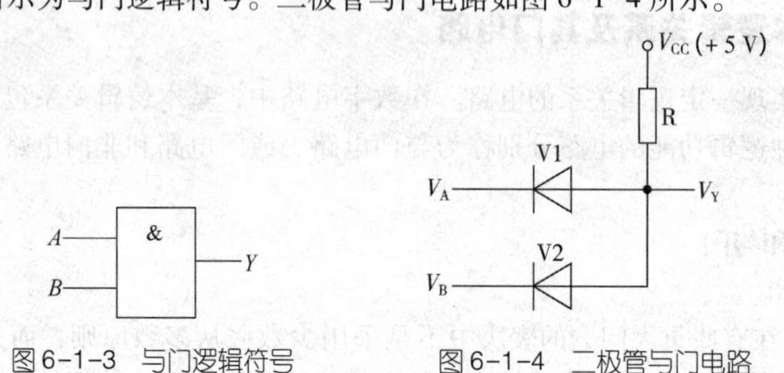

图 6-1-3　与门逻辑符号　　图 6-1-4　二极管与门电路

1）工作原理。数字电路中的信号，通常只有高电平和低电平两种状态。图 6-1-4 所示电路中，V_A、V_B 是两个输入信号，设高电平 $V_H=3$ V，低电平 $V_L=0.3$ V，忽略二极管导通时的压降，则两个输入端共有以下四种不同的输入情况：

①$V_A=V_B=0.3$ V 时，V1、V2 均导通，输出电位 $V_Y=0.3$ V。

②$V_A=0.3$ V、$V_B=3$ V 时，V1 两端的正向电压高而优先导通，V2 截止，输出电位 $V_Y=0.3$ V。

③$V_A=3$ V、$V_B=0.3$ V 时，与②类似，V2 导通，V1 截止，输出电位 $V_Y=0.3$ V。

④$V_A=V_B=3$ V 时，V1、V2 均导通，输出电位 $V_Y=3$ V。

由上述分析结果可得表6-1-1，可以看出，只有当输入均为高电平时，该电路的输出才是高电平。

表6-1-1　二极管与门电路输入、输出关系表

V_A（V）	V_B（V）	V_Y（V）
0.3	0.3	0.3
0.3	3	0.3
3	0.3	0.3
3	3	3

2）真值表和逻辑表达式。如果用“1”表示高电平，“0”表示低电平；用字母A、B表示输入信号，字母Y表示输出信号，这样表6-1-1可改写成表6-1-2，这种用1和0表示所有可能的输入状态取值和相应的输出状态取值所组成的表格称为真值表。由表6-1-2可以归纳与门的逻辑功能为：有0出0，全1出1。

表6-1-2　与门的真值表

A	B	Y
0	0	0
0	1	0
1	0	0
1	1	1

与门的逻辑表达式为

$$Y=AB$$

根据与门的逻辑功能，与门的输入、输出波形如图6-1-5所示。可以看出，与门具有控制作用，就像一种开关，当控制信号$A=1$时，允许信号B通过。

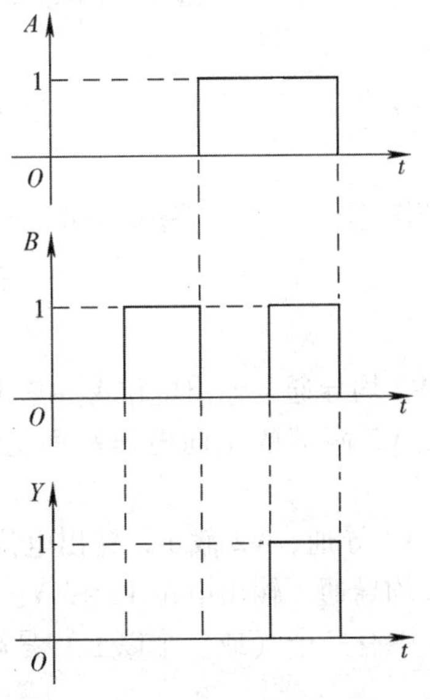

图6-1-5　与门的输入、输出波形

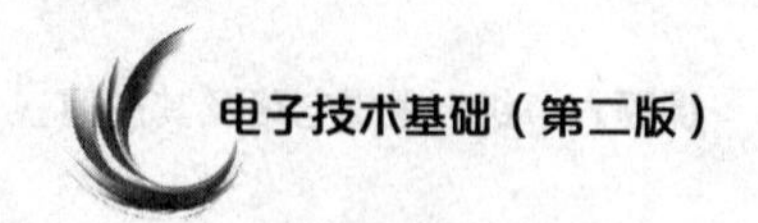

2. 或逻辑和或门

（1）或逻辑

如果把图 6-1-2 中的两个开关改为并联再和灯连接起来，就可以得到图 6-1-6 所示的电路。显然，灯亮的条件是只要两个开关中至少有一个闭合就行，则这种灯亮与开关闭合的因果关系就是或逻辑关系，可概括为：在决定一个事件发生的几个条件中，只要其中一个或者一个以上的条件成立，事件就会发生，这种逻辑关系称为或逻辑关系。

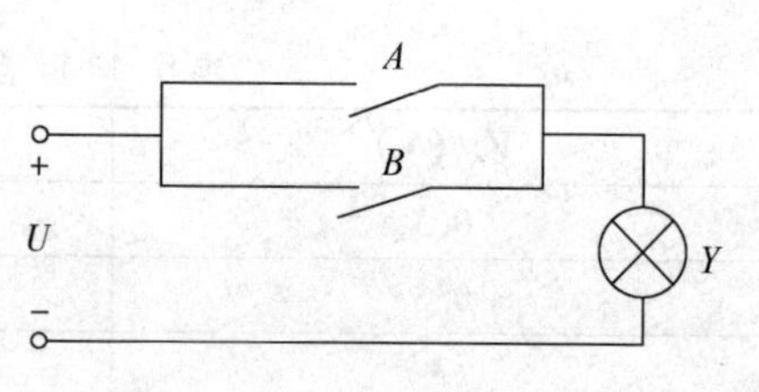

图 6-1-6　开关控制或逻辑电路

或逻辑关系可以表示为

$$Y=A+B$$

式中，"+"为或逻辑运算符号，$A+B$ 读作"A 或 B"。

想一想

能否列举一些生活中或逻辑关系的实例？

（2）二极管或门电路

图 6-1-7 所示为或门逻辑符号。二极管或门电路如图 6-1-8 所示。

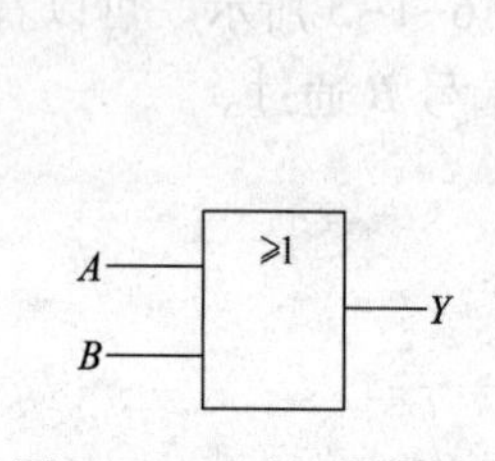

图 6-1-7　或门逻辑符号

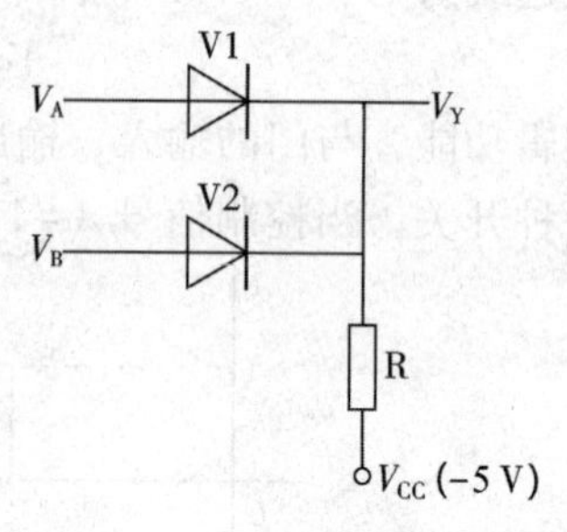

图 6-1-8　二极管或门电路

1）工作原理

①$V_A=V_B=0.3$ V 时，V1、V2 均导通，输出电位 $V_Y=0.3$ V。

②$V_A=0.3$ V、$V_B=3$ V 时，V2 两端的正向电压高而优先导通，V1 截止，输出电位 $V_Y=3$ V。

③$V_A=3$ V、$V_B=0.3$ V 时，V1 导通，V2 截止，输出电位 $V_Y=3$ V。

④$V_A=V_B=3$ V 时，V1、V2 均导通，输出电位 $V_Y=3$ V。

由上述分析可知，只要输入中有一个（或一个以上）是高电平时，该电路的输出就是高电平。

2）真值表和逻辑表达式。由或门电路的输入、输出关系可得或门的真值表（见

表 6-1-3)。由表 6-1-3 可以归纳或门的逻辑功能为：有 1 出 1，全 0 出 0。

表 6-1-3　或门的真值表

A	B	Y
0	0	0
0	1	1
1	0	1
1	1	1

或门的逻辑表达式为

$$Y=A+B$$

根据或门的逻辑功能，或门的输入、输出波形如图 6-1-9 所示。

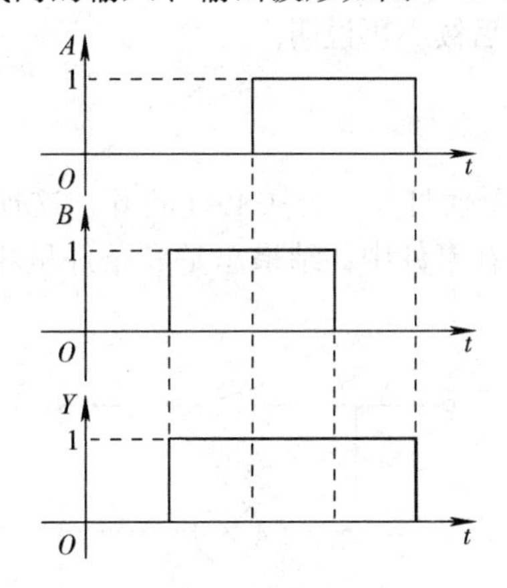

图 6-1-9　或门的输入、输出波形

在上述两种二极管门电路的分析中，电路的高电平和低电平分别代表逻辑值 1 和逻辑值 0，电路的电平和逻辑取值之间对应关系的规定，称为逻辑规定。逻辑规定分为正逻辑和负逻辑。

所谓正逻辑是指用电路的高电平代表逻辑值 1，低电平代表逻辑值 0。

所谓负逻辑是指用电路的低电平代表逻辑值 1，高电平代表逻辑值 0。

对于一个数字电路，既可以采用正逻辑，又可采用负逻辑。同一电路，如果采用不同的逻辑规定，那么电路所实现的逻辑运算可能是不同的。与门、或门的正、负逻辑电平关系分别见表 6-1-4 和表 6-1-5。

表 6-1-4　逻辑门正逻辑电平关系表

输入		输出	
A	B	与门	或门
0	0	0	0
0	1	0	1
1	0	0	1
1	1	1	1

表 6-1-5　逻辑门负逻辑电平关系表

输入		输出	
A	*B*	与门	或门
0	0	0	0
0	1	1	0
1	0	1	0
1	1	1	1

比较表 6-1-4 和表 6-1-5 可以看出，正逻辑与门和负逻辑或门相对应，正逻辑或门和负逻辑与门相对应。对于同一电路，采用正逻辑，电路实现与运算，而采用负逻辑，电路实现或运算。

通常情况下采用正逻辑，后续不再说明。

3. 非逻辑和非门

（1）非逻辑

图 6-1-10 所示电路中，要使灯亮，开关必须断开，这种灯亮与开关闭合的因果关系就是非逻辑关系，可概括为：在事件中，结果总是和条件呈相反状态，这种逻辑关系称为非逻辑关系。

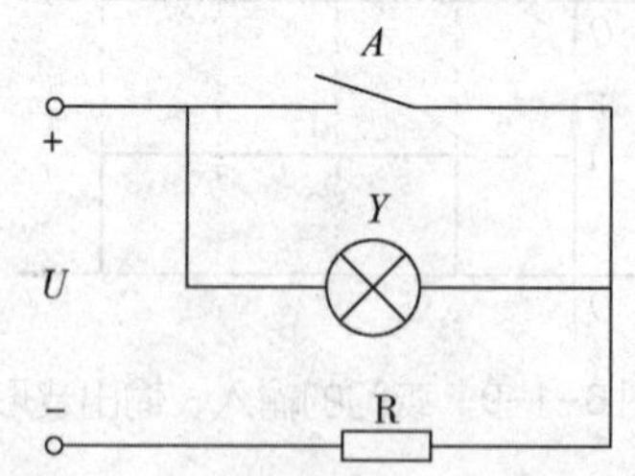

图 6-1-10　开关控制非逻辑电路

非逻辑关系可以表示为

$$Y=\overline{A}$$

式中，“ $\overline{\ }$ ”为非逻辑运算符号，$\overline{A}$ 读作“*A* 非”。

想一想

能否列举出生活中非逻辑关系的实例？

（2）三极管非门电路

图 6-1-11 所示为非门逻辑符号。三极管非门电路如图 6-1-12 所示，三极管工作在饱和或截止状态，R_K 为限流电阻器，偏置电源电压 $-V_{BB}$ 和偏置电阻器 R_B 是为了保证输入为低电平时三极管能可靠截止而设置的。

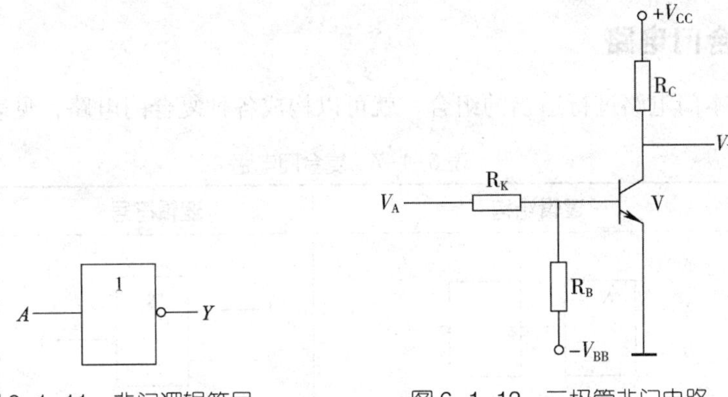

图 6-1-11 非门逻辑符号　　图 6-1-12 三极管非门电路

1）工作原理

①V_A 为低电平时，$-V_{BB}$ 通过 R_K 和 R_B 分压加到三极管基极上，使 $U_{BE}<0$，三极管 V 承受反向电压而截止，输出电位 $V_Y \approx V_{CC}$，为高电平。

②V_A 为高电平时，适当选取电路元器件参数，使三极管 V 饱和导通，输出电位 $V_Y = U_{CES} \approx 0.3$ V，为低电平。

由上述分析可知，电路的输出电平与输入电平总是相反的。由于图 6-1-12 所示电路的输出与输入反相，因此也称为反相器。

2）真值表和逻辑表达式。由非门电路的输入、输出关系可得非门的真值表（见表 6-1-6）。由表 6-1-6 可以归纳非门的逻辑功能为：输出始终和输入保持相反的状态，即有 0 出 1，有 1 出 0。

表 6-1-6 非门的真值表

A	*Y*
0	1
1	0

非门的逻辑表达式为

$$Y=\overline{A}$$

根据非门的逻辑功能，非门的输入、输出波形如图 6-1-13 所示。

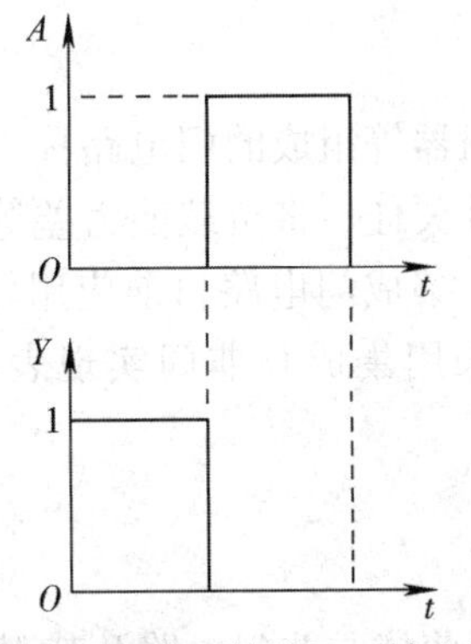

图 6-1-13 非门的输入、输出波形

二、复合门电路

将三种基本门电路进行适当的组合，就可以构成各种复合门电路，见表 6–1–7。

表 6–1–7 复合门电路

名称	逻辑结构	逻辑符号	逻辑表达式
与非门			$Y=\overline{AB}$
或非门			$Y=\overline{A+B}$
与或非门			$Y=\overline{AB+CD}$

想一想

根据已学过的与门、或门和非门知识，列出与非门、或非门和与或非门的真值表，总结它们的逻辑功能。

三、集成门电路

上述用二极管、三极管、电阻器等组成的门电路称为分立元件门电路，具有使用元件多、体积大、工作速度低、可靠性欠佳、带负载能力差等缺点，因此分立元件门电路目前很少使用，已被集成门电路替代。集成门电路目前应用较多的有两类：TTL 集成门电路和 CMOS 集成门电路。本任务就是采用集成与非门实现表决器的逻辑功能的，集成与非门 CD4012 的外形如图 6–1–14 所示。

1. TTL 集成与非门

（1）电路组成和逻辑符号

图 6–1–15 所示为常用的 TTL 集成与非门电路及其逻辑符号。

图 6-1-14　CD4012 的外形

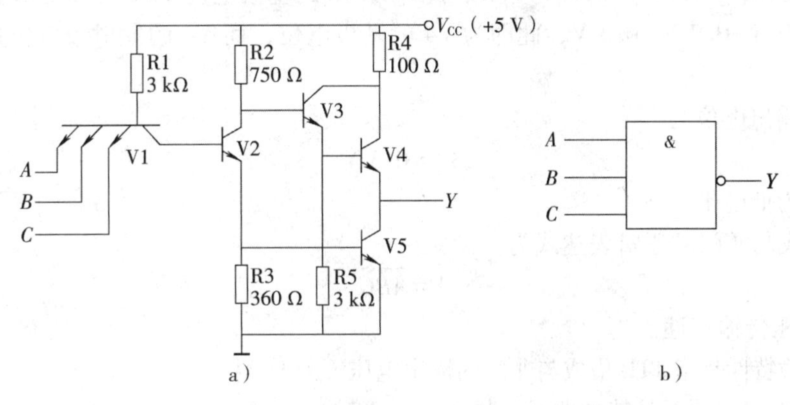

图 6-1-15　TTL 集成与非门电路及其逻辑符号

a）TTL 集成与非门电路　b）逻辑符号

其中，V1 是多发射极三极管，可将其集电结看成一个二极管，发射结看成与前者背靠背的多个二极管，如图 6-1-16 所示。这样，V1 的作用和二极管与门电路的作用完全相似。

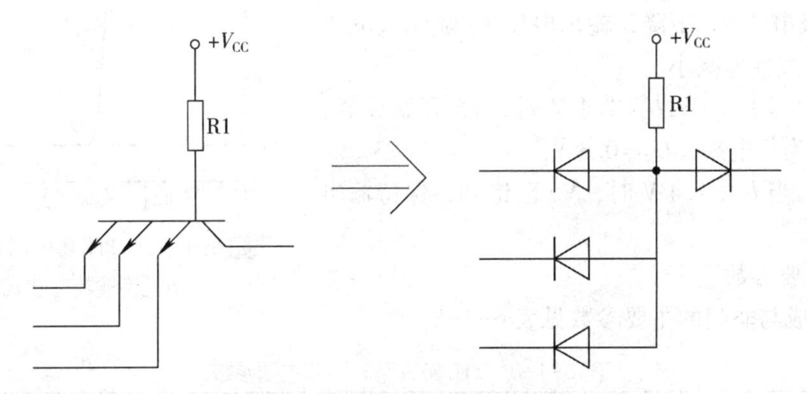

图 6-1-16　多发射极三极管及其等效电路

（2）工作原理

1）输入不全为高电平的情况。当输入中至少有一个为低电平（约为 0.3 V）时，则 V1 的发射结中至少有一个处于饱和导通状态，V1 的基极电位 $V_{B1} \approx 0.3\ V + 0.7\ V = 1\ V$，不足以向 V2 提供正向基极电流，V2 截止，V5 也截止，电源通过电阻器 R2 使 V3 和 V4 导通，因此输出电位为

$$V_Y=V_{CC}-I_{B3}R_2-U_{BE3}-U_{BE4}$$

因为 I_{B3} 很小，可以忽略不计，所以输出电位为

$$V_Y\approx V_{CC}-U_{BE3}-U_{BE4}=5\ \text{V}-0.7\ \text{V}-0.7\ \text{V}=3.6\ \text{V}$$

即输出为高电平。

2）输入全为高电平的情况。当输入均为高电平，即 $V_A=V_B=V_C=3.6$ V 时，V1 的基极电位升高。当 V_{B1} 达到 2.1 V 时，就会使 V1 的集电结、V2 的发射结和 V5 的发射结正向导通，V1 的基极电位 V_{B1} 将被限制在 2.1 V，不再升高。V2 饱和导通，V2 的集电极电位 $V_{C2}=V_{E2}+U_{CE2}=V_{B5}+U_{CE2}\approx0.7\ \text{V}+0.3\ \text{V}=1$ V，此即为 V3 的基极电位，V3 可以导通。V3 的发射极电位 $V_{E2}\approx1\ \text{V}-0.7\ \text{V}=0.3$ V，此即为 V4 的基极电位，而 V4 的发射极电位也为 0.3 V，V4 截止。

因此，输出电位为

$$V_Y=0.3\ \text{V}$$

即输出为低电平。

TTL 集成与非门的逻辑表达式为

$$Y=\overline{ABC}$$

（3）电压传输特性

电压传输特性是指 TTL 集成与非门的输出电压 U_o 与输入电压 U_i 之间关系的特性曲线，如图 6-1-17 所示，这条曲线可以分成四段。

AB 段：当 $U_i<0.7$ V 时，V1 饱和导通，V2、V5 截止，V3、V4 导通，输出电压 $U_o\approx3.6$ V，TTL 集成与非门处于截止状态。

BC 段：当 $0.7\ \text{V}\leqslant U_i<1.3$ V 时，V2 开始导通，V2 的集电极电位 V_{C2} 下降，输出电压 U_o 随输入电压 U_i 的增大而线性地减小。

CD 段：当 $1.3\ \text{V}\leqslant U_i<1.4$ V 时，V5 开始导通，输出迅速降为低电平，$U_o\approx0.3$ V。

DE 段：当 $U_i\geqslant1.4$ V 时，V5 已饱和，保持输出为低电平。

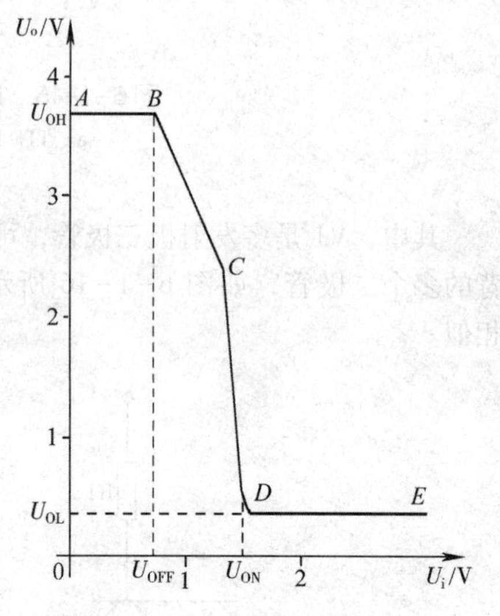

图 6-1-17　TTL 集成与非门的电压传输特性曲线

（4）主要参数

TTL 集成与非门的主要参数见表 6-1-8。

表 6-1-8　TTL 集成与非门的主要参数

参数名称	符号	典型值	参数含义
输出高电平	U_{OH}	≥3.2 V	当输入中有“0”时的输出电平
输出低电平	U_{OL}	≤0.35 V	当输入全为“1”时的输出电平

续表

参数名称	符号	典型值	参数含义
开门电平	U_{ON}	≤1.8 V	在额定负载条件下，使输出为“0”（V5 饱和导通，即开门）所需的最小输入高电平值
关门电平	U_{OFF}	≥0.8 V	在额定负载条件下，使输出为“1”（V5 截止，即关门）所需的最大输入低电平值
扇出系数	N_O	≥8	正常工作时能驱动的同类门的数目，又称负载能力
平均延迟时间	t_{pd}	≤40 ns	$t_{pd}=\frac{t_{PHL}+t_{PLH}}{2}$ 其中，t_{PHL} 表示输出电压由 1 跳变到 0 时的传输延迟时间；t_{PLH} 表示输出电压由 0 跳变到 1 时的传输延迟时间

提示

平均延迟时间 t_{pd} 越小，电路的开关速度越高。

2. 集电极开路与非门（OC 门）

（1）电路组成和逻辑符号

图 6-1-18 所示为集电极开路与非门电路及其逻辑符号。在这种集成门电路中，输出三极管 V4 的集电极是开路的，故称为集电极开路与非门，简称 OC 门。

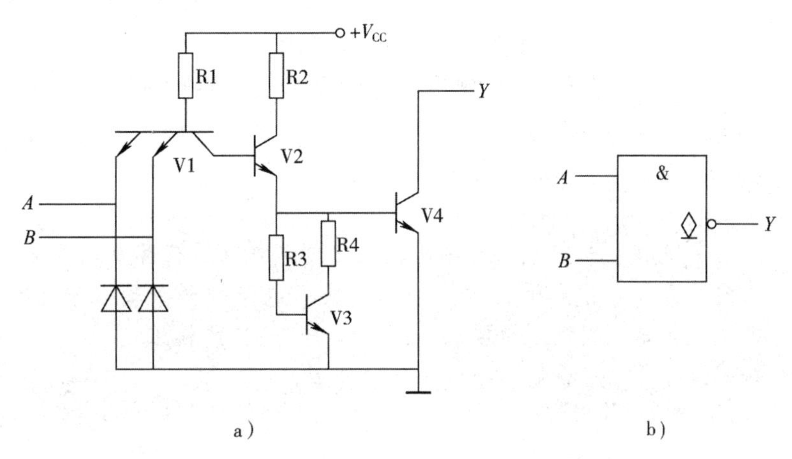

图 6-1-18　集电极开路与非门（OC 门）电路及其逻辑符号

a）OC 门电路　b）逻辑符号

（2）实际应用

在使用单个 OC 门时，应在输出端与电源之间接外接电阻器 R，如图 6-1-19a 所示，这时电路的输入、输出仍为与非逻辑关系（$Y=\overline{AB}$）。

在使用多个 OC 门时，可将它们并联使用，共用一个外接电阻器 R，如图 6-1-19b 所示，这时能实现并联输出端相与的功能，这种用线的连接形成与功能的方式称为线与功能，其逻辑表达式为

$$Y=Y_1Y_2Y_3=\overline{AB}\,\overline{CD}\,\overline{EF}$$

在实际应用中，OC 门还可作为驱动电路使用，图 6-1-19c 所示为 OC 门驱动发光二极管的显示电路。当 OC 门全高出低时，有较大的电流经电阻器 R、发光二极管 V 到 OC 门输出端，发光二极管导通发光；当 OC 门有低出高时，发光二极管不发光。只有一个输入端的 OC 门驱动电路相当于非门，如图 6-1-19d 所示。

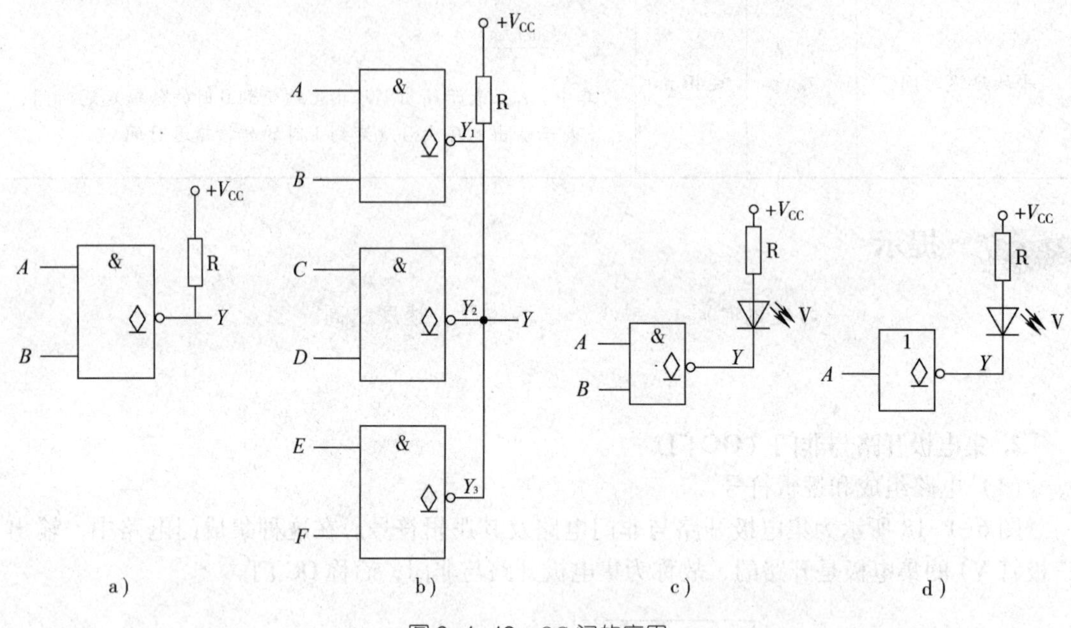

图 6-1-19　OC 门的应用

a）单个使用　b）多个使用　c）驱动电路 1　d）驱动电路 2

提示

在使用 TTL 集成门电路时，应注意电源电压在标准值 5 V±10% 的范围内。为防止外界干扰的影响，集成门电路的多余输入端不允许悬空，多余输入端应根据逻辑要求接电源（与门），或接地（或门），或与其他输入端连接。多余的输出端应悬空处理。

任务实施

任务实施使用的表决器电路如图 6-1-20 所示。

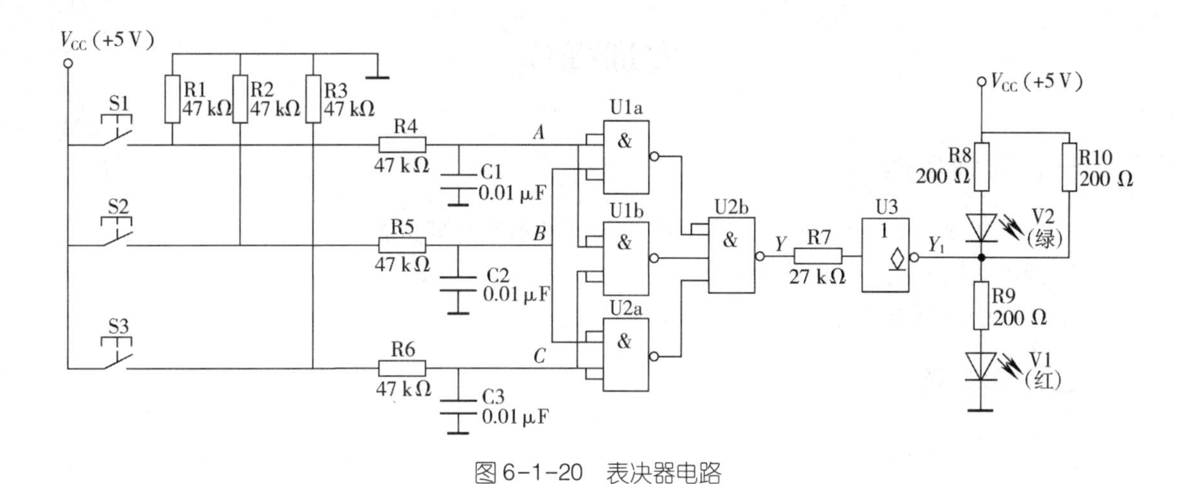

图 6-1-20 表决器电路

软件仿真

表决器电路仿真如图 6-1-21 所示，观察并记录三个按钮的设置状态、电压表读数和发光二极管的状态，分析电路的工作原理。

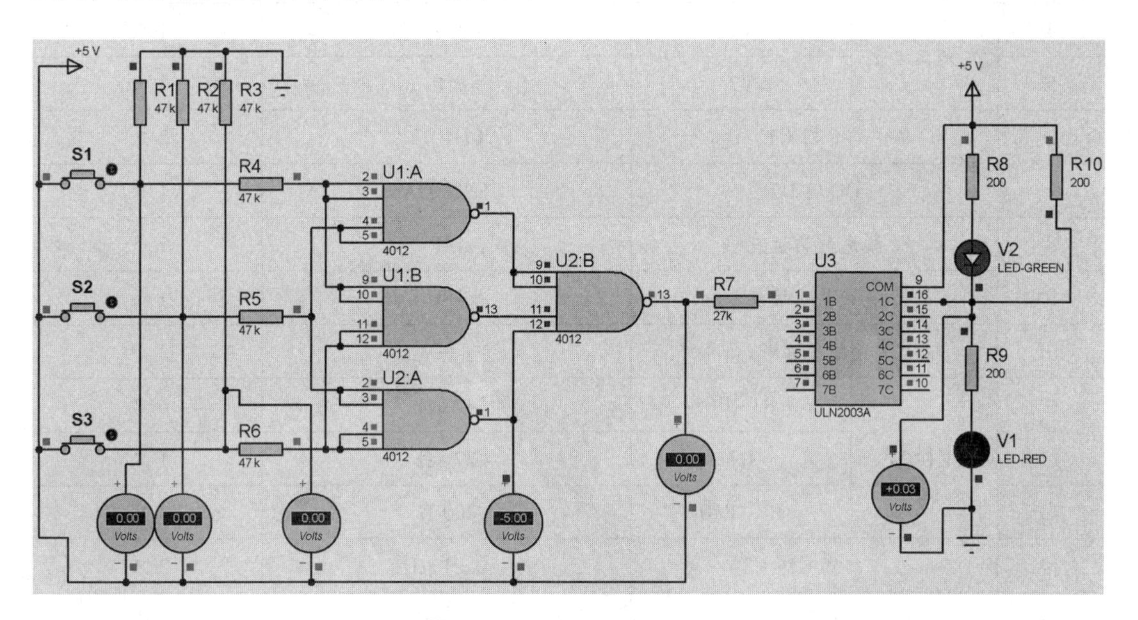

图 6-1-21 表决器电路仿真

实训操作

一、实训目的

1. 熟悉集成门电路 CD4012、ULN2003AN 的外形和引脚功能。
2. 理解表决器电路的工作原理。
3. 掌握表决器电路的安装、调试与检修。

二、实训器材

实训器材明细表见表 6-1-9。

表 6-1-9 实训器材明细表

序号	名称		规格	数量
1	直流稳压电源		通用	1 台
2	数字式万用表		—	1 台
3	常用工具		—	1 套
4	发光二极管	V1	红色	1 只
5		V2	绿色	1 只
6	集成与非门 U1、U2		CD4012	2 只
7	OC 门 U3		ULN2003AN	1 只
8	集成电路插座		14P	2 个
9	集成电路插座		16P	1 个
10	按钮 S1～S3		—	3 个
11	电阻器	R1～R6	47 kΩ	6 只
12		R7	27 kΩ	1 只
13		R8～R10	200 Ω	3 只
14	电容器 C1～C3		0.01 μF	3 只
15	实验板		—	1 块

三、实训内容

1. 集成电路的识别

（1）集成与非门

CD4012 为双四输入集成与非门，其外形如图 6-1-14 所示，引脚排列如图 6-1-22

所示。

各引脚功能如下：

V_{DD}——电源端。

V_{SS}——地端。

A1、B1、C1、D1——第一个与非门的输入端。

Y1——第一个与非门的输出端。

A2、B2、C2、D2——第二个与非门的输入端。

Y2——第二个与非门的输出端。

NC——空脚。

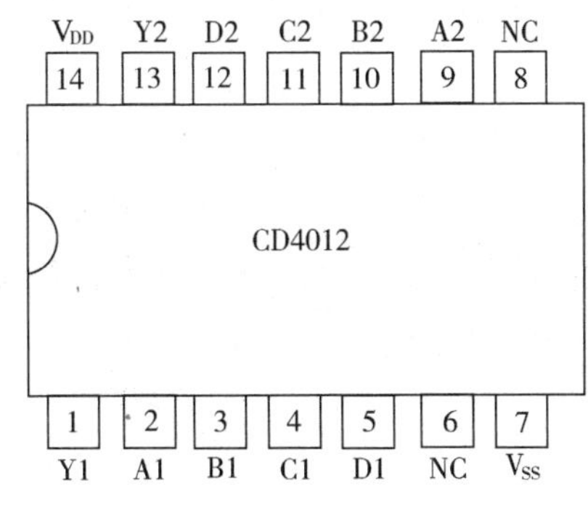

图 6-1-22　CD4012 的引脚排列

（2）OC 门

ULN2003AN 为 OC 门，其外形如图 6-1-23 所示，引脚排列如图 6-1-24 所示。

图 6-1-23　ULN2003AN 的外形

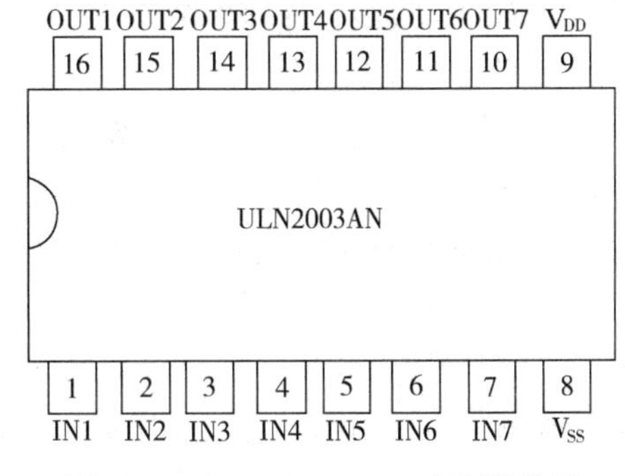

图 6-1-24　ULN2003AN 的引脚排列

各引脚功能如下：

IN1、IN2、IN3、IN4、IN5、IN6、IN7——七个门的输入端。

OUT1、OUT2、OUT3、OUT4、OUT5、OUT6、OUT7——七个门的输出端。

V_{DD}——电源端。

V_{SS}——地端。

（3）集成电路插座

本任务中所用的 14 脚和 16 脚集成电路插座外形如图 6-1-25 所示。

图 6-1-25　14 脚和 16 脚集成电路插座的外形

提示

按表 6-1-9 核对实训器材的数量、型号和规格，如有短缺、差错应及时补充和更换。用万用表对发光二极管、按钮、电阻器、电容器等元器件进行检测，对不符合质量要求的元器件进行更换。

2. 表决器电路的安装

（1）安装图绘制

根据图 6-1-20 进行安装图的设计，以实验板为例，可以两面布线，以焊点一面为主，图中焊点、连接线、元器件均为安装时的实际位置，实线表示焊点一面的连接线，虚线表示元器件一面的连接线，连接线要平直，不能交叉。

（2）实验板插装与焊接

1）按安装图将元器件插装在实验板上，安装原则是先低后高，先里后外，上道工序不得影响下道工序的安装。

2）电阻器等圆柱形的元件采用卧式安装，占用 4 个焊盘，紧贴板面，色标法电阻器的色环标志顺序方向一致。

3）集成电路应安装相应插座，插座标记口的方向应与实际的集成电路标记口方向一致，将集成电路插入插座时，应避免插反、引脚未完全插入插座等现象。16 脚插座占用 4×8 个焊盘，14 脚插座占用 4×7 个焊盘。

4）发光二极管占用 2 个焊盘，引脚高度与集成电路插座高度相等。

5）电容器引脚高度为 3 mm。

6）按钮占用 3×4 个焊盘。

7）所有焊点均采用直脚焊，焊后剪去多余引脚。

安装完成的表决器电路板如图 6-1-26 所示。

3. 表决器电路的调试

（1）电路安装完毕，应对照电路图和安装图进行检查，仔细检查电路中各元器件是否安装正确，焊点有无虚焊、假焊、漏焊、搭焊和空隙、毛刺等，有极性器件是否安装、连接正确。

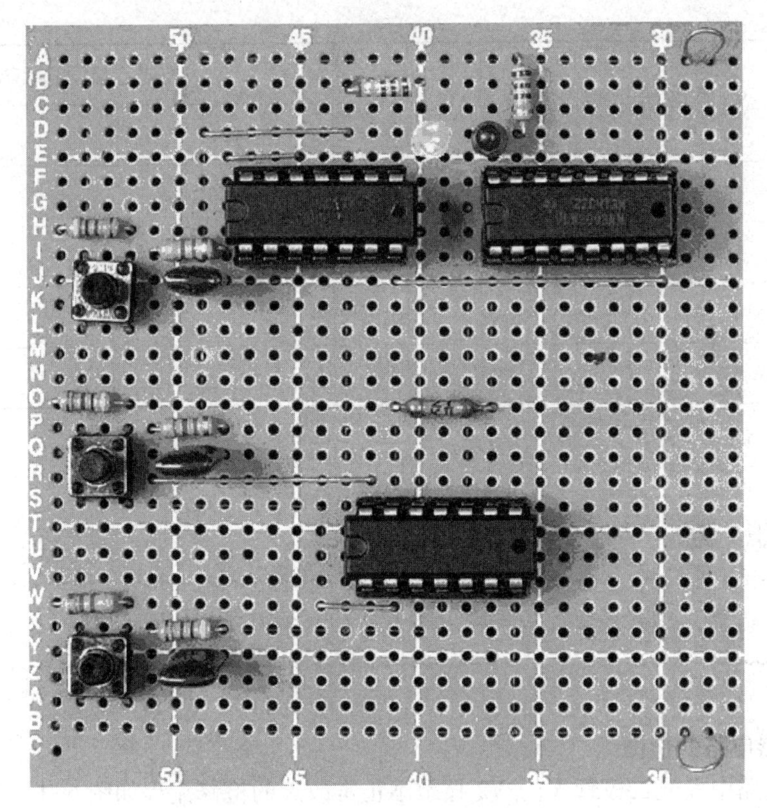

图 6-1-26 表决器电路板

（2）用万用表检测电源是否短路，若发现短路，应检查并排除短路点。

（3）检查无误后，按集成电路标记口的方向插上集成电路，操作时，应轻轻地将每个引脚插入对应插孔内，切忌硬插，以免将引脚折断，插好后方可通电调试。

（4）调试要求

假设按钮 S1、S2、S3 按下为“1”，未按下为“0”，按表 6-1-10 中的要求分别设置 S1、S2、S3 的状态，用万用表分别测量电路图中 A、B、C、Y、Y_1 点的电位，观察发光二极管的状态，并记录在表中。

表 6-1-10 调试记录表

S_1	S_2	S_3	V_A	V_B	V_C	V_Y	V_{Y1}	发光二极管的状态	
								V1	V2
0	0	0							
0	0	1							
0	1	0							
0	1	1							

续表

S_1	S_2	S_3	V_A	V_B	V_C	V_Y	V_{Y1}	发光二极管的状态	
								V1	V2
1	0	0							
1	0	1							
1	1	0							
1	1	1							

想一想

根据调试记录，能分析调试结果得出该电路的功能吗？

4. 表决器电路的检修

表决器电路中发光二极管 V1、V2 显示不正常故障的检修流程如图 6-1-27 所示。

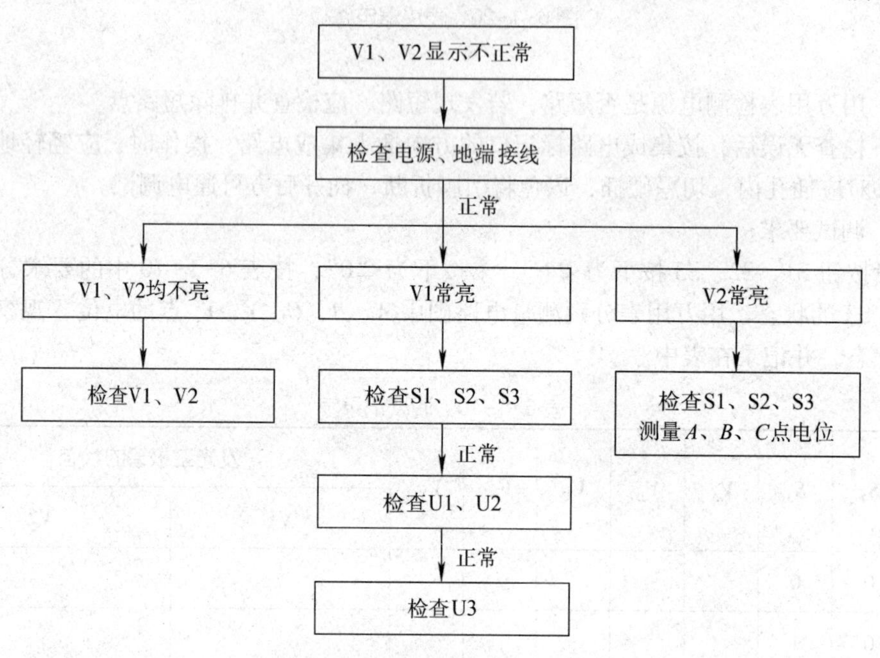

图 6-1-27　表决器电路检修流程

四、实训报告要求

1. 分别画出表决器电路原理图和安装图。
2. 完成调试记录。
3. 分析说明 CD4012 和 ULN2003AN 的功能及其在电路中的作用。

五、评分标准

评分标准见表 6-1-11。

表 6-1-11 评分标准

姓名：________ 学号：________ 合计得分：________

内容	要求	评分标准	配分	扣分	得分
元器件识别	元器件识别、选用正确	一处错误，扣 5 分	15		
电路安装	电路安装正确、完整	一处不符合，扣 5 分	15		
	元器件完好，无损坏	一件损坏，扣 2.5 分	5		
	布局层次合理，主次分清	一处不符合，扣 2 分	10		
	接线规范，布线美观，横平竖直，接线牢固，无虚焊，焊点符合要求	一处不符合，扣 2 分	10		
电路调试	通电调试成功	通电调试不成功，扣 10 分	10		
电位测量	万用表使用正确，测量方法、结果正确	一处不符合，扣 5 分	25		
安全生产	遵守国家颁布的安全生产法规或企业自定的安全生产规范	1. 违反安全生产相关规定，每项扣 2 分 2. 发生重大事故加倍扣分	10		
合计			100		

知识链接

集成电路的分类与命名

一、集成电路的分类

按制造工艺不同，集成电路可分为半导体双极型集成电路、MOS 集成电路和膜混合集成电路等；按集成度不同，集成电路可分为每片集成度少于 100 个元件或 10 个门电路的小规模集成电路，每片集成度为 100~1 000 个元件或 10~100 个门电路的中规模集成电路，每片集成度为 1 000~100 000 个元件或 100~10 000 个门电路的大规模集成电路，每片集成度为 10 万个元件或 1 万个门电路以上的超大规模集成电路；按电路功能不同，集成电路可分为模拟集成电路、数字集成电路、专用集成电路等。

二、数字集成电路的分类

数字集成电路产品的种类繁多，目前最常用的中、小规模数字集成电路是 TTL 系列和 CMOS 系列，又可细分为 74××系列、74LS××系列、CMOS 系列和 HCMOS 系列等。

数字集成电路的技术参数也很多，使用前必须仔细阅读技术参数表。同一系列中逻辑功能相同的数字集成电路，其外部封装与引脚排列相同，如 74 系列中四 2 输入与非门 7400、74LS00、74HC00、74ALS00、74HCT00 等的外部封装与引脚排列都相同，虽然它们有着相同的逻辑功能和外形，但技术参数却不相同，使用中能否直接替换需要根据技术参数来决定。

三、集成电路型号的命名方法

不同厂家对集成电路产品有各自的型号命名方法。从产品型号上可大致反映出该产品的厂家、工艺、性能、封装和等级等方面的内容。

集成电路的产品型号一般由前缀、器件、后缀三部分组成，如图 6-1-28 所示。

1. 前缀部分常表示公司代号、功能分类和产品系列等。
2. 器件部分常表示芯片的结构、容量和类别等。
3. 后缀部分常表示封装形式、使用温度范围等。

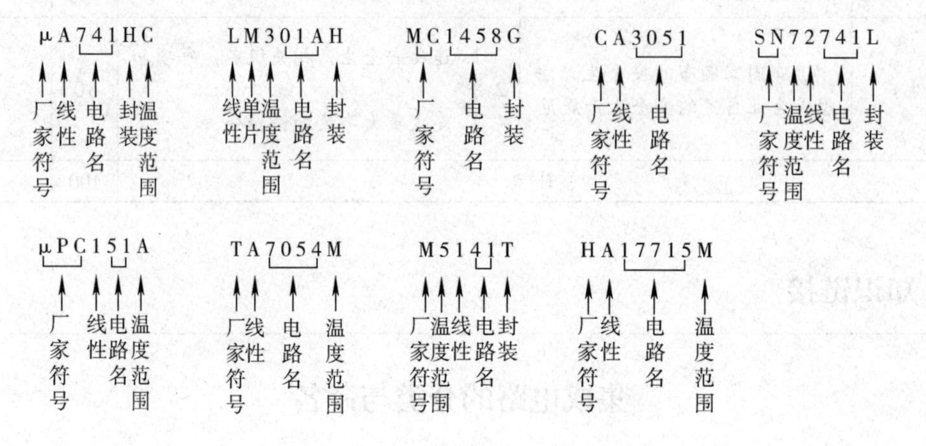

图 6-1-28　集成电路的产品型号

任务 2　常用集成组合逻辑电路及其应用

学习目标

1. 熟悉逻辑代数的基本运算规则和定律，掌握逻辑函数的化简方法。
2. 了解组合逻辑电路的一般分析方法。
3. 熟悉常用集成组合逻辑电路编码器、译码器的外形和功能，掌握其应用。
4. 掌握十进制数编码、译码、显示电路的工作原理、安装、调试与检修。

任务引入

在日常生活和生产实际中，经常可以看到十进制数显示，如图 6-2-1 所示。要想将十进制数直观地显示出来，直接送显示器是不行的，必须经编码器、译码器后才能由显示器进行显示，其电路组成框图如图 6-2-2 所示。

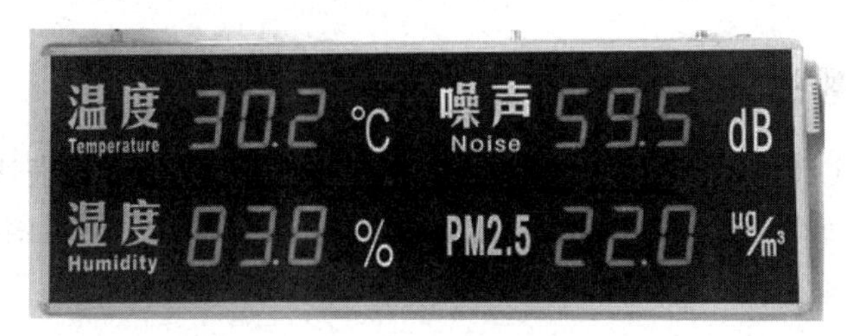

图 6-2-1　十进制数显示

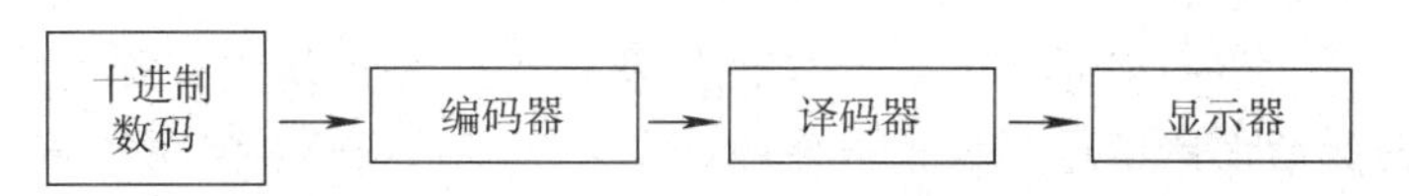

图 6-2-2　十进制数编码、译码、显示电路组成框图

本任务是熟悉常用集成组合逻辑电路编码器、译码器的功能，掌握利用集成组合逻辑电路器件构成组合逻辑电路的分析和设计方法，完成十进制数编码、译码、显示电路的安装、调试与检修。

相关知识

一、逻辑代数

1. 逻辑代数的基本运算规则

常用基本逻辑运算规则见表 6-2-1。

表 6-2-1　常用基本逻辑运算规则

逻辑或（逻辑加）		逻辑与（逻辑乘）		反转律
$A+0=A$	$A+A=A$	$A\cdot 0=0$	$A\cdot A=A$	$\overline{\overline{A}}=A$
$A+1=1$	$A+\overline{A}=1$	$A\cdot 1=A$	$A\cdot\overline{A}=0$	

2. 逻辑代数的基本定律

逻辑代数的基本定律见表 6-2-2。

表 6-2-2　逻辑代数的基本定律

交换律	$A+B=B+A$	$A\cdot B=B\cdot A$
结合律	$(A+B)+C=A+(B+C)$	$(A\cdot B)\cdot C=A\cdot(B\cdot C)$
分配律	$A+B\cdot C=(A+B)\cdot(A+C)$	$A\cdot(B+C)=A\cdot B+A\cdot C$
反演律	$\overline{A+B}=\overline{A}\cdot\overline{B}$	$\overline{A\cdot B}=\overline{A}+\overline{B}$
吸收律	$AB+A\overline{B}=A$	$A+\overline{A}B=A+B$
冗余律	$AB+\overline{A}C+BC=AB+\overline{A}C$	

二、逻辑函数的化简

逻辑函数表达式（逻辑表达式）的形式一般有五种，包括与或表达式、或与表达式、与非-与非表达式、或非-或非表达式、与或非表达式，因此一个逻辑函数可以有不同的表达式。

提示

对于一个逻辑函数而言，如果表达式是最简式，那么实现这个逻辑函数的电路所需要的元器件就最少，从而功耗小、可靠性高。

在逻辑函数的五种表达式中，与或表达式最常用，也容易转换成其他的表达式，因此，下面着重讨论最简与或表达式。

提示

> 最简与或表达式：在不改变逻辑关系的情况下，首先与项的项数最少，其次每个与项中包含的变量个数最少。

逻辑函数的化简，就是要求得某个逻辑函数的最简与或表达式。常用的化简方法包括公式化简法（代数法）和卡诺图化简法，这里只介绍公式化简法。公式化简法是利用基本运算规则和定律化简逻辑函数的方法，常采用以下几种方法。

1. 并项法

利用公式 $AB+A\overline{B}=A$ 将两个与项合并为一项，合并后消去一个互补的变量。例如：

$$A\overline{B}C+A\overline{B}\,\overline{C}=A\overline{B}(C+\overline{C})=A\overline{B}$$

2. 吸收法

利用公式 $A+AB=A$ 吸收多余的与项。例如：

$$\overline{A}B+\overline{A}BC=\overline{A}B$$

3. 消去法

利用公式 $A+\overline{A}B=A+B$ 消去多余的因子。例如：

$$\overline{A}+AC+B\overline{C}D=\overline{A}+C+B\overline{C}D=\overline{A}+C+BD$$

4. 配项法

利用 $A=A(B+\overline{B})$ 可将某项拆成两项，然后再用上述方法进行化简。

想一想

如何化简逻辑函数$Y=A\overline{B}+B\overline{C}+\overline{B}C+\overline{A}B$？

解：

$$\begin{aligned}Y&=A\overline{B}(C+\overline{C})+(A+\overline{A})B\overline{C}+\overline{B}C+\overline{A}B\\&=A\overline{B}C+A\overline{B}\,\overline{C}+AB\overline{C}+\overline{A}B\overline{C}+\overline{B}C+\overline{A}B\\&=(A+1)\overline{B}C+A\overline{C}(\overline{B}+B)+\overline{A}B(\overline{C}+1)\\&=\overline{B}C+A\overline{C}+\overline{A}B\end{aligned}$$

如果采用（$A+\overline{A}$）去乘 $\overline{B}C$，用（$C+\overline{C}$）去乘 $\overline{A}B$，然后化简，则得：

$$Y=A\overline{B}+B\overline{C}+\overline{A}C$$

可见，经代数法化简得到的最简与或表达式，有时不是唯一的，实际中往往遇到比较复杂的逻辑函数，因此必须综合运用基本运算规则和定律，才能得到最简的结果。

想一想

已知逻辑函数的真值表见表 6-2-3，写出该逻辑函数的最简表达式。

表 6-2-3　真值表

A	*B*	*C*	*Y*
0	0	0	0
0	0	1	0
0	1	0	0
0	1	1	1
1	0	0	0
1	0	1	1
1	1	0	1
1	1	1	1

解：（1）由真值表写出逻辑函数表达式

将真值表中函数值等于 1 的变量组合全部找出，变量值为 1 的写成原变量，变量值为 0 的写成反变量，这样对应于函数值为 1 的每一个变量组合就可以写成一个与项，再把这些与项相或，即可得到相应的逻辑函数表达式为

$$Y=\overline{A}BC+A\overline{B}C+AB\overline{C}+ABC$$

（2）化简逻辑函数

$$\begin{aligned}Y&=\overline{A}BC+A\overline{B}C+AB\overline{C}+ABC\\&=\overline{A}BC+A\overline{B}C+AB(\overline{C}+C)\\&=\overline{A}BC+A\overline{B}C+AB\\&=\overline{A}BC+A(\overline{B}C+B)\\&=\overline{A}BC+A(C+B)\\&=(\overline{A}B+A)C+AB\\&=(B+A)C+AB\\&=AB+BC+CA\end{aligned}$$

三、组合逻辑电路的分析

组合逻辑电路的分析步骤如下：

（1）根据组合逻辑电路的逻辑图，逐级写出逻辑函数表达式。

（2）对逻辑函数表达式进行化简或变换，得到最简的逻辑函数表达式。

（3）根据最简的逻辑函数表达式，列出真值表。

（4）根据真值表，分析逻辑功能。

想一想

分析图 6-2-3a 所示组合逻辑电路的逻辑功能。

解：（1）由逻辑图写出逻辑函数表达式

从输入端到输出端，依次写出各个门的逻辑函数表达式，最后写出输出变量 Y 的逻辑函数表达式。

G1 门 $Y_0=\overline{AB}$

G2 门 $Y_1=\overline{AY_0}=\overline{A\cdot\overline{AB}}$

G3 门 $Y_2=\overline{BY_0}=\overline{B\cdot\overline{AB}}$

G4 门 $Y=\overline{Y_1Y_2}=\overline{\overline{A\cdot\overline{AB}}\cdot\overline{B\cdot\overline{AB}}}$

$=\overline{\overline{A\cdot\overline{AB}}}+\overline{\overline{B\cdot\overline{AB}}}$

$=A\cdot\overline{AB}+B\cdot\overline{AB}$

$=A(\overline{A}+\overline{B})+B(\overline{A}+\overline{B})$

$=A\overline{A}+A\overline{B}+B\overline{A}+B\overline{B}$

$=A\overline{B}+B\overline{A}$

（2）由逻辑函数表达式列出真值表（见表 6-2-4）

表 6-2-4 真值表

A	B	Y
0	0	0
0	1	1
1	0	1
1	1	0

（3）分析逻辑功能

当输入 A 和 B 不相同时，输出为“1”；否则，输出为“0”。这种电路称为异或门电路，其逻辑符号如图 6-2-3b 所示。

逻辑函数表达式为

$$Y=A\overline{B}+B\overline{A}=A\oplus B$$

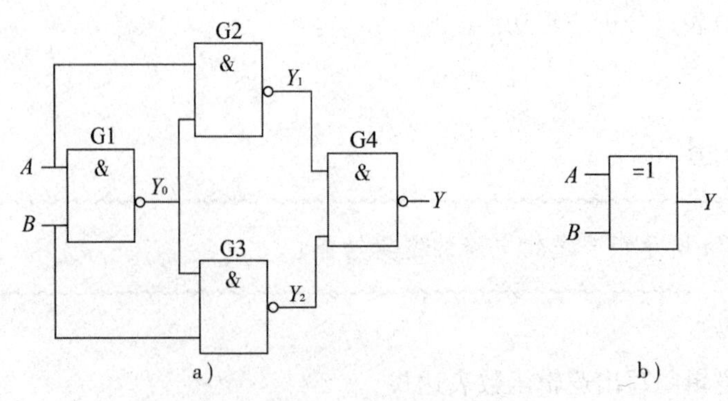

图6-2-3　组合逻辑电路

a）逻辑图　b）逻辑符号

提示

将异或门取反，即异或非门称为同或门，逻辑函数表达式为

$$Y=\overline{A\overline{B}+B\overline{A}}=A\odot B$$

四、常用集成组合逻辑电路

1. 数制

除了熟知的十进制之外，数字电路中还采用二进制和十六进制等。

（1）十进制

十进制数有十个不同的数码 0、1、2、…、9，基数为 10。任何一个十进制数都可用这十个数码按一定规律排列起来表示。十进制的计数规律是“逢十进一”。

在一个十进制数中，数码位置不同时，代表的数值也不同。例如，十进制数 4751 可写成：

$$4751=4\times10^3+7\times10^2+5\times10^1+1\times10^0$$

即右起第一位是个位（10^0），第二位是十位（10^1），第三位是百位（10^2），第四位是千位（10^3）。通常把 10^3、10^2、10^1、10^0 称为对应数位的权，表示数码在数中处于不同位置时其数值的大小。

（2）二进制

二进制数只有两个数码 0 和 1，基数为 2，计数规律是“逢二进一”。一个二进制数也可以按权位展开，例如：

$$1101=1\times2^3+1\times2^2+0\times2^1+1\times2^0$$

其中 2^3、2^2、2^1、2^0 就是对应数位的权。可见，四位二进制数的权分别为 8、4、2、1。

（3）十六进制

采用二进制来表示数，通常位数很多，书写麻烦。例如，十进制数 116 写成二进制数为 1110100。数越大，书写越长。因此，常采用十六进制数来表示二进制数。十进制数也可以转换为十六进制数。

十六进制数有十六个数码 0、1、…、9、A、B、C、D、E、F，基数为 16，计数规律是“逢十六进一”。

2. 编码器

用二进制数码 0 和 1 按一定的规律编排成一组组代码，并使每组代码表示一定含义（如代表某个十进制数）的过程称为编码，能实现编码功能的数字电路称为编码器。

（1）二-十进制编码器

将十进制数 0~9 编成二进制代码的数字电路称为二-十进制编码器。最常用的二-十进制编码器是 8421BCD 码编码器，也称为 10 线-4 线编码器。

提示

要对 0~9 这 10 个十进制数编码，至少需要四位二进制代码。四位二进制代码有 16 种组合，而从 16 种组合中取出 10 种来表示 0~9 这 10 个十进制数有多种编排方式，取前 10 种的这种编排方式就是常用的 8421BCD 码。

8421BCD 码编码器的真值表见表 6-2-5。

表 6-2-5　8421BCD 码编码器的真值表

输入十进制数	输入变量	输出			
		Y_3	Y_2	Y_1	Y_0
0	I_0	0	0	0	0
1	I_1	0	0	0	1
2	I_2	0	0	1	0
3	I_3	0	0	1	1
4	I_4	0	1	0	0
5	I_5	0	1	0	1
6	I_6	0	1	1	0
7	I_7	0	1	1	1
8	I_8	1	0	0	0
9	I_9	1	0	0	1

由真值表可以得到

$$Y_3=I_8+I_9$$

$$Y_2=I_4+I_5+I_6+I_7$$

$$Y_1=I_2+I_3+I_6+I_7$$

$$Y_0=I_1+I_3+I_5+I_7+I_9$$

由上述逻辑函数表达式可以画出 8421BCD 码编码器的逻辑图，如图 6-2-4 所示。

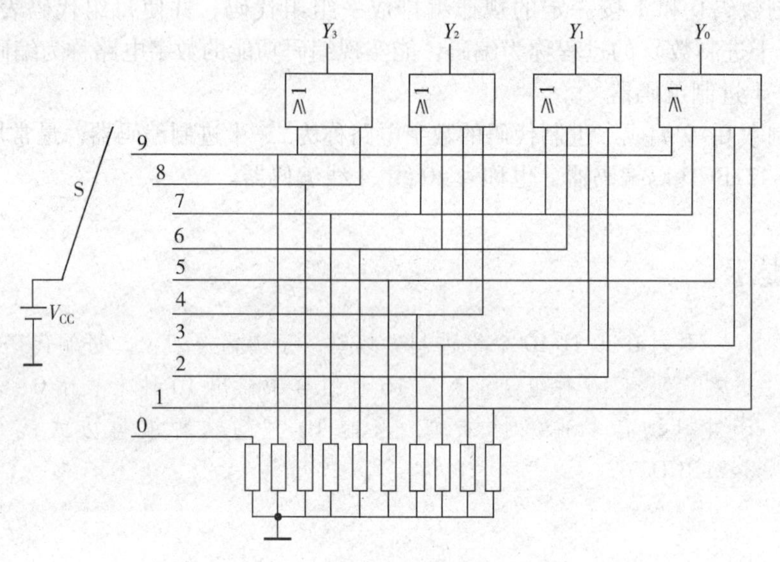

图 6-2-4　8421BCD 码编码器的逻辑图

（2）优先编码器

上述编码器每次只能对一个输入信号进行编码。但是，实际应用中往往同时有多个信号输入编码器，这时编码器不可能同时对这些信号进行编码，而只能按信号的轻重缓急，即按输入信号的优先级别进行编码。具有这种功能的编码器称为优先编码器。

74LS147 是常用的 10 线-4 线优先编码器，其外形如图 6-2-5 所示，引脚排列如图 6-2-6 所示。

图 6-2-5　74LS147 的外形

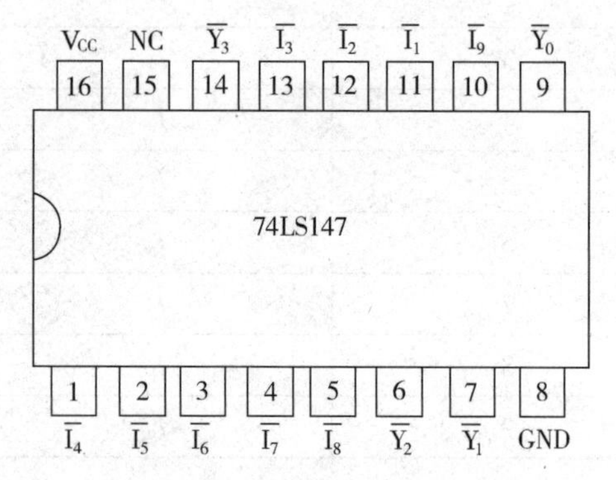

图 6-2-6　74LS147 的引脚排列

各引脚功能如下：

$\overline{I_1}$~$\overline{I_9}$——九个输入端，低电平有效。

$\overline{Y_0}$~$\overline{Y_3}$——四个输出端，输出为反码。

V_{CC}——电源端。

GND——地端。

NC——空脚。

74LS147 编码器的真值表见表 6-2-6。由真值表可以看出，74LS147 编码器有九个输入变量$\overline{I_1}$~$\overline{I_9}$，四个输出变量$\overline{Y_0}$~$\overline{Y_3}$，它们都是反变量。输入的反变量对低电平有效，即有信号时，输入为“0”。输出的反变量组成反码，对应 0~9 这 10 个十进制数。

表 6-2-6　74LS147 编码器的真值表

输入									输出			
$\overline{I_9}$	$\overline{I_8}$	$\overline{I_7}$	$\overline{I_6}$	$\overline{I_5}$	$\overline{I_4}$	$\overline{I_3}$	$\overline{I_2}$	$\overline{I_1}$	$\overline{Y_3}$	$\overline{Y_2}$	$\overline{Y_1}$	$\overline{Y_0}$
1	1	1	1	1	1	1	1	1	1	1	1	1
0	×	×	×	×	×	×	×	×	0	1	1	0
1	0	×	×	×	×	×	×	×	0	1	1	1
1	1	0	×	×	×	×	×	×	1	0	0	0
1	1	1	0	×	×	×	×	×	1	0	0	1
1	1	1	1	0	×	×	×	×	1	0	1	0
1	1	1	1	1	0	×	×	×	1	0	1	1
1	1	1	1	1	1	0	×	×	1	1	0	0
1	1	1	1	1	1	1	0	×	1	1	0	1
1	1	1	1	1	1	1	1	0	1	1	1	0

注：×表示是任意值，后同。

想一想

表 6-2-6 中，当所有输入端无信号时，为什么输出的不是与十进制数 0 对应的二进制数 0000，而是 1111？当$\overline{I_9}=0$ 时，若$\overline{I_8}=0$，能对$\overline{I_8}$ 编码吗？

3. 译码器

译码器的功能与编码器相反，是将具有特定含义的二进制代码按其原意“翻译”出来，并转换成相应的输出信号。这个输出信号可以是脉冲，也可以是电位。译码器又称为解码器。

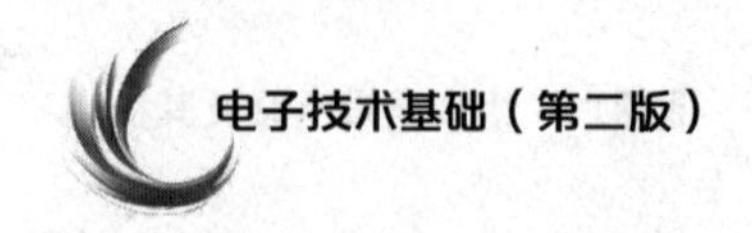

（1）二-十进制译码器

将二-十进制代码译成十进制数 0~9 的电路称为二-十进制译码器。一个二-十进制代码有四位二进制代码，因此，这种译码器有 4 个输入端、10 个输出端，通常也称为 4 线-10 线译码器。

图 6-2-7 所示为 8421BCD 码译码器的逻辑图，输出为低电平，译码有效。

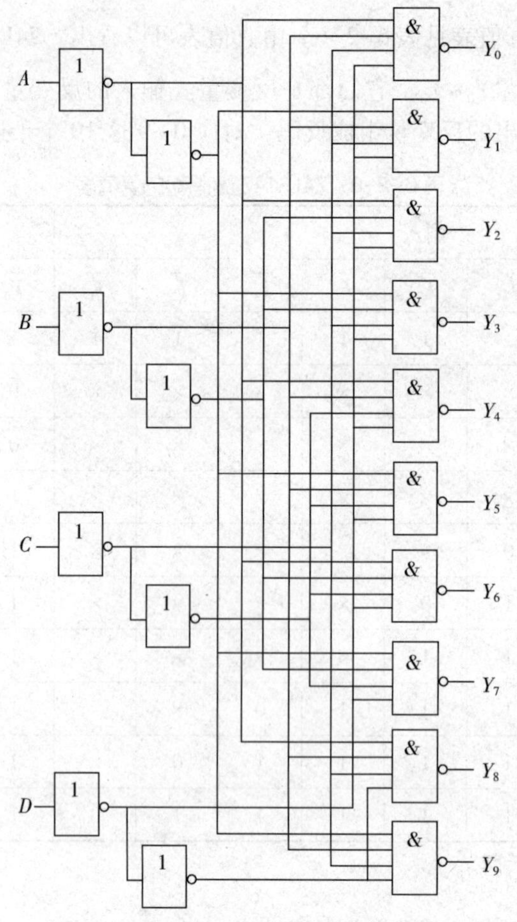

图 6-2-7　8421BCD 码译码器的逻辑图

由逻辑图可以得到输出变量的逻辑函数表达式为

$$Y_0=\overline{\overline{D}\,\overline{C}\,\overline{B}\,\overline{A}} \qquad Y_1=\overline{\overline{D}\,\overline{C}\,\overline{B}A}$$

$$Y_2=\overline{\overline{D}\,\overline{C}B\overline{A}} \qquad Y_3=\overline{\overline{D}\,\overline{C}BA}$$

$$Y_4=\overline{\overline{D}C\overline{B}\,\overline{A}} \qquad Y_5=\overline{\overline{D}C\overline{B}A}$$

$$Y_6=\overline{\overline{D}CB\overline{A}} \qquad Y_7=\overline{\overline{D}CBA}$$

$$Y_8=\overline{D\overline{C}\,\overline{B}\,\overline{A}} \qquad Y_9=\overline{D\overline{C}\,\overline{B}A}$$

当 $DCBA$ 分别为 0000 ~ 1001 这 10 个 8421BCD 码时，可以得到表 6-2-7 所列的 8421BCD 码译码器的真值表。

表 6-2-7 8421BCD 码译码器的真值表

输入				输出									
D	C	B	A	Y_0	Y_1	Y_2	Y_3	Y_4	Y_5	Y_6	Y_7	Y_8	Y_9
0	0	0	0	0	1	1	1	1	1	1	1	1	1
0	0	0	1	1	0	1	1	1	1	1	1	1	1
0	0	1	0	1	1	0	1	1	1	1	1	1	1
0	0	1	1	1	1	1	0	1	1	1	1	1	1
0	1	0	0	1	1	1	1	0	1	1	1	1	1
0	1	0	1	1	1	1	1	1	0	1	1	1	1
0	1	1	0	1	1	1	1	1	1	0	1	1	1
0	1	1	1	1	1	1	1	1	1	1	0	1	1
1	0	0	0	1	1	1	1	1	1	1	1	0	1
1	0	0	1	1	1	1	1	1	1	1	1	1	0

例如，$DCBA=0000$ 时，$Y_0=0$，$Y_1=Y_2=\cdots=Y_9=1$，表示 8421BCD 码“0000”译成的十进制数为 0。由输出变量的逻辑函数表达式可以看出，8421BCD 码译码器不但能把 8421BCD 码译成相应的十进制数，还能拒绝伪码。所谓伪码是指 1010 ~ 1111 这 6 个 8421BCD 码以外的四位代码。当输入这 6 个代码中任意一个时，输出全为“1”，得不到译码输出即拒绝伪码。

（2）显示译码器

在数字系统中，运算、操作的对象主要是二进制数码，常常需要把运算或操作的结果用十进制数直观地显示出来，因此，必须用译码器的输出去驱动显示器件，具有这种功能的译码器称为显示译码器。

数码显示器件的种类较多，如发光二极管显示器、液晶显示器等。显示的字形是由显示器的各段组合成数字 0~9，或者其他符号。我国字形显示标准为七段字形。图 6-2-8 所示为七段数码显示器及显示的字形图，它有七个能发光的段，当给某些段加上一定的电压或驱动电流时，它就会发光，从而显示出相应的字形。由于各种数码显示器的驱动要求不同，驱动各种数码显示器的译码器也不同。

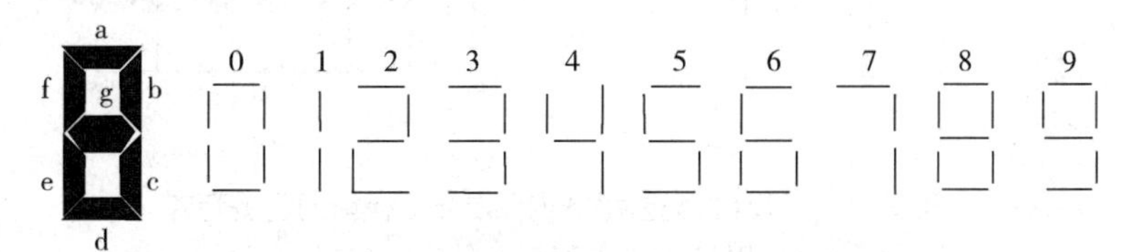

图 6-2-8 七段数码显示器及显示的字形图

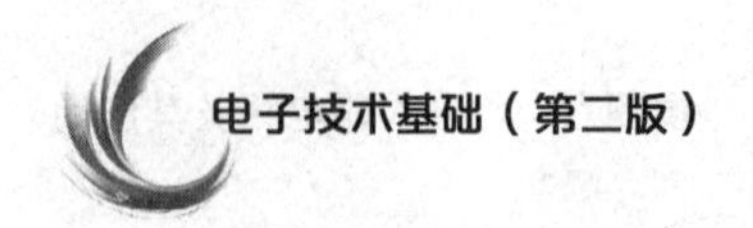

1）常用的数码显示器

①发光二极管显示器（LED 数码显示器）。发光二极管与普通二极管的主要区别在于导通时能发光，即外加正向电压时，能发出醒目的光。发光二极管工作电压为 1.5～3 V，工作电流一般约为 10 mA/段，既保证亮度适中，又不损坏器件。

LED 数码显示器由七段发光二极管排列成“日”字形封装而成，其外形如图 6-2-9 所示，引脚排列如图 6-2-10 所示。

图 6-2-9　LED 数码显示器的外形

图 6-2-10　LED 数码显示器的引脚排列

a）共阳极　b）共阴极

各引脚功能如下：

a、b、c、d、e、f、g——七段字形输入端。

dp——小数点输入端。

V_{CC}——电源端。

GND——地端。

LED 数码显示器内部发光二极管的连接方式分为共阳极和共阴极两种，如图 6-2-11 所示。

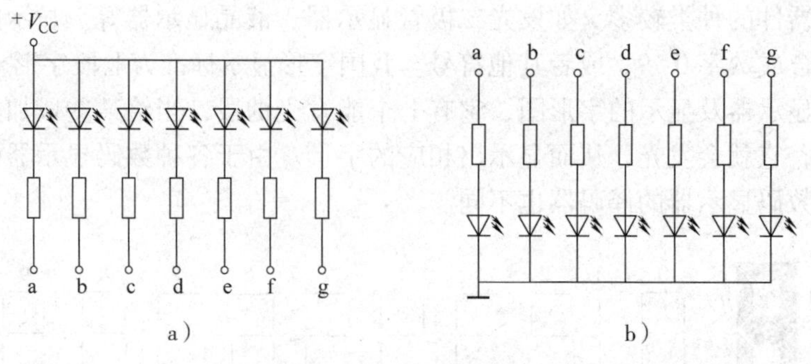

图 6-2-11　LED 数码显示器内部发光二极管的连接方式

a）共阳极连接方式　b）共阴极连接方式

提示

共阳极连接方式是将 LED 数码显示器中七个发光二极管的阳极共同连接并接到电源，若要某段发光，该段相应的发光二极管阴极须经限流电阻器接低电平。共阴极连接方式是将 LED 数码显示器中七个发光二极管的阴极共同连接并接地，若要某段发光，该段相应的发光二极管阳极应经限流电阻器接高电平。

②液晶显示器。液晶显示器简称 LCD。液晶是一种介于固体和液体之间的有机化合物，和液体一样可以流动，但在不同方向上的光学特性不同，具有类似于晶体的显示性质。

液晶显示器是一种平板薄型显示器件，本身不发光，是用电来控制光在显示部位的反射和不反射（光被吸收）而实现显示的，因此，工作电压低（2~6 V）、功耗小（1 μW/cm^2 以下），能与 CMOS 电路匹配。液晶显示器显示柔和、字迹清晰、体积小、质量轻、可靠性高、寿命长，自问世以来，其发展速度之快、应用之广，远远超过了其他发光型显示器件。

2）BCD-七段显示译码器。BCD-七段显示译码器能把 8421BCD 码译成对应于数码显示器的七个字段信号，驱动数码显示器，显示出相应的十进制数。

74LS247 是共阳极 BCD-七段显示译码器，其外形如图 6-2-12 所示，引脚排列如图 6-2-13 所示。

图 6-2-12　74LS247 的外形

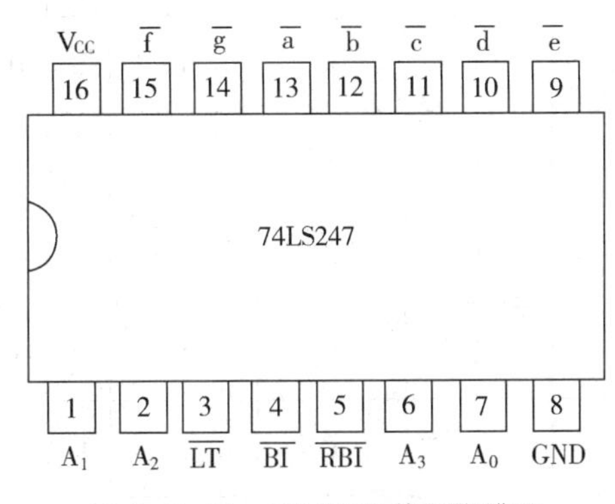

图 6-2-13　74LS247 的引脚排列

各引脚功能如下：

A_3、A_2、A_1、A_0——8421BCD 码的四个输入端。

$\overline{a}$、$\overline{b}$、$\overline{c}$、$\overline{d}$、$\overline{e}$、$\overline{f}$、$\overline{g}$——七个输出端，低电平有效。

V_{CC}——电源端。

GND——地端。

$\overline{LT}$——试灯输入端。

$\overline{BI}$——灭灯输入端。

$\overline{RBI}$——灭 0 输入端。

输出端 $\overline{a}$、$\overline{b}$、$\overline{c}$、$\overline{d}$、$\overline{e}$、$\overline{f}$、$\overline{g}$ 应分别通过限流电阻器与七段数码显示器的各段相连接。

当 $A_3A_2A_1A_0=0000$ 时，$\overline{a}=\overline{b}=\overline{c}=\overline{d}=\overline{e}=\overline{f}=0$，只有 $\overline{g}=1$，七段数码显示器的 a、b、c、d、e、f 段均发亮，而 g 段不亮，七段数码显示器显示“0”；当 $A_3A_2A_1A_0=0001$ 时，$\overline{b}=\overline{c}=0$，$\overline{a}=\overline{d}=\overline{e}=\overline{f}=\overline{g}=1$，七段数码显示器的 b、c 段发亮，而 a、d、e、f、g 段不亮，七段数码显示器显示“1”；依此类推，就可以得到表 6-2-8 所列的 74LS247 显示译码器的功能表。

表 6-2-8　74LS247 显示译码器的功能表

功能和十进制数	输入							输出							显示字形
	$\overline{LT}$	$\overline{RBI}$	$\overline{BI}$	A_3	A_2	A_1	A_0	$\overline{a}$	$\overline{b}$	$\overline{c}$	$\overline{d}$	$\overline{e}$	$\overline{f}$	$\overline{g}$	
试灯	0	×	1	×	×	×	×	0	0	0	0	0	0	0	8
灭灯	×	×	0	×	×	×	×	1	1	1	1	1	1	1	
灭 0	1	0	1	0	0	0	0	1	1	1	1	1	1	1	
0	1	1	1	0	0	0	0	0	0	0	0	0	0	1	0
1	1	×	1	0	0	0	1	1	0	0	1	1	1	1	1
2	1	×	1	0	0	1	0	0	0	1	0	0	1	0	2
3	1	×	1	0	0	1	1	0	0	0	0	1	1	0	3
4	1	×	1	0	1	0	0	1	0	0	1	1	0	0	4
5	1	×	1	0	1	0	1	0	1	0	0	1	0	0	5
6	1	×	1	0	1	1	0	0	1	0	0	0	0	0	6
7	1	×	1	0	1	1	1	0	0	0	1	1	1	1	7
8	1	×	1	1	0	0	0	0	0	0	0	0	0	0	8
9	1	×	1	1	0	0	1	0	0	0	0	1	0	0	9

任务实施

任务实施使用的十进制数编码、译码、显示电路如图 6-2-14 所示。

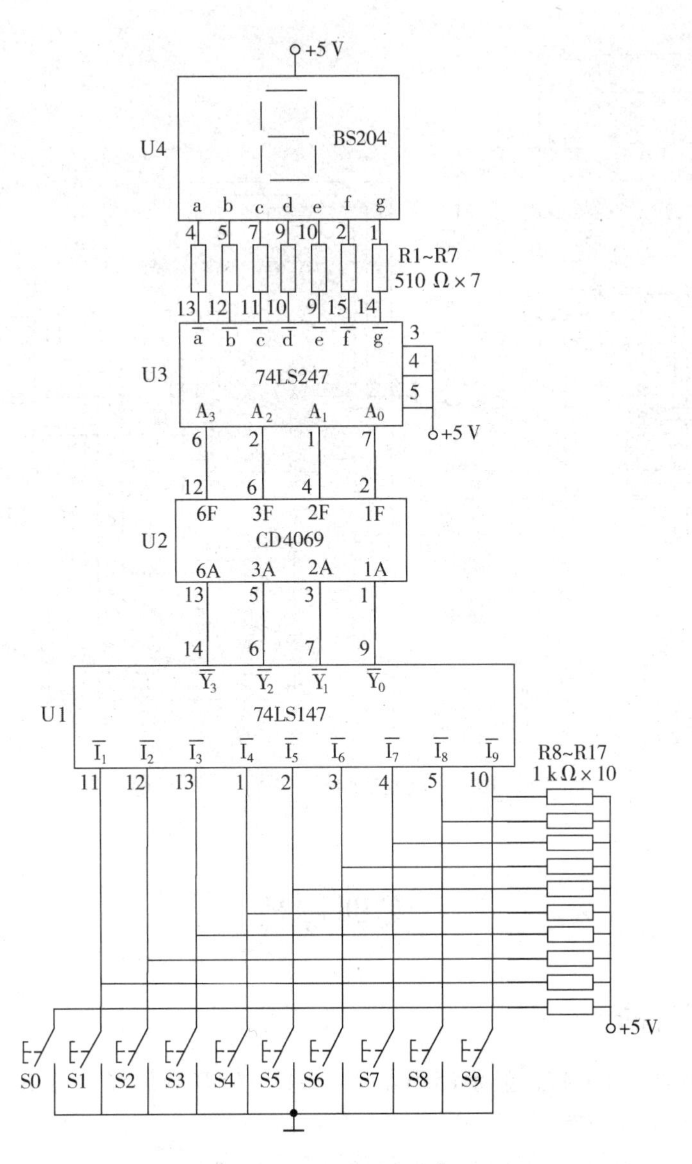

图 6-2-14　十进制数编码、译码、显示电路

软件仿真

十进制数编码、译码、显示电路仿真如图 6-2-15 所示，观察并记录按钮的设置状态、电压表读数和数码显示器的状态，分析电路的工作原理。

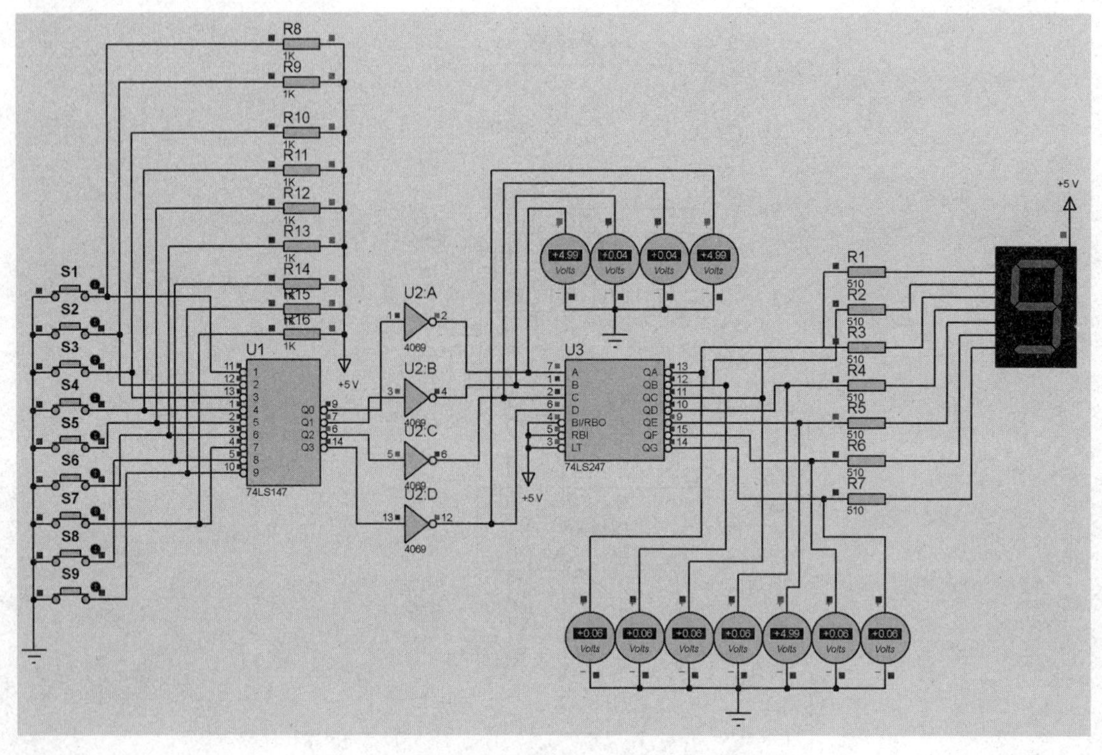

图 6-2-15　十进制数编码、译码、显示电路仿真

实训操作

一、实训目的

1. 熟悉编码器 74LS147、显示译码器 74LS247、LED 数码显示器 BS204、集成门电路 CD4069 的外形和引脚功能。

2. 理解十进制数编码、译码、显示电路的工作原理。

3. 掌握十进制数编码、译码、显示电路的安装、调试与检修。

二、实训器材

实训器材明细表见表 6-2-9。

表 6-2-9　实训器材明细表

序号	名称	规格	数量
1	直流稳压电源	通用	1 台
2	数字式万用表	—	1 台
3	常用工具	—	1 套
4	编码器 U1	74LS147	1 只

续表

序号	名称		规格	数量
5	六反相器 U2		CD4069	1 只
6	显示译码器 U3		74LS247	1 只
7	LED 数码显示器 U4		BS204	1 只
8	集成电路插座		16P	2 个
9	集成电路插座		14P	1 个
10	按钮 S0～S9		—	10 个
11	电阻器	R1～R7	510 Ω	7 只
12		R8～R17	1 kΩ	10 只
13	实验板		—	1 块

三、实训内容

1. 集成电路的识别

六反相器 CD4069 为六非门，其外形如图 6-2-16 所示，引脚排列如图 6-2-17 所示。各引脚功能如下：

V_{CC}——电源端。

GND——地端。

1A、2A、3A、4A、5A、6A ——六个输入端。

1F、2F、3F、4F、5F、6F ——六个输出端。

图 6-2-16　CD4069 的外形

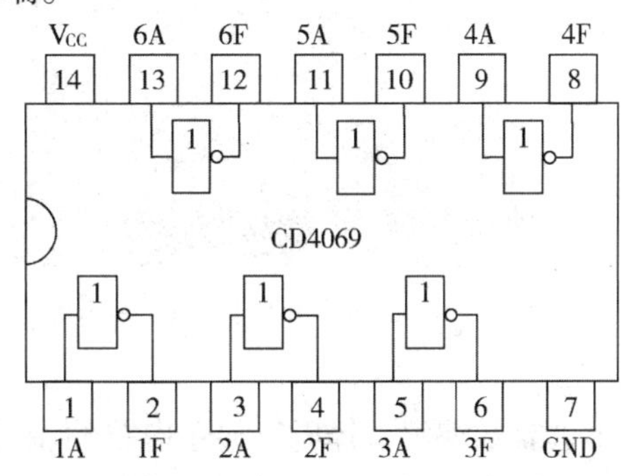

图 6-2-17　CD4069 的引脚排列

提示

按表 6-2-9 核对实训器材的数量、型号和规格，如有短缺、差错应及时补充和更换。用万用表对 LED 数码显示器、按钮、电阻器等元器件进行检测，对不符合质量要求的元器件进行更换。

2. 十进制数编码、译码、显示电路的安装

（1）安装图绘制

根据图 6-2-14 进行安装图的设计。

（2）实验板插装与焊接

根据安装图和安装要求将元器件插装在实验板上，并进行焊接。

安装完成的十进制数编码、译码、显示电路板如图 6-2-18 所示。

图 6-2-18　十进制编码、译码、显示电路板

3. 十进制数编码、译码、显示电路的调试

（1）电路安装完毕，应对照电路图和安装图进行检查，仔细检查电路中各元器件是否安装正确，导线、焊点是否符合要求，有极性器件是否安装、连接正确。

（2）用万用表检测电源是否短路，若发现短路，应检查并排除短路点。

（3）检查无误后，按集成电路标记口的方向插上集成电路，方可通电调试。

（4）调试要求

假设按钮 S1、S2、S3、S4、S5、S6、S7、S8、S9 按下为“0”，未按下为“1”，“×”表示按钮可按下或未按下，按表 6-2-10 中的要求分别设置 S1、S2、S3、S4、S5、S6、S7、S8、S9 的状态，用万用表分别测量电路图中编码器 74LS147 输出端 $\overline{Y_0}$、$\overline{Y_1}$、$\overline{Y_2}$、$\overline{Y_3}$ 的电位，观察数码显示器的状态，并记录在表中。

表 6-2-10　调试记录表

S_9	S_8	S_7	S_6	S_5	S_4	S_3	S_2	S_1	$\overline{Y_3}$	$\overline{Y_2}$	$\overline{Y_1}$	$\overline{Y_0}$	数码显示器的状态
1	1	1	1	1	1	1	1	1					
0	×	×	×	×	×	×	×	×					
1	0	×	×	×	×	×	×	×					
1	1	0	×	×	×	×	×	×					
1	1	1	0	×	×	×	×	×					
1	1	1	1	0	×	×	×	×					
1	1	1	1	1	0	×	×	×					
1	1	1	1	1	1	0	×	×					
1	1	1	1	1	1	1	0	×					
1	1	1	1	1	1	1	1	0					

想一想

电路中为什么要加集成门电路 CD4069？

4. 十进制数编码、译码、显示电路的检修

十进制数编码、译码、显示电路 LED 数码显示器显示不正常故障的检修流程如图 6-2-19 所示。

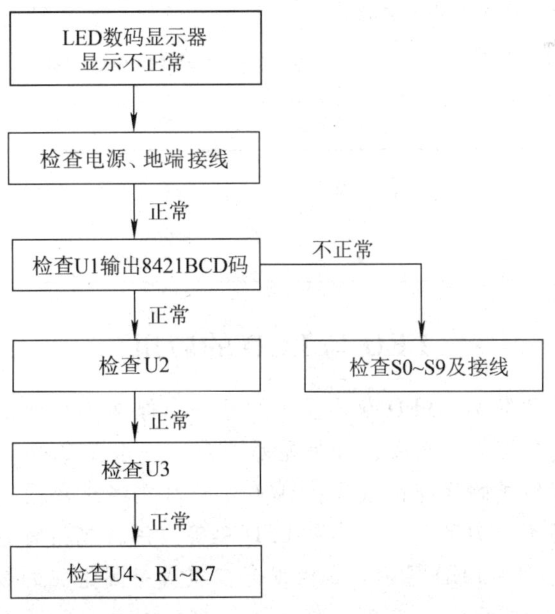

图 6-2-19　十进制数编码、译码、显示电路检修流程

四、实训报告要求

1. 分别画出十进制数编码、译码、显示电路原理图和安装图。
2. 完成调试记录。
3. 分析说明 74LS147、74LS247 和 LED 数码显示器的功能及其在电路中的作用。

五、评分标准

评分标准见表 6-2-11。

表 6-2-11　评分标准

姓名：________　　学号：________　　合计得分：________

内容	要求	评分标准	配分	扣分	得分
元器件识别	元器件识别、选用正确	一处错误，扣 5 分	15		
电路安装	电路安装正确、完整	一处不符合，扣 5 分	15		
	元器件完好，无损坏	一件损坏，扣 2.5 分	5		
	布局层次合理，主次分清	一处不符合，扣 2 分	10		
	接线规范，布线美观，横平竖直，接线牢固，无虚焊，焊点符合要求	一处不符合，扣 2 分	10		
电路调试	通电调试成功	通电调试不成功，扣 10 分	10		
电位测量	万用表使用正确，测量方法、结果正确	一处不符合，扣 5 分	25		
安全生产	遵守国家颁布的安全生产法规或企业自定的安全生产规范	1. 违反安全生产相关规定，每项扣 2 分 2. 发生重大事故加倍扣分	10		
合计			100		

知识链接

LED 与 LCD 的应用

LED 是发光二极管的简称。LED 数码显示的每一个像素单元就是一个发光二极管，如果显示单色，一般是红色发光二极管；如果显示彩色，一般是 3 个三原色小二极管组成的大二极管。这些二极管组成的矩阵由数码控制实时显示文字或者图像，造价相对低廉，显像面积大。LED 的应用可分为两类：一类是 LED 单管应用，包括背光源 LED、红外线 LED 等；另一类是 LED 显示屏。LED 显示屏是由发光二极管排列组成的数码显示器件，采用低电压扫描驱动，具有耗电少、使用寿命长、成本低、亮度高、故障少、视角大、可视距离远等特点。通常车站、广场等公共场合的字幕牌，露天大电视墙都使用 LED 显示屏。

LCD 是液晶平面显示器或液晶显示器的简称。其工作原理是利用液晶的物理特性，即通电时排列有序，光线容易通过；不通电时排列混乱，阻止光线通过。LCD 液晶显示的像素单元是整合在一块液晶板中的分隔小方格，通过数码控制这些小方格进行显像。LCD 的译码器驱动电路与 LED 的译码器驱动电路不同，其输出不是高电平或低电平，而是脉冲电压，即当输出有效时，其输出为交变的脉冲电压，否则为高电平或低电平。LCD 造价高，但是显示非常细腻。计算机显示器、手机、数码照相机、数码摄像机和家用液晶电视机都使用 LCD。

课题七 时序逻辑电路及其应用

组合逻辑电路的输出状态仅由该时刻的输入信号决定，而时序逻辑电路的输出状态不仅与同一时刻的输入状态有关，而且与电路原有状态有关。触发器是组成时序逻辑电路的基本单元，是最简单的时序逻辑。时序逻辑电路主要包括寄存器和计数器等。

任务 1　触发器及其应用

学习目标

1. 了解触发器的概念，熟悉 RS 触发器、JK 触发器、D 触发器和 T 触发器的电路组成、逻辑符号和逻辑功能。
2. 掌握常用触发器的原理和应用。
3. 掌握触摸开关电路的工作原理、安装、调试与检修。

任务引入

日常生活中经常会见到触摸开关，如图 7-1-1 所示，轻轻触摸开关的金属片，就可以控制灯的状态。实现触摸开关功能的方法很多，如用触发器就可以组成触摸开关电路，其组成框图如图 7-1-2 所示。

图 7-1-1 触摸开关及使用场合

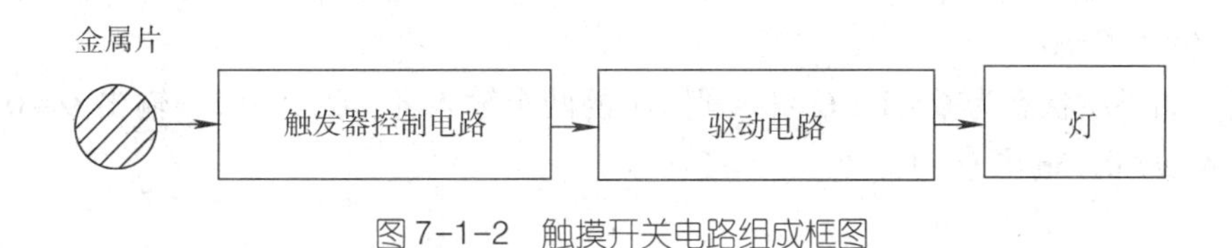

图 7-1-2 触摸开关电路组成框图

本任务是了解触发器的概念，熟悉常用触发器的逻辑符号和逻辑功能，完成触摸开关电路的安装、调试与检修，掌握触发器的实际应用。

相关知识

触发器是构成时序逻辑电路的基本单元，它在某个时刻的输出状态不仅取决于该时刻的输入状态，而且还和它本身原有的状态有关，因此它具有记忆功能。触发器按功能分为 RS 触发器、JK 触发器、D 触发器和 T 触发器。

一、RS 触发器

1. 基本 RS 触发器

基本 RS 触发器是构成各种触发器的基本电路，分为与非型和或非型两种。

（1）与非型基本 RS 触发器

1）电路组成和逻辑符号。与非型基本 RS 触发器的逻辑图如图 7-1-3 所示，由两个与非门 G1、G2 交叉耦合组成。$\overline{R}$、$\overline{S}$ 为两个输入，Q、$\overline{Q}$ 为一对互补的输出。

与非型基本 RS 触发器的逻辑符号如图 7-1-4 所示，其中，输入带小圆圈表示低电平有效；输出不带小圆圈表示 Q，带小圆圈表示 $\overline{Q}$。

图 7-1-3　与非型基本 RS 触发器的逻辑图　　图 7-1-4　与非型基本 RS 触发器的逻辑符号

2）工作原理

①当 $\overline{R}=1$、$\overline{S}=1$ 时，根据与非门的逻辑功能“有 0 出 1、全 1 出 0”可知，在这种情况下，G1、G2 的输出取决于 Q、$\overline{Q}$ 的原状态。

如果原状态为 $Q=0$、$\overline{Q}=1$，则 G1 的一个输入 $Q=0$，输出 $\overline{Q}=1$；而 G2 的两个输入 $\overline{S}$、$\overline{Q}$ 全为 1，输出 $Q=0$。

同理，如果原状态为 $Q=1$、$\overline{Q}=0$，则 G1 的两个输入 $\overline{R}$、Q 全为 1，输出 $\overline{Q}=0$；而 G2 的一个输入 $\overline{Q}=0$，输出 $Q=1$。

提示

无论触发器的原状态如何，与非型基本 RS 触发器在 $\overline{R}=1$、$\overline{S}=1$ 的条件下，都将维持原状态不变，这就是触发器的保持功能，体现触发器具有记忆能力。因此，$\overline{R}=1$、$\overline{S}=1$ 表示触发器没有信号输入。

②当 $\overline{R}=1$、$\overline{S}=0$ 时，G2 的一个输入 $\overline{S}=0$，输出 $Q=1$；而 G1 的两个输入 $\overline{R}$、Q 全为 1，输出 $\overline{Q}=0$。

可见在这种情况下，触发器处于“1”状态，而与原状态无关。因此，$\overline{S}=0$ 表示 S 端有信号输入。

提示

当 S 端有信号输入（$\overline{R}=1$、$\overline{S}=0$）时，$Q=1$，这就是触发器的置“1”功能，S 端称为置“1”端。

③当 $\overline{R}=0$、$\overline{S}=1$ 时，G1 的一个输入 $\overline{R}=0$，输出 $\overline{Q}=1$；而 G2 的两个输入 $\overline{S}$、$\overline{Q}$ 全为 1，输出 $Q=0$。

可见在这种情况下，触发器处于“0”状态，而与原状态无关。因此，$\overline{R}=0$ 表示 R 端有信号输入。

提示

当R端有信号输入（$\overline{R}=0$、$\overline{S}=1$）时，$Q=0$，这就是触发器的置“0”功能，R端称为置“0”端。

④当$\overline{R}=0$、$\overline{S}=0$时，显然，在这种情况下，$Q=\overline{Q}=1$，它破坏了触发器的功能。如果两个输入由$\overline{R}=0$、$\overline{S}=0$同时变为$\overline{R}=1$、$\overline{S}=1$（即R、S端信号同时消失），则触发器的状态将是不确定的。因此，在应用与非型基本RS触发器时，必须避免出现$\overline{R}=0$、$\overline{S}=0$的情况。

3）逻辑功能。根据与非型基本RS触发器的工作原理可以得到其状态表（见表7-1-1）。

表7-1-1　与非型基本RS触发器的状态表

$\overline{R}$	$\overline{S}$	Q	$\overline{Q}$
0	0	1*	1*
0	1	0	1
1	0	1	0
1	1	不变	不变

注：*表示R、S端同时有信号输入时，$Q=\overline{Q}=1$，当输入信号同时消失后，触发器的状态是不确定的。

与非型基本RS触发器的输入、输出波形如图7-1-5所示，设触发器的初始状态为$Q=0$、$\overline{Q}=1$。

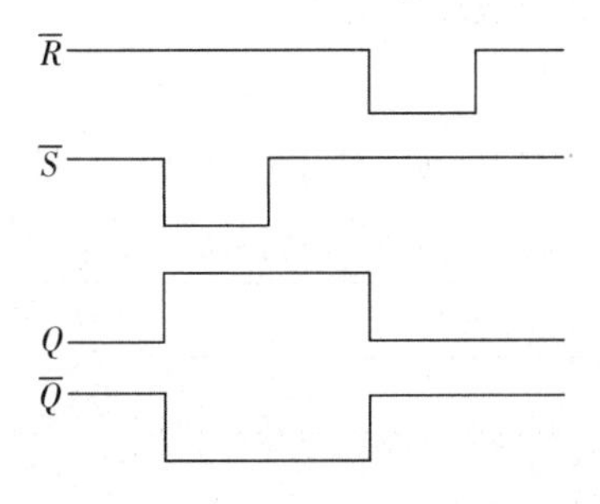

图7-1-5　与非型基本RS触发器的输入、输出波形

（2）或非型基本RS触发器

1）电路组成和逻辑符号。或非型基本RS触发器的逻辑图如图7-1-6a所示，由两个或非门G1、G2交叉耦合组成。或非型基本RS触发器的逻辑符号如图7-1-6b所示。

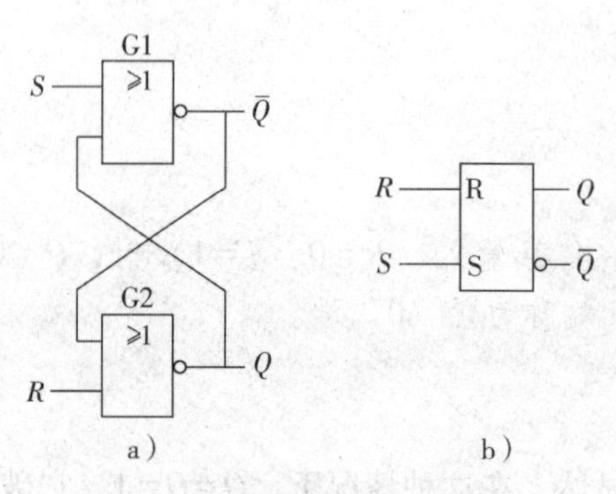

图 7-1-6　或非型基本 RS 触发器

a）逻辑图　b）逻辑符号

2）工作原理。根据或非门的逻辑功能“有 1 出 0、全 0 出 1”，简要分析或非型基本 RS 触发器的工作原理。

①当 $R=0$、$S=0$ 时，触发器维持原状态不变。

②当 $R=1$、$S=0$ 时，G1 两个输入 S、Q 全为 0，输出 $\overline{Q}=1$；而 G2 的一个输入 $R=1$，输出 $Q=0$，即触发器置“0”。

③当 $R=0$、$S=1$ 时，触发器置“1”。

④当 $R=1$、$S=1$ 时，G1、G2 都有一个输入为 1，则输出 $Q=\overline{Q}=0$。如果两个输入由 $R=1$、$S=1$ 同时变为 $R=0$、$S=0$，则触发器的状态将是不确定的。因此，在应用或非型基本 RS 触发器时，必须避免出现 $R=1$、$S=1$ 的情况。

提示

或非型基本 RS 触发器是高电平触发的（即输入高电平有效），具有置“0”、置“1”和保持功能。

3）逻辑功能。根据或非型基本 RS 触发器的工作原理可以得到其状态表（见表 7-1-2）。

表 7-1-2　或非型基本 RS 触发器的状态表

R	S	Q	$\overline{Q}$
0	0	不变	不变
0	1	1	0
1	0	0	1
1	1	0*	0*

注：* 表示 R、S 端同时有信号输入时，$Q=\overline{Q}=0$，当输入信号同时消失后，触发器的状态是不确定的。

2. 同步 RS 触发器

基本 RS 触发器的特点是输入信号可以直接控制触发器状态的翻转，而在实际应用中往往要求在约定的脉冲信号到来时，触发器才能按输入所决定的状态翻转。这个约定的脉冲信号称为时钟脉冲，用 *CP* 表示。这样触发器的状态将在时钟脉冲到来时，随输入信号的不同而变化。这种用时钟脉冲控制的触发器称为同步 RS 触发器。

（1）电路组成和逻辑符号

同步 RS 触发器的逻辑图和逻辑符号如图 7-1-7 所示。图中，G1、G2 组成基本 RS 触发器，G3、G4 作为控制门，R 端、S 端分别为置“0”端和置“1”端。

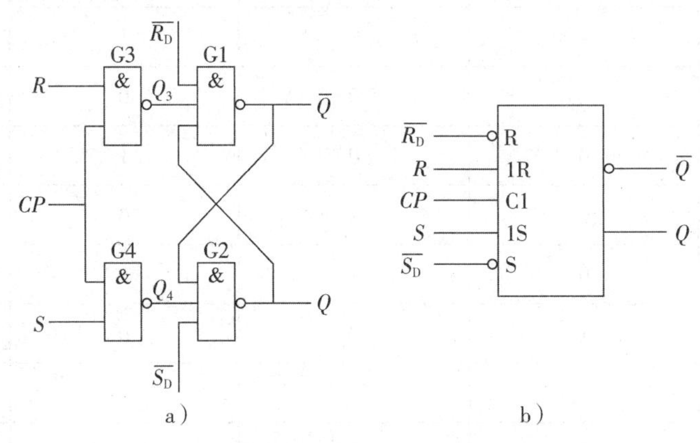

图 7-1-7 同步 RS 触发器

a）逻辑图 b）逻辑符号

（2）工作原理

控制门 G3、G4 都是与非门，和与门一样，与非门的一个输入信号可以控制另一个输入信号能否通过。以 *CP* 作为控制信号，当 $CP=0$ 时，G3、G4 被封锁，表示输入 *R*、*S* 不能通过，G3、G4 的输出都为“1”；当 $CP=1$ 时，G3、G4 开放，表示输入 *R*、*S* 能通过，G3、G4 的输出分别为 $\overline{R}$、$\overline{S}$。

1）当 $CP=0$ 时，G3、G4 被封锁，$Q_3=1$、$Q_4=1$，触发器维持原状态不变。

2）当 $CP=1$ 时，G3、G4 开放

①如果 $R=0$、$S=0$，则 $Q_3=1$、$Q_4=1$，触发器维持原状态不变。

②如果 $R=0$、$S=1$，则 $Q_3=1$、$Q_4=0$，触发器置“1”，$Q=1$、$\overline{Q}=0$。

③如果 $R=1$、$S=0$，则 $Q_3=0$、$Q_4=1$，触发器置“0”，$Q=0$、$\overline{Q}=1$。

④如果 $R=1$、$S=1$，则 $Q_3=0$、$Q_4=0$，这是不允许出现的。

提示

同步 RS 触发器只有在时钟脉冲为高电平时才会被触发，即在 $CP=1$ 的情况下，再由输入信号 *R* 和 *S* 的状态决定触发器的输出状态。

（3）逻辑功能

表示输入状态、输出现态与次态之间关系的表格称为特性表。根据工作原理可以得到

同步 RS 触发器的特性表（见表 7-1-3），表中用 Q^n、Q^{n+1} 分别表示时钟脉冲作用前、后触发器的输出状态，Q^n 称为现态，Q^{n+1} 称为次态。

表 7-1-3　同步 RS 触发器的特性表

CP	R	S	Q^n	Q^{n+1}
0	×	×	0	0
0	×	×	1	1
1	0	0	0	0
1	0	0	1	1
1	0	1	0	1
1	0	1	1	1
1	1	0	0	0
1	1	0	1	0
1	1	1	0	禁止
1	1	1	1	禁止

触发器的转换规律也可以用图形的方式形象地表示，这种图形称为状态转换图，简称状态图。同步 RS 触发器的状态图如图 7-1-8 所示。

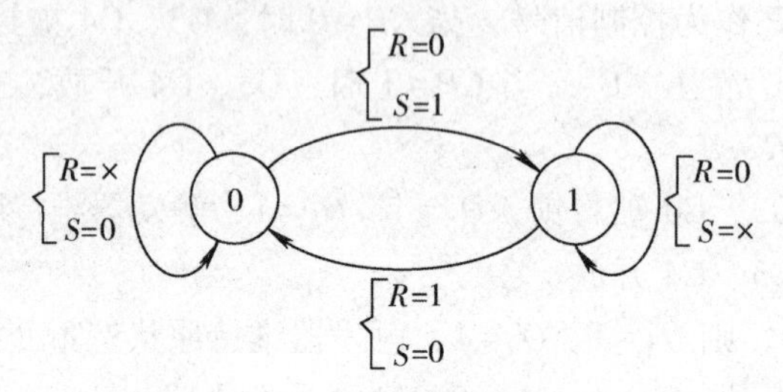

图 7-1-8　同步 RS 触发器的状态图

二、JK 触发器

RS 触发器在 $R=S=1$ 时，会导致输出状态不确定。为了提高触发器的使用性能，在 RS 触发器的基础上发展了不同逻辑功能的触发器，其中，JK 触发器应用最为广泛。

1. 电路组成和逻辑符号

JK 触发器的状态在时钟脉冲的上升沿或下降沿发生变化，因此又称为边沿 JK 触发器。JK 触发器的逻辑图和逻辑符号如图 7-1-9 所示，图中，G1、G2 组成基本 RS 触发器，G3、G4、G5、G6、G7、G8 作为控制门。下面以下降沿触发的 JK 触发器为例进行分析。

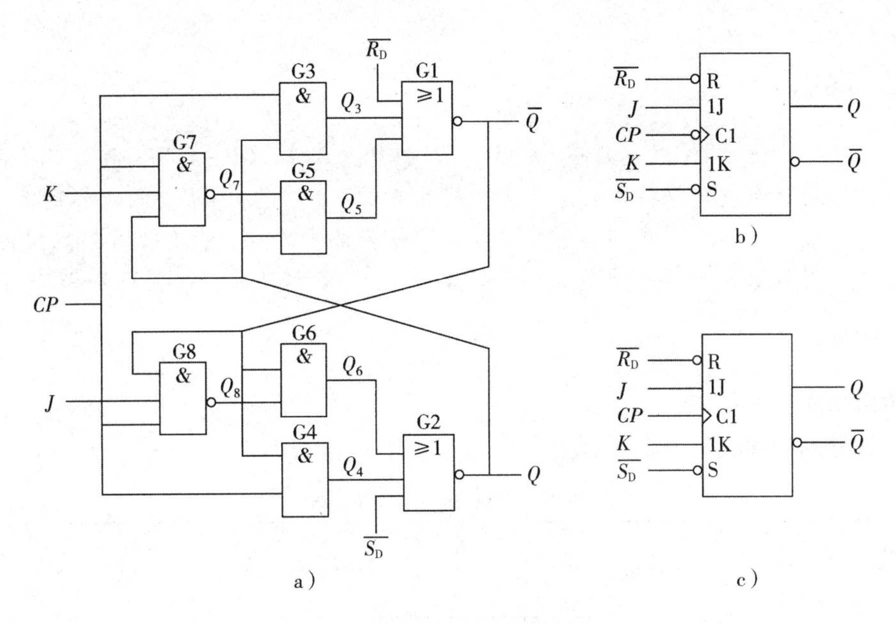

图 7-1-9　JK 触发器

a）下降沿触发逻辑图　b）下降沿触发逻辑符号　c）上升沿触发逻辑符号

2. 工作原理

设触发器的原状态为 $Q=0$、$\overline{Q}=1$。

（1）当 $CP=0$ 时，G3、G4、G7、G8 均被封锁，输入 J、K 不起作用，各控制门的输出为 $Q_3=Q_4=0$、$Q_7=Q_8=1$，而 $Q_5=0$、$Q_6=1$，因此，触发器维持原状态不变，输出 $Q=0$、$\overline{Q}=1$。

（2）当 CP 由 0 变为 1 时，有两条信号通道能影响触发器的状态，一条是 G3、G4 开放直接影响触发器的状态，另一条是 G7、G8 开放，再通过 G5、G6 间接影响触发器的状态，前者的影响比后者的影响要快得多。由于 $Q=0$，G3、G5 被封锁，CP 的变化通过 G4 使 $Q_4=1$，因此输出 Q 仍为 0，继续封锁 G3、G5，从而保持 $Q_3=Q_5=0$，输出 $\overline{Q}=1$，触发器维持原状态不变。

（3）当 $CP=1$ 时，$Q_4=1$，则输出 $Q=0$，使 $Q_3=Q_5=0$，输出 $\overline{Q}=1$，触发器维持原状态不变。

此时，如果输入 $J=1$、$K=0$，则各控制门的输出为 $Q_7=1$、$Q_8=0$、$Q_6=0$、$Q_4=1$，即 $CP=1$ 时，G7、G8 开放，为接收输入信号 J、K 做好准备。

（4）当 CP 由 1 变为 0 时，Q_4 由 1 变为 0，则输出 $Q=1$，使 $Q_5=1$，输出 $\overline{Q}=0$，触发器置“1”。虽然 CP 变为 0 后，G7、G8、G3、G4 被封锁，$Q_7=Q_8=1$，但是由于与非门的传输延迟时间比与门的长（在制造工艺上予以保证），Q_7 和 Q_8 新状态的稳定发生在触发器翻转之后。CP 变为 0 后，触发器封锁而维持翻转后的状态不变。

同理，对于输入 J、K 的其他情况，可以分析得到：

如果 $J=0$、$K=0$，触发器维持原状态不变。

如果 $J=0$、$K=1$，触发器置“0”。

如果 $J=1$、$K=1$，触发器状态翻转一次。

提示

上述 JK 触发器在 $CP=0$、CP 由 0 变为 1、$CP=1$ 时，输入均不起作用，触发器维持原状态不变；只有当 CP 由 1 变为 0 时，触发器状态才会发生相应的变化，即下降沿触发。需要说明的是，也有上升沿触发的 JK 触发器，区别在于逻辑符号中输入 CP 不带小圆圈，如图 7-1-9c 表示。

3. 逻辑功能

JK 触发器的特性表见表 7-1-4。

表 7-1-4　JK 触发器的特性表

CP	J	K	Q^n	Q^{n+1}
↓	0	0	0	0
↓	0	0	1	1
↓	0	1	0	0
↓	0	1	1	0
↓	1	0	0	1
↓	1	0	1	1
↓	1	1	0	1
↓	1	1	1	0

由特性表可以得到 JK 触发器的特性方程为

$$\begin{aligned} Q^{n+1} &= \overline{J}\,\overline{K}Q^n + J\overline{K}\,\overline{Q^n} + J\overline{K}Q^n + JK\overline{Q^n} \\ &= J\overline{Q^n} + \overline{K}Q^n \end{aligned}$$

JK 触发器的状态图如图 7-1-10 所示。

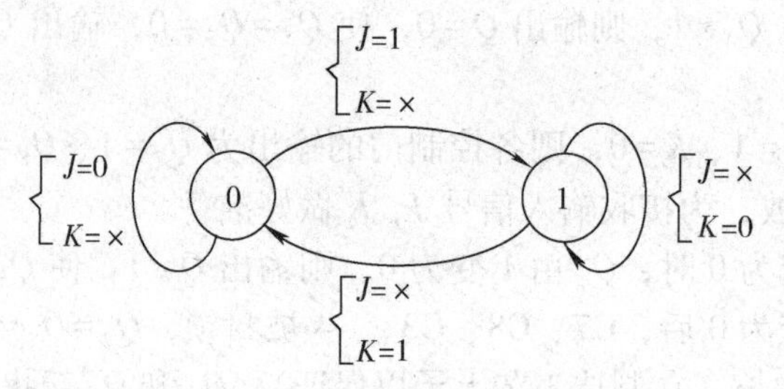

图 7-1-10　JK 触发器的状态图

JK 触发器的输入、输出波形如图 7-1-11 所示，设 JK 触发器的初始状态为 $Q=0$。

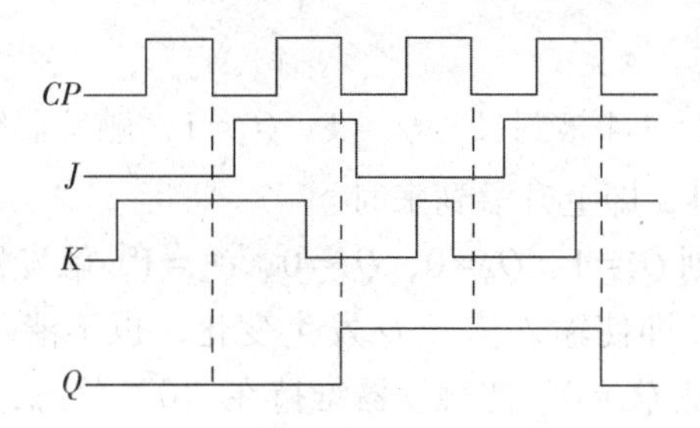

图 7-1-11　JK 触发器的输入、输出波形

三、T 触发器

若将 JK 触发器的输入 J、K 连接作为 T，JK 触发器就变成 T 触发器，如图 7-1-12 所示。即

$$J=K=T$$

其特性方程为

$$Q^{n+1}=J\overline{Q^n}+\overline{K}Q^n=T\overline{Q^n}+\overline{T}Q^n$$

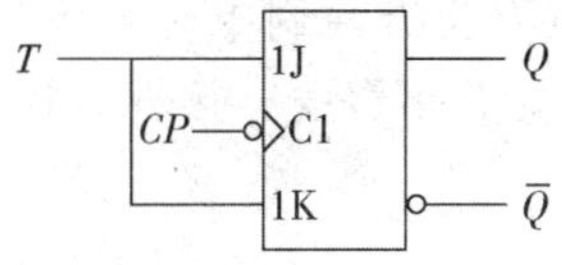

图 7-1-12　用 JK 触发器转换成的 T 触发器

四、D 触发器

D 触发器具有结构简单、工作可靠、使用方便等优点，应用十分广泛。

本任务中采用双 D 触发器 CD4013 实现触摸控制功能。

1. 电路组成和逻辑符号

D 触发器的逻辑图和逻辑符号如图 7-1-13 所示，图中，G1、G2 组成基本 RS 触发器，G3、G4、G5、G6 作为控制门。

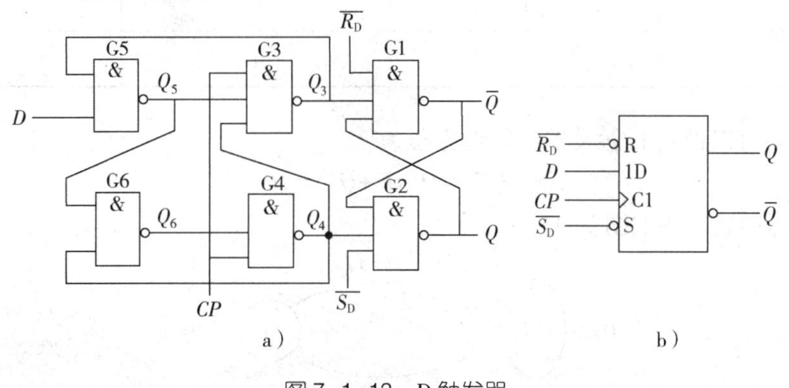

图 7-1-13　D 触发器

a）逻辑图　b）逻辑符号

2. 工作原理

（1）当 $CP=0$ 时，G3、G4 被封锁，$Q_3=1$、$Q_4=1$，触发器维持原状态不变。

（2）当 CP 由 0 变为 1，即上升沿到来时

1）如果输入 $D=0$，则 $Q_5=1$、$Q_6=0$，$Q_3=0$、$Q_4=1$，触发器置“0”，输出 $Q=0$、$\overline{Q}=1$。由于 $Q_3=0$，使 $Q_5=1$，即使输入信号 D 发生变化，也不能再进入触发器，即“阻塞” D 进入触发器的通道，保证 $Q_3=0$，使触发器维持在“0”状态，因此，G3 输出端到 G5 输入端的连线称为“置 0 维持线”。

2）如果输入 $D=1$，则 $Q_5=0$，G3、G6 被封锁，$Q_3=1$、$Q_6=1$，G4 开放，$Q_4=0$，触发器置“1”，输出 $Q=1$、$\overline{Q}=0$。由于 $Q_4=0$，封锁 G3，从而“阻塞”G3 输出置“0”信号，因此，G4 输出端到 G3 输入端的连线称为“置 0 阻塞线”。此外，$Q_4=0$，使 $Q_6=1$，保证 $Q_4=0$，使触发器维持在“1”状态，因此，G4 输出端到 G6 输入端的连线称为“置 1 维持线”。

提示

D 触发器是在 CP 上升沿到来时才接收输入信号 D，之后即使 D 发生变化，触发器状态也不受影响。因此，D 触发器是上升沿触发的，又称为边沿 D 触发器。

3. 逻辑功能

D 触发器的特性表见表 7-1-5。

表 7-1-5　D 触发器的特性表

CP	D	Q^n	Q^{n+1}
↑	0	0	0
↑	0	1	0
↑	1	0	1
↑	1	1	1

由特性表可以得到 D 触发器的特性方程为

$$Q^{n+1}=D(\overline{Q^n}+Q^n)=D$$

D 触发器的状态图如图 7-1-14 所示。

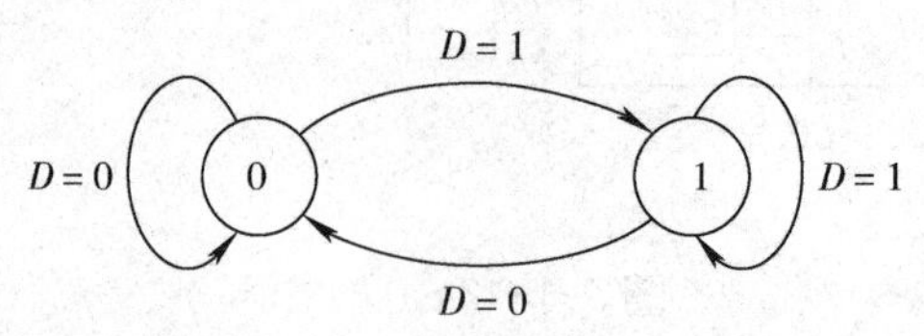

图 7-1-14　D 触发器的状态图

D 触发器的输入、输出波形如图 7-1-15 所示，设触发器的初态为 $Q=0$、$\overline{Q}=1$。

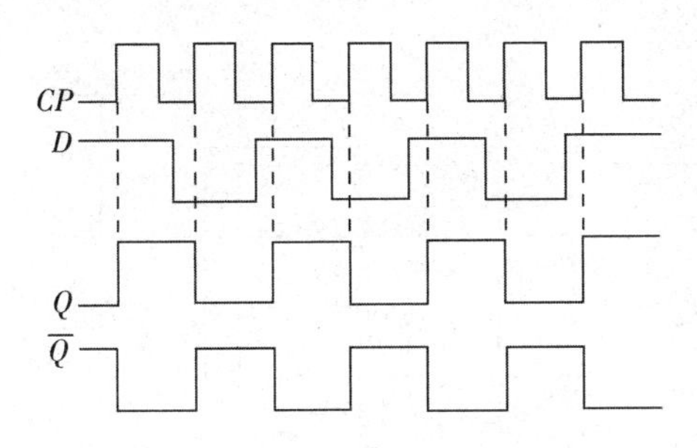

图 7-1-15　D 触发器的输入、输出波形

任务实施使用的触摸开关电路如图 7-1-16 所示。

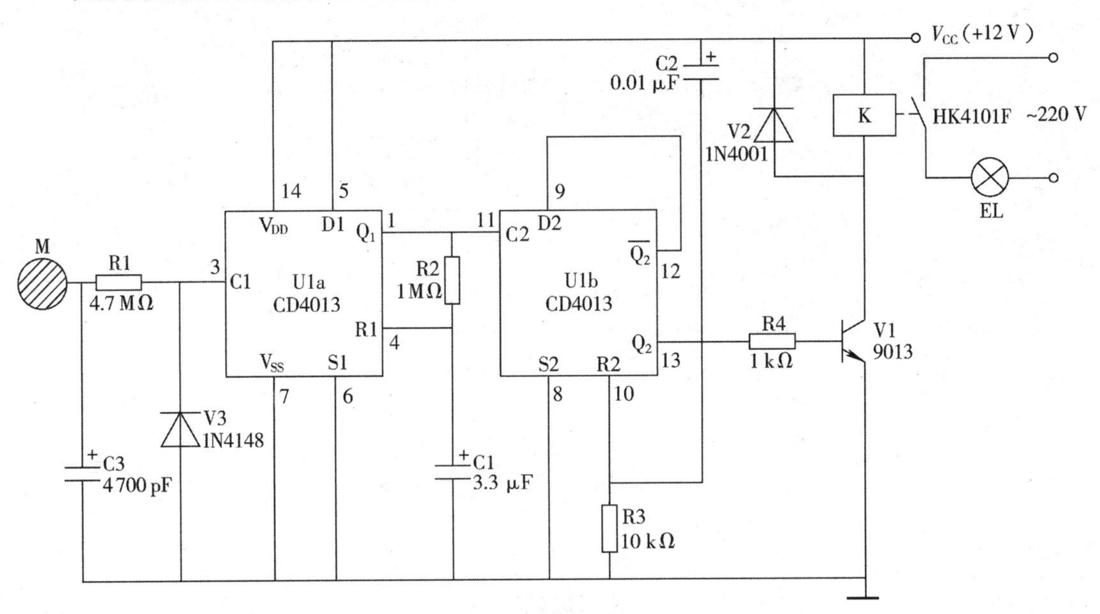

图 7-1-16　触摸开关电路

软件仿真

触摸开关电路仿真如图 7-1-17 所示，用按钮代替触摸键，观察并记录按钮的设置状态、电压表读数和白炽灯的状态，分析电路的工作原理。

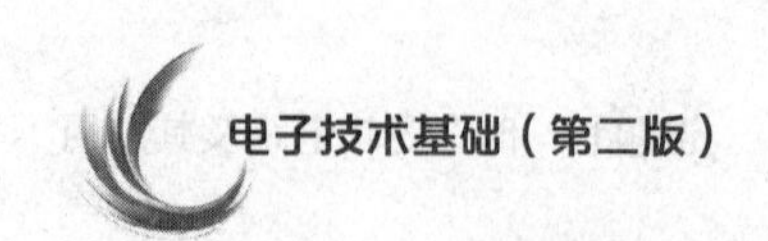

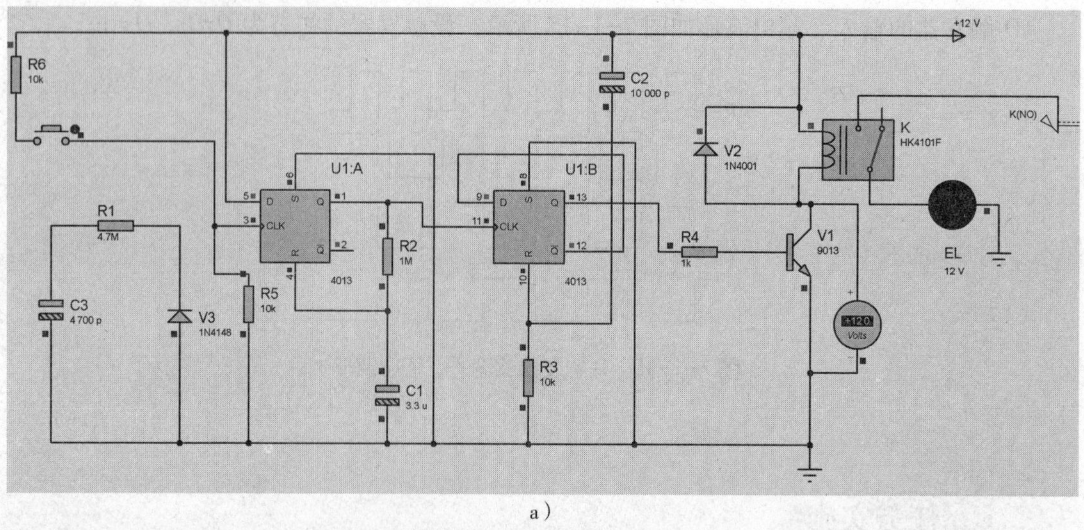

a）

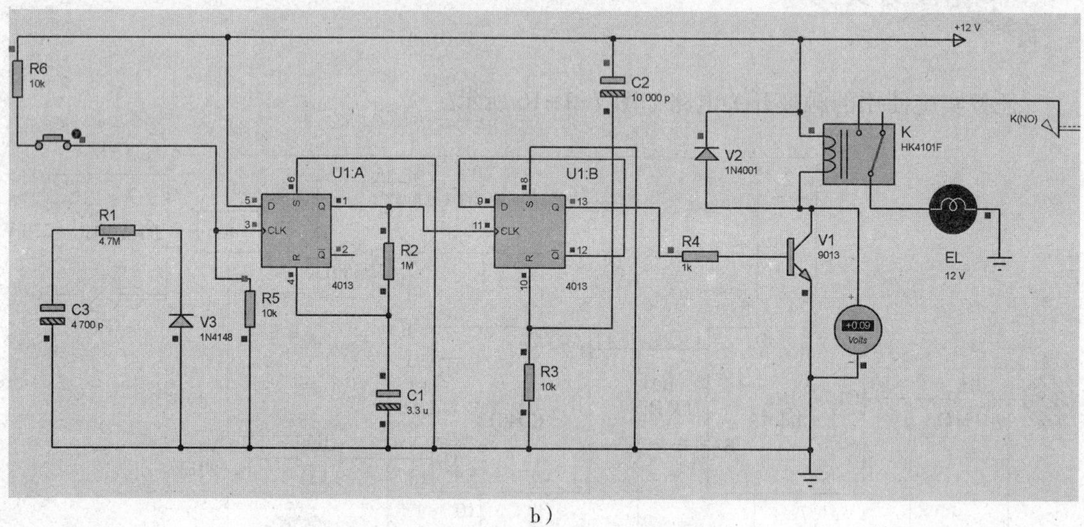

b）

图 7-1-17　触摸开关电路仿真

a）灯灭时的仿真　b）灯亮时的仿真

实训操作

一、实训目的

1. 熟悉双 D 触发器 CD4013 的引脚功能。
2. 理解触摸开关电路的工作原理。
3. 掌握触摸开关电路的安装、调试与检修。

二、实训器材

实训器材明细表见表 7-1-6。

表 7-1-6　实训器材明细表

序号	名称		规格	数量
1	直流稳压电源		通用	1 台
2	数字式万用表		—	1 台
3	示波器		通用	1 台
4	常用工具		—	1 套
5	双 D 触发器 U1		CD4013	1 只
6	集成电路插座		14P	1 个
7	三极管 V1		9013	1 只
8	二极管	V2	1N4001	1 只
9		V3	1N4148	1 只
10	金属片 M		—	1 个
11	电阻器	R1	4.7 MΩ	1 只
12		R2	1 MΩ	1 只
13		R3	10 kΩ	1 只
14		R4	1 kΩ	1 只
15	电容器	C1	3.3 μF	1 只
16		C2	0.01 μF	1 只
17		C3	4 700 pF	1 只
18	继电器 K		HK4101F	1 只
19	白炽灯 EL		—	1 只
20	实验板		—	1 块

三、实训内容

1. 集成电路的识别

双 D 触发器 CD4013 的引脚排列如图 7-1-18 所示。

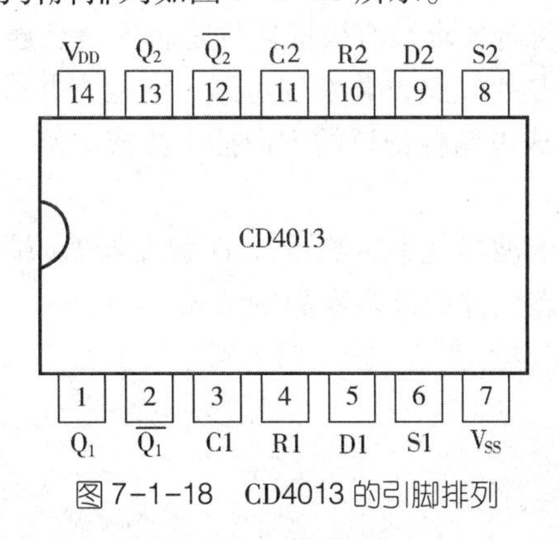

图 7-1-18　CD4013 的引脚排列

各引脚功能如下：

V_{DD}——电源端。

V_{SS}——地端。

C1——第一个 D 触发器的时钟脉冲输入端。

C2——第二个 D 触发器的时钟脉冲输入端。

D1——第一个 D 触发器的输入端。

D2——第二个 D 触发器的输入端。

Q_1、$\overline{Q_1}$——第一个 D 触发器的输出端。

Q_2、$\overline{Q_2}$——第二个 D 触发器的输出端。

R1——第一个 D 触发器的置“0”端。

R2——第二个 D 触发器的置“0”端。

S1——第一个 D 触发器的置“1”端。

S2——第二个 D 触发器的置“1”端。

提示

按表 7-1-6 核对实训器材的数量、型号和规格，如有短缺、差错应及时补充和更换。用万用表对三极管、二极管、电容器等元器件进行检测，对不符合质量要求的元器件进行更换。

2. 触摸开关电路的安装

（1）安装图绘制

根据图 7-1-16 进行安装图的设计。

（2）实验板插装与焊接

根据安装图和安装要求将元器件插装在实验板上，并进行焊接。

安装完成的触摸开关电路板如图 7-1-19 所示。

3. 触摸开关电路的调试

（1）电路安装完毕，应对照电路图和安装图进行检查，仔细检查电路中各元器件是否安装正确，导线、焊点是否符合要求，有极性器件是否安装、连接正确。

（2）用万用表检测电源是否短路，若发现短路，应检查并排除短路点。

（3）检查无误后，按集成电路标记口的方向插上集成电路，方可通电调试。

（4）调试要求

用手触摸金属片 M，用示波器观察、测量双 D 触发器 C1 端、Q_1 端、C2 端和 Q_2 端的波形，同时观察白炽灯的状态，并记录观察测量结果。

图 7-1-19 触摸开关电路板

想一想

根据对调试结果的分析，说明电路的功能。

4. 触摸开关电路的检修

触摸开关电路触摸金属片后电路无反应故障的检修流程如图 7-1-20 所示。

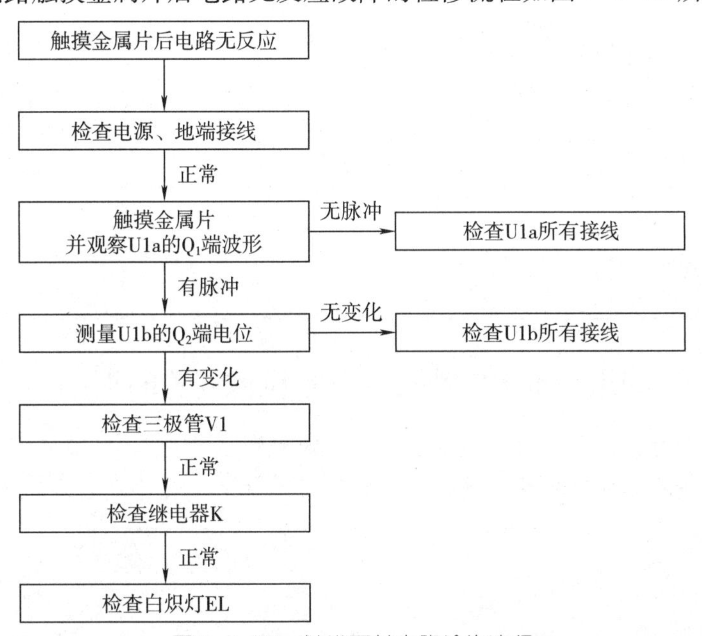

图 7-1-20 触摸开关电路检修流程

四、实训报告要求

1. 分别画出触摸开关电路原理图和安装图。
2. 完成调试记录。
3. 分析说明 CD4013 的功能及其在电路中起的作用。

五、评分标准

评分标准见表 7-1-7。

表 7-1-7　评分标准

姓名：________　　学号：________　　合计得分：________

内容	要求	评分标准	配分	扣分	得分
元器件识别	元器件识别、选用正确	一处错误，扣 5 分	15		
电路安装	电路安装正确、完整	一处不符合，扣 5 分	15		
	元器件完好，无损坏	一件损坏，扣 2.5 分	5		
	布局层次合理，主次分清	一处不符合，扣 2 分	10		
	接线规范，布线美观，横平竖直，接线牢固，无虚焊，焊点符合要求	一处不符合，扣 2 分	10		
电路调试	通电调试成功	通电调试不成功，扣 10 分	10		
波形测量	示波器使用正确，测量方法、结果正确	一处不符合，扣 5 分	25		
安全生产	遵守国家颁布的安全生产法规或企业自定的安全生产规范	1. 违反安全生产相关规定，每项扣 2 分 2. 发生重大事故加倍扣分	10		
合计			100		

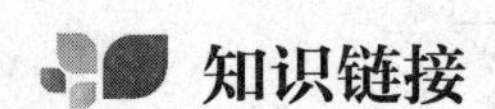

知识链接

利用基本 RS 触发器克服机械开关的振动

机械开关接合时，由于振动会使电压或电流波形产生“毛刺”，如图 7-1-21 所示。在电子电路中，一般不允许出现这种现象，因为这种干扰信号会导致电路工作出错。

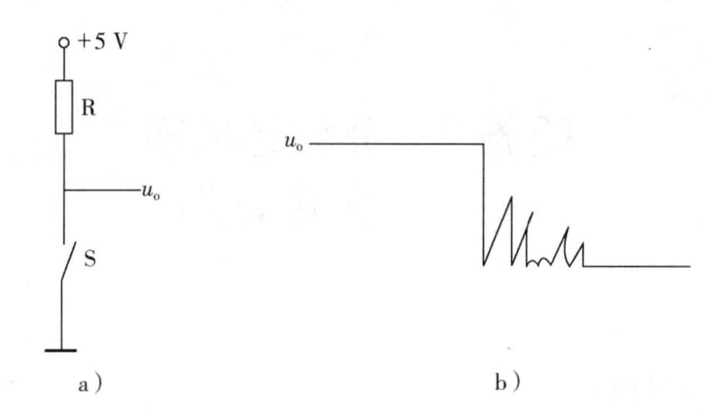

图 7-1-21 机械开关的工作情况

a）机械开关的接合 b）对电压波形的影响

利用基本 RS 触发器的记忆功能可以消除上述开关振动所产生的影响，开关与触发器的连接方法如图 7-1-22a 所示。单刀双掷开关原本与 B 点接合，此时触发器的状态为 0。当开关由 B 拨向 A 时，其中有一短暂的浮空时间，此时触发器的 R、S 均为 1，Q 仍为 0。开关与 A 接合时，A 点的电位由于振动而产生“毛刺”。但是，B 点已经成为高电平，A 点一旦出现低电平，触发器的状态翻转为 1，即使 A 点再出现高电平，也不会再改变触发器的状态，Q 的波形不会产生“毛刺”，如图 7-1-22b 所示。

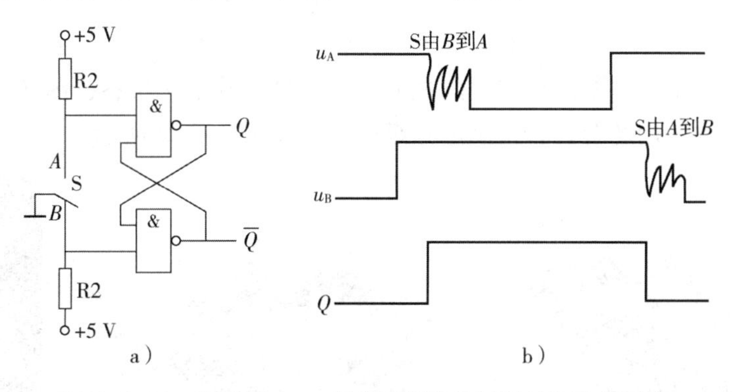

图 7-1-22 利用基本 RS 触发器消除机械开关振动的影响

a）逻辑图 b）波形

任务 2　555 定时器及其应用

学习目标

1. 熟悉 555 定时器的电路结构和逻辑功能。
2. 掌握 555 定时器构成的单稳态触发器、多谐振荡器和施密特触发器等应用电路的工作原理。
3. 掌握秒指示电路的工作原理、安装、调试与检修。

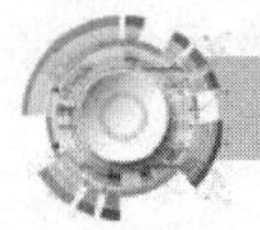

任务引入

在生产和生活中，许多设备都有闪烁的指示灯显示其工作状态，图 7-2-1 所示为常见的秒闪烁指示灯的使用场合。秒指示电路组成框图如图 7-2-2 所示。

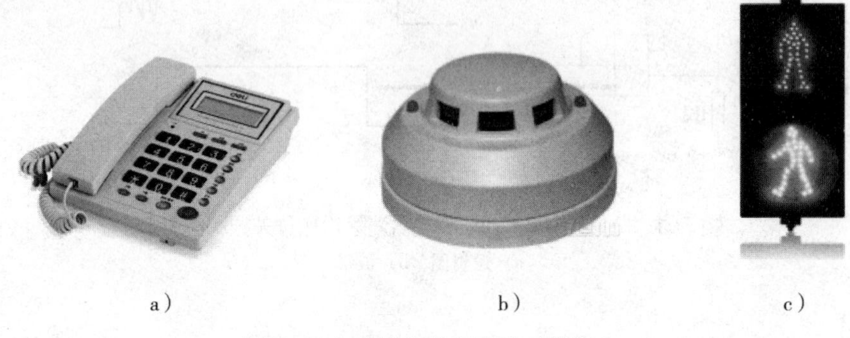

图 7-2-1　秒闪烁指示灯的使用场合

a）来电指示灯　b）报警器工作指示灯　c）交通指示灯

555定时器构成秒振荡器 → 指示灯

图 7-2-2　秒指示电路组成框图

本任务是熟悉 555 定时器的电路结构和逻辑功能，掌握其典型应用电路的工作原理，完成秒指示电路的安装、调试与检修，掌握 555 定时器的实际应用。

一、555 定时器

常用的 555 定时器主要包括 TTL 定时器和 CMOS 定时器两种类型，两者的工作原理基本相同。图 7-2-3 所示为 CMOS 定时器 CC7555 的外形、引脚排列和电路结构。

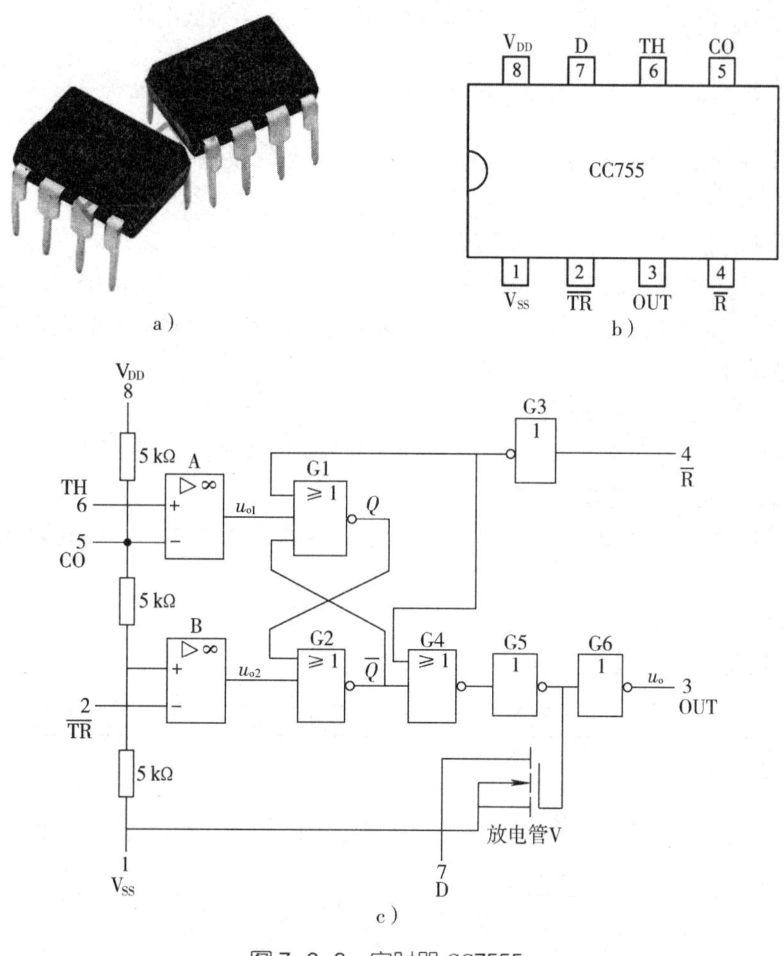

图 7-2-3　定时器 CC7555

a）外形　b）引脚排列　c）电路结构

1. 电路结构

定时器 CC7555 由电阻分压器、两个电压比较器 A 和 B、基本 RS 触发器、放电管 V、输出缓冲级 G5 和 G6 等组成。

（1）电阻分压器

电阻分压器由三个电阻值相同的电阻器串联而成。由于集成运算放大器具有高输入阻抗的特点，当 CO 端不外加电压时，电压比较器 A 的基准电压为$\frac{2}{3}V_{DD}$，电压比较器 B 的基准电压为$\frac{1}{3}V_{DD}$。

（2）电压比较器

定时器的主要功能取决于两个电压比较器 A、B。电压比较器的输出直接控制基本 RS 触发器和放电管 V 的状态。电压比较器输出与输入之间的关系如下：

当 $u_{TH}>\frac{2}{3}V_{DD}$ 时，u_{o1} 为高电平；当 $u_{TH}<\frac{2}{3}V_{DD}$ 时，u_{o1} 为低电平。

当 $u_{\overline{TR}}>\frac{1}{3}V_{DD}$ 时，u_{o2} 为低电平；当 $u_{\overline{TR}}<\frac{1}{3}V_{DD}$ 时，u_{o2} 为高电平。

式中，TH 表示高电平触发输入端，$\overline{\mathrm{TR}}$ 表示低电平触发输入端。

（3）基本 RS 触发器

基本 RS 触发器由或非门 G1、G2 组成。

$\overline{\mathrm{R}}$ 端是外部复位端，低电平有效。当输入 $\overline{R}=0$ 时，$Q=0$，基本 RS 触发器强制复位，不受电压比较器输出的影响；当 $\overline{R}=1$ 时，定时器正常工作，基本 RS 触发器的状态取决于电压比较器的输出。

（4）放电管 V 和输出缓冲级

放电管 V 为 N 沟道增强型 MOS 管。当 G5 开放时，V 截止，D 端与地断开；当 G5 关闭时，V 导通，D 端与地接通。

G5、G6 组成输出缓冲级，其作用是提高定时器的带负载能力，同时隔离负载对定时器的影响。

2. 逻辑功能

555 定时器的功能见表 7-2-1。

表 7-2-1 555 定时器的功能表

输入			输出			
u_{TH}	$u_{\overline{TR}}$	$\overline{R}$	Q	$\overline{Q}$	u_o	放电管 V
×	×	0	0	×	0	导通
$<\frac{2}{3}V_{DD}$	$<\frac{1}{3}V_{DD}$	1	1	0	1	截止
$>\frac{2}{3}V_{DD}$	$>\frac{1}{3}V_{DD}$	1	0	1	0	导通
$>\frac{2}{3}V_{DD}$	$<\frac{1}{3}V_{DD}$	1	1	0	1	截止
$<\frac{2}{3}V_{DD}$	$>\frac{1}{3}V_{DD}$	1	不变	不变	不变	不变

提示

555 定时器的功能表 7-2-1 是在 CO 端悬空的条件下得到的，如果 CO 端施加一外加电压（其值在 0~V_{DD} 之间），电压比较器的参考电压将发生变化，电路的阈值、触发电平也将随之改变。

二、555 定时器的应用

1. 单稳态触发器

单稳态触发器是指有一个稳态和一个暂稳态的波形变换电路，在外加触发信号的作用下，能够产生一定宽度和幅度的矩形波信号，但这只是一个暂稳态，持续一段时间后又会自动返回稳态。

（1）电路组成

555 定时器构成的单稳态触发器的电路和波形如图 7-2-4 所示，电路中电阻器 R、电容器 C 为外接定时元件，外加触发信号从 555 定时器的 $\overline{TR}$ 端输入。

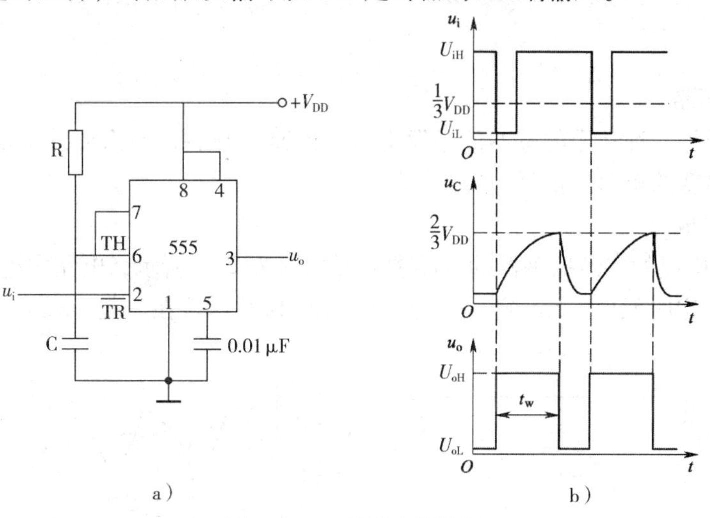

a）　　b）

图 7-2-4　单稳态触发器

a）电路　b）波形

（2）工作原理

当单稳态触发器无触发信号时，相当于输入 u_i 为高电平，即 $u_{\overline{TR}}=u_i=U_{iH}$。接通电源后，$V_{DD}$ 通过电阻器 R 向电容器 C 充电，使电容器 C 两端电压 u_C 升高，当 u_C（即 u_{TH}）升高到$\frac{2}{3}V_{DD}$ 时，输出 u_o 为低电平，内部放电管 V 导通，电容器 C 放电，使 $u_{TH}=u_C<\frac{2}{3}V_{DD}$，而此时 $u_{\overline{TR}}=u_i=V_{DD}>\frac{1}{3}V_{DD}$，根据 555 定时器的逻辑功能可知，电路输出保持原状态即低电平不变，这种状态即为单稳态触发器的稳定状态。

当单稳态触发器有触发信号时，相当于输入 u_i 变为低电平，即 $u_{\overline{TR}}=u_i=U_{iL}<\frac{1}{3}V_{DD}$，由于 $u_{TH}=u_C<\frac{2}{3}V_{DD}$，则电路状态翻转，输出 u_o 变为高电平，内部放电管 V 截止，V_{DD} 通过电阻器 R 向电容器 C 充电，u_C（即 u_{TH}）按指数规律升高，当 $u_{TH}=u_C<\frac{2}{3}V_{DD}$ 时，电路输出保持原状态即高电平不变，这种状态即为单稳态触发器的暂稳态。

当 u_C（即 u_{TH}）升高到 $\frac{2}{3}V_{DD}$ 时，而此时 $u_{\overline{TR}}=u_i>\frac{1}{3}V_{DD}$，电路状态再次翻转，输出 u_o 变为低电平，放电管 V 导通，电容器 C 放电，电路自动返回到触发前的稳定状态。

提示

输出脉冲宽度 t_w 就是暂稳态持续的时间，即电容器两端电压从 0 充电至 $\frac{2}{3}V_{DD}$ 所需的时间。由理论推导可得：$t_w\approx1.1\,RC$。

2. 多谐振荡器

多谐振荡器是一种常用的脉冲信号发生器，接通电源后，不需要外加触发信号就能产生一定频率和幅度的矩形波信号。

（1）电路组成

555 定时器构成的多谐振荡器的电路和波形如图 7-2-5 所示，电路中电阻器 R1 和 R2、电容器 C 为外接定时元件，555 定时器的 $\overline{TR}$ 端和 TH 端连接在一起，取电容器 C 两端电压作为触发信号。

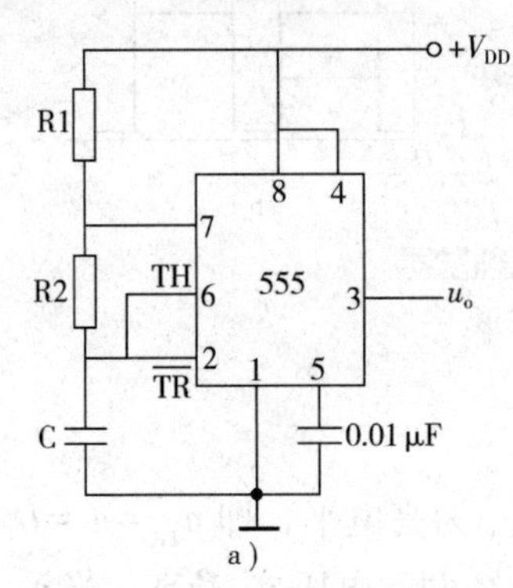

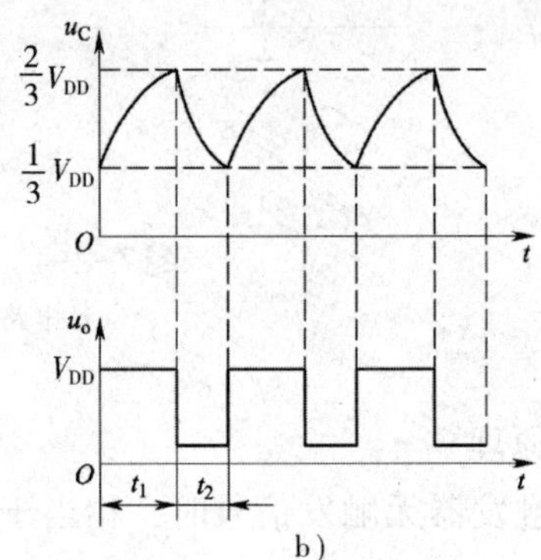

图 7-2-5　多谐振荡器

a）电路　b）波形

（2）工作原理

刚接通电源瞬间，电容器 C 两端电压 $u_C=0$，即 $u_{TH}=u_{\overline{TR}}=u_C=0<\frac{1}{3}V_{DD}$，输出 u_o 为高

电平，内部放电管 V 截止，V_{DD} 通过电阻器 R1、R2 向电容器 C 充电，使 u_C 升高；当 u_C 升高到 $\frac{2}{3}V_{DD}$ 时，电路状态翻转，输出 u_o 变为低电平，内部放电管 V 导通，电容器 C 通过内部放电管 V 放电，u_C 逐渐降低；当 u_C 降低到 $\frac{1}{3}V_{DD}$ 时，电路状态再次翻转，输出 u_o 又变为高电平。如此反复循环，在一种暂稳态和另一种暂稳态之间自动转换，便形成了振荡，在输出端得到一个周期性的矩形波信号。

由理论推导可得，矩形波信号的振荡周期为

$$T=t_1+t_2\approx 0.7(R_1+R_2)C+0.7R_2C=0.7(R_1+2R_2)C$$

式中，t_1——充电时间，即电容器 C 两端电压从 $\frac{1}{3}V_{DD}$ 升高到 $\frac{2}{3}V_{DD}$ 所需的时间；

t_2——放电时间，即电容器 C 两端电压从 $\frac{2}{3}V_{DD}$ 降低到 $\frac{1}{3}V_{DD}$ 所需的时间。

矩形波信号的占空比为

$$q=\frac{t_1}{T}=\frac{t_1}{t_1+t_2}=\frac{R_1+R_2}{R_1+2R_2}$$

想一想

多谐振荡器如何输出一个秒脉冲信号？

3. 施密特触发器

施密特触发器是一种具有回差特性的双稳态触发器，其具有两个稳态，且两个稳态依靠外加触发信号的电平高低来维持，由第一稳态翻转到第二稳态，再由第二稳态翻转回第一稳态所需的触发电平存在差值。

（1）电路组成

555 定时器构成的施密特触发器的电路和波形如图 7-2-6 所示。

（2）工作原理

当输入 $u_i<\frac{1}{3}V_{DD}$ 时，即 $u_{\overline{TR}}=u_{TH}=u_i<\frac{1}{3}V_{DD}$，输出 u_o 为高电平；当 $\frac{1}{3}V_{DD}\leqslant u_i<\frac{2}{3}V_{DD}$ 时，电路维持原状态不变，输出 u_o 仍为高电平；当输入升高到 $u_i\geqslant\frac{2}{3}V_{DD}$ 时，电路状态翻转，输出 u_o 变为低电平；当输入 u_i 升高到峰值后，开始降低，只要满足 $u_i\geqslant\frac{1}{3}V_{DD}$，电路维持原状态不变，输出 u_o 仍为低电平；当输入降低到 $u_i<\frac{1}{3}V_{DD}$ 时，电路状态再次翻转，输出 u_o 变回高电平。

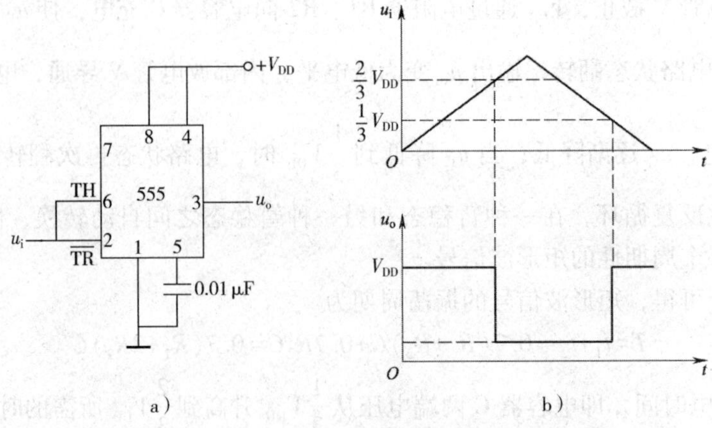

图 7-2-6　施密特触发器

a）电路　b）波形

由上述分析可知，在输入升高过程中，当 $u_i \geqslant \frac{2}{3}V_{DD}$ 时，电路输出由高电平变为低电平；在输入降低过程中，当 $u_i < \frac{1}{3}V_{DD}$ 时，电路输出由低电平变为高电平，电路具有回差特性。回差电压为

$$\Delta V_T = \frac{2}{3}V_{DD} - \frac{1}{3}V_{DD} = \frac{1}{3}V_{DD}$$

提示

如果在 CO 端施加一外加电压，可以改变回差电压 ΔV_T 的大小。施加的外加电压越高，ΔV_T 越大。

任务实施

任务实施使用的秒指示电路如图 7-2-7 所示。

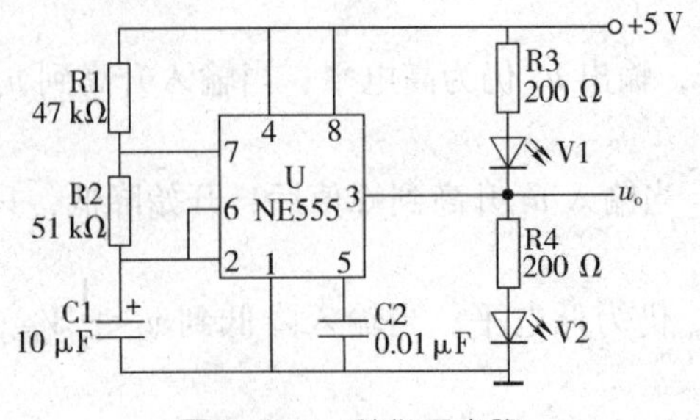

图 7-2-7　秒指示电路

软件仿真

秒指示电路仿真如图 7-2-8 所示，观察并记录示波器的波形和发光二极管的状态，分析电路的工作原理。

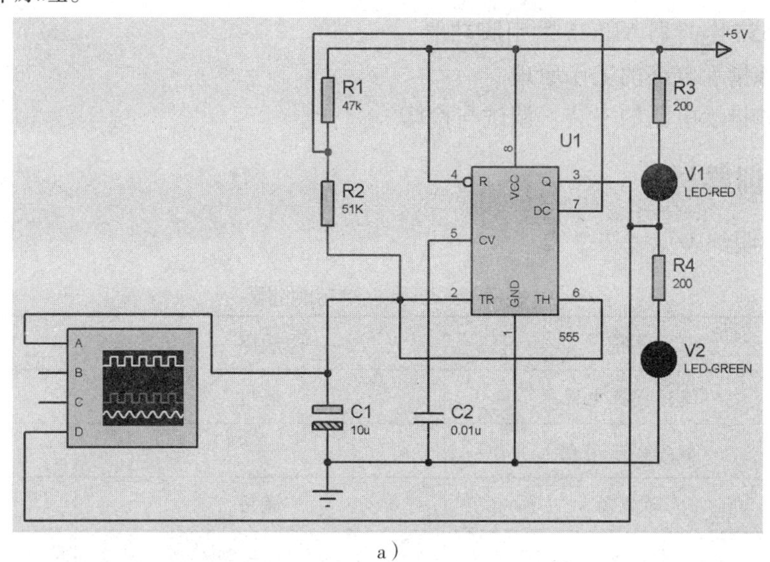

a）

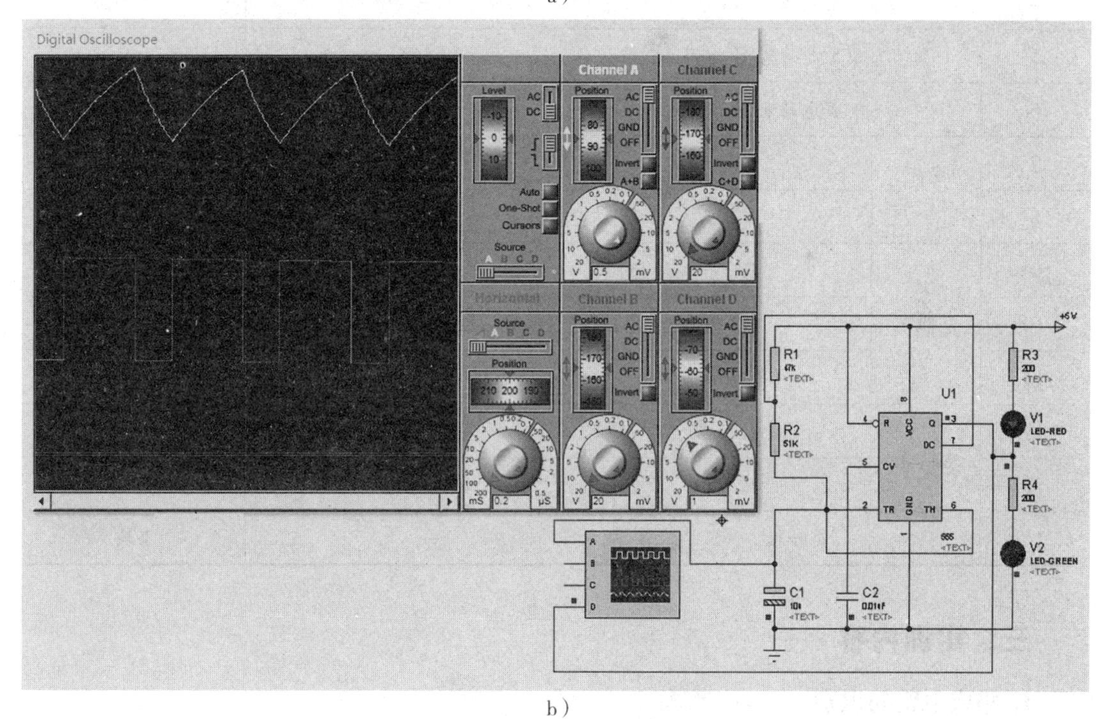

b）

图 7-2-8　秒指示电路仿真

a）仿真布置　b）仿真调试

实训操作

一、实训目的

1. 熟悉555定时器NE555的引脚功能。
2. 理解秒指示电路的工作原理。
3. 掌握秒指示电路的安装、调试与检修。

二、实训器材

实训器材明细表见表7-2-2。

表7-2-2　实训器材明细表

序号	名称		规格	数量
1	直流稳压电源		通用	1台
2	数字式万用表		—	1台
3	示波器		通用	1台
4	常用工具		—	1套
5	555定时器U		NE555	1只
6	集成电路插座		8P	1个
7	发光二极管	V1	红色	1只
8		V2	绿色	1只
9	电阻器	R1	47 kΩ	1只
10		R2	51 kΩ	1只
11		R3、R4	200 Ω	2只
12	电容器	C1	10 μF	1只
13		C2	0.01 μF	1只
14	实验板		—	1块

三、实训内容

1. 集成电路的识别

NE555是TTL定时器，其电路结构和引脚排列如图7-2-9所示。

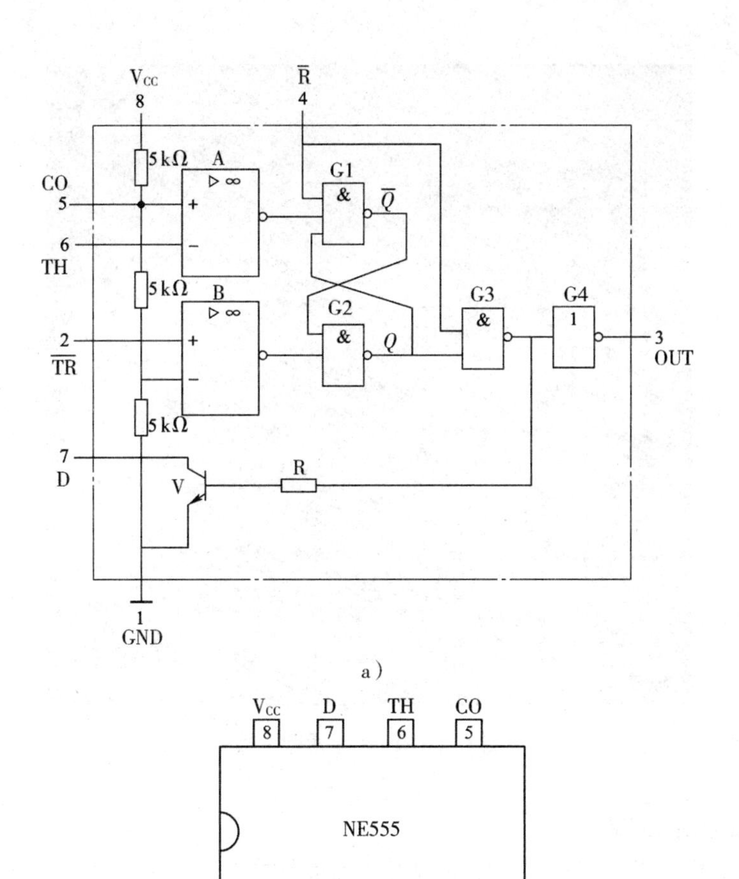

图 7-2-9 定时器 NE555

a）电路结构 b）引脚排列

提示

按表 7-2-2 核对实训器材的数量、型号和规格，如有短缺、差错应及时补充和更换。用万用表对发光二极管、电容器、电阻器等元器件进行检测，对不符合质量要求的元器件进行更换。

2. 秒指示电路的安装

（1）安装图绘制

根据图 7-2-7 进行安装图的设计。

（2）实验板插装与焊接

根据安装图和安装要求将元器件插装在实验板上，并进行焊接。

安装完成的秒指示电路板如图 7-2-10 所示。

图7-2-10　秒指示电路板

3. 秒指示电路的调试

（1）电路安装完毕，应对照电路图和安装图进行检查，仔细检查电路中各元器件是否安装正确，导线、焊点是否符合要求，有极性器件是否安装、连接正确。

（2）用万用表检测电源是否短路，若发现短路，应检查并排除短路点。

（3）检查无误后，按集成电路标记口的方向插上集成电路，方可通电调试。

（4）调试要求

用示波器分别观察、测量和记录555定时器引脚2或引脚6、引脚3的波形，同时观察、记录发光二极管的状态。

想一想

根据调试结果，能得出电路的输出波形的频率吗？

4. 秒指示电路的检修

秒指示电路发光二极管不闪烁故障的检修流程如图7-2-11所示。

四、实训报告要求

1. 分别画出秒指示电路原理图和安装图。
2. 完成调试记录。

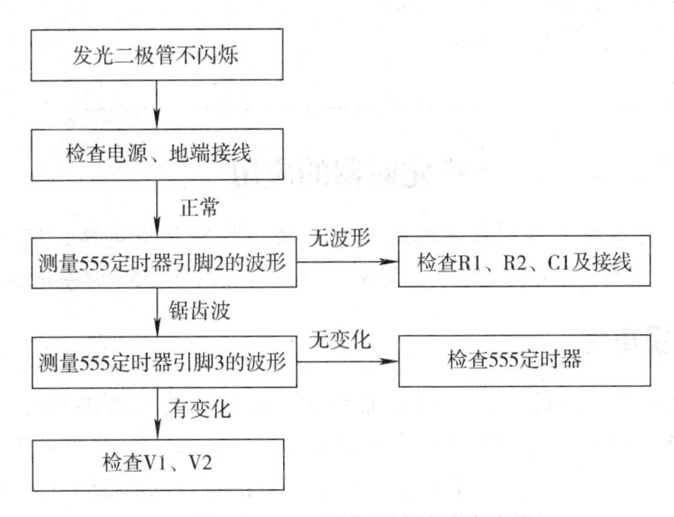

图 7-2-11 秒指示电路检修流程

3. 分析说明 555 定时器的功能及其在电路中的作用，计算该电路的振荡频率。

五、评分标准

评分标准见表 7-2-3。

表 7-2-3 评分标准

姓名：________ 学号：________ 合计得分：________

内容	要求	评分标准	配分	扣分	得分
元器件识别	元器件识别、选用正确	一处错误，扣 5 分	15		
电路安装	电路安装正确、完整	一处不符合，扣 5 分	15		
	元器件完好，无损坏	一件损坏，扣 2.5 分	5		
	布局层次合理，主次分清	一处不符合，扣 2 分	10		
	接线规范，布线美观，横平竖直，接线牢固，无虚焊，焊点符合要求	一处不符合，扣 2 分	10		
电路调试	通电调试成功	通电调试不成功，扣 10 分	10		
波形测量	示波器使用正确，测量方法、结果正确	一处不符合，扣 5 分	25		
安全生产	遵守国家颁布的安全生产法规或企业自定的安全生产规范	1. 违反安全生产相关规定，每项扣 2 分 2. 发生重大事故加倍扣分	10		
合计			100		

知识链接

555定时器的应用

555定时器是一种模拟电路和数字电路相结合的小规模集成电路，因其常在波形产生和变换等应用电路中起定时作用，故称为555定时器，又称为555时基电路。

一、电压监视电路

电压监视电路如图7-2-12所示，该电路由555定时器构成的单稳态触发器组成，设定的监视电压为5 V。当输入到555定时器引脚2的电压为设定的监视电压时，555定时器的引脚3输出低电平，发光二极管V1（绿）导通点亮；当输入到555定时器引脚2的电压低于设定的监视电压时，555定时器的引脚3输出高电平，发光二极管V1（绿）灭，发光二极管V2（红）导通点亮。也就是说，绿色发光二极管亮表示所监视的电压达到5 V，红色发光二极管亮表示所监视的电压未达到5 V，这样通过观察哪个发光二极管点亮，就能判断出所监视的电压是否为5 V。

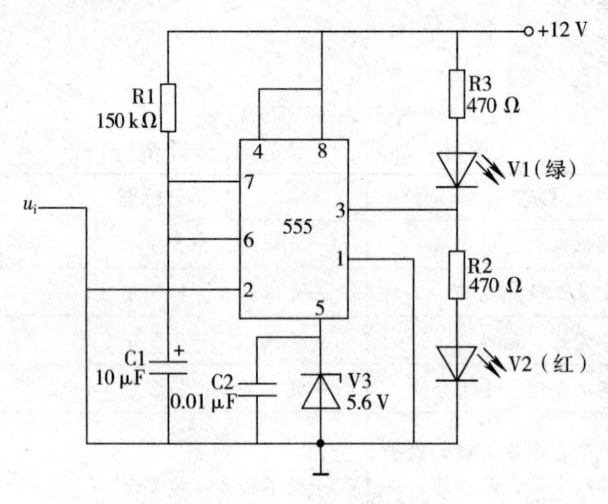

图7-2-12　电压监视电路

如果所监视的电压长时间低于设定的监视电压，则单稳态触发器可以连续触发，即在触发暂稳态之后，再次启动。图7-2-12所示电路的暂稳态持续时间（$t_w \approx 1.1R_1C_1$）为1.65 s左右。

二、门灯延时电路

门灯延时电路如图7-2-13所示，该电路由555定时器构成的单稳态触发器组成。平时由于金属片P无感应电压，电容器C1通过555定时器的引脚7放电完毕，555定时器的引脚3输出为低电平，继电器K释放，其常开触头断开，白炽灯EL不亮。

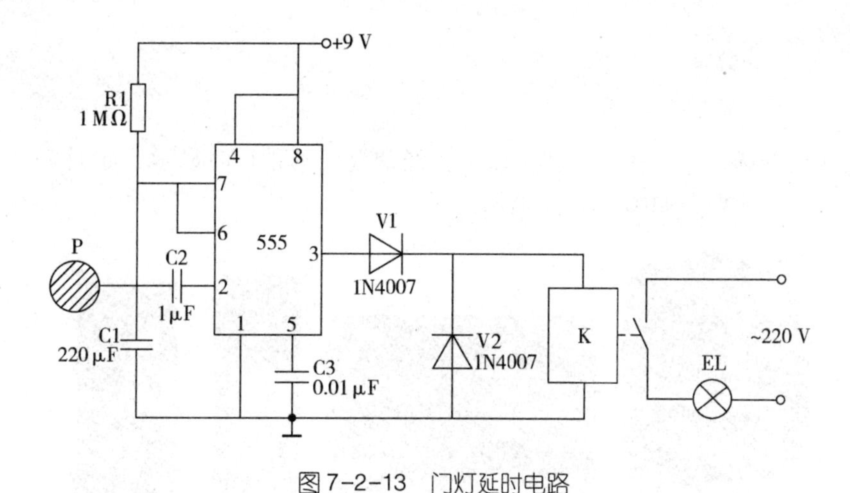

图 7-2-13　门灯延时电路

当需要开灯时，用手触摸金属片 P，人体感应的杂波信号电压由电容器 C2 加至 555 定时器的引脚 2，使 555 定时器引脚 3 的输出由低电平变为高电平，继电器 K 吸合，常开触头闭合，白炽灯 EL 点亮；同时 555 定时器的引脚 7 内部截止，电源通过电阻器 R1 给电容器 C1 充电，延时开始。

当电容器 C1 两端电压升高到电源电压的 2/3 时，555 定时器的引脚 7 导通，使电容器 C1 放电，555 定时器引脚 3 的输出由高电平变回低电平，继电器 K 释放，白炽灯 EL 熄灭，定时结束。

定时时间长短由 R_1、C_1 的大小决定，即定时时长 $T_1 = 1.1R_1C_1$。图 7-2-13 所示电路的定时时长约为 4 min。

任务 3　计数器、寄存器及其应用

学习目标

1. 熟悉计数器、寄存器的功能和常见类型。
2. 掌握秒计时显示电路的工作原理、安装、调试与检修。

任务引入

无论是在比赛场，还是在生产和生活中，经常会用到秒计时显示，如图 7-3-1 所示。秒计时显示电路组成框图如图 7-3-2 所示。

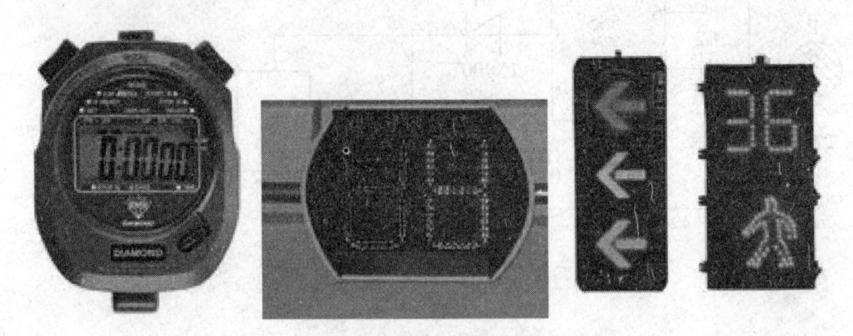

图 7-3-1　秒计时显示的应用实例

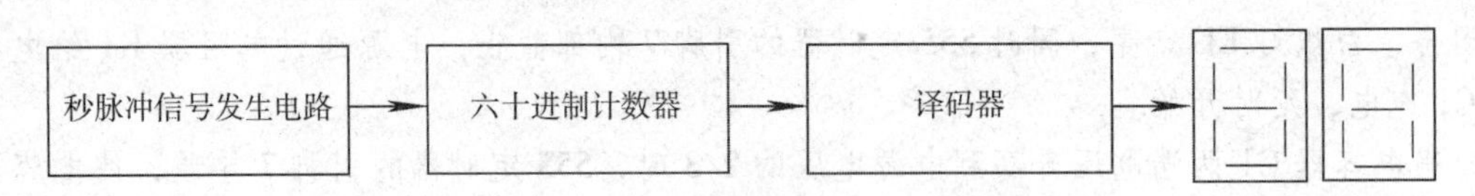

图 7-3-2　秒计时显示电路组成框图

本任务是熟悉计数器、寄存器的功能和常见类型，完成秒计时显示电路的安装、调试与检修，掌握常用计数器和寄存器的实际应用。

相关知识

一、计数器

计数器是数字系统中能统计输入脉冲个数（称为计数）的数字电路，还可用来定时、分频等。

按计数进制的不同，计数器可分为二进制计数器、十进制计数器和 N 进制（即任意进制）计数器。

按计数器中各触发器翻转顺序的不同，计数器可分为异步计数器和同步计数器。在异步计数器中，当计数脉冲输入时，各级触发器的翻转不是同时进行的，而是有先有后的；在同步计数器中，所有触发器在同一计数脉冲作用下的翻转是同时进行的。

按计数过程中计数器数值变化趋势的不同，计数器可分为递增计数器、递减计数器和可逆计数器，随着计数脉冲的输入而递增计数的称为递增计数器，递减计数的称为递减计数器，可增可减计数的称为可逆计数器。

1. 二进制计数器

以三位异步二进制递增计数器为例。

（1）电路组成

三位异步二进制递增计数器的逻辑图如图 7-3-3 所示。它由三个 JK 触发器组成，由于各触发器的 1J 端、1K 端均悬空（相当于输入 $J=K=1$），故每输入一个触发脉冲（即计数脉冲），触发器翻转一次。3 个触发器中，只有最低位的触发器的时钟脉冲输入端接收计数脉冲 CP，其他各级均是低位触发器的输出 Q 接到高位触发器的时钟脉冲输入端，因此，只要低位触发器的状态从 1 变为 0，其输出 Q 产生的下降沿就会使高一位的触发器翻转。各触发器的输出为 Q_0、Q_1、Q_2，进位输出为 C。

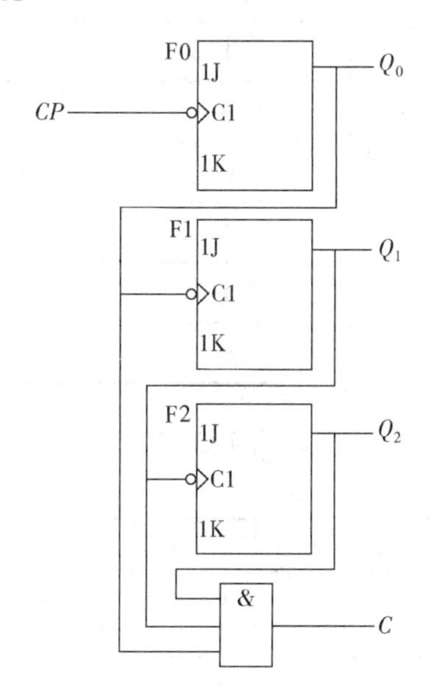

图 7-3-3　三位异步二进制递增计数器的逻辑图

（2）工作原理

计数器工作前，通常需要把所有的触发器置“0”，即计数器状态（即输出 $Q_2Q_1Q_0$ 表示的二进制代码）为 000，这一过程称清零或复位。清零之后，计数器就可以开始计数。

第一个计数脉冲输入时，在该脉冲的下降沿到来时刻，触发器 F0 翻转，其输出 Q_0 由 0 变为 1。Q_0 的正跳变（即由 0 变为 1）送到触发器 F1 的时钟脉冲输入端，由于各触发器都是负跳变（即由 1 变为 0）触发，因此触发器 F1 不翻转，计数器的状态为 001。

第二个计数脉冲输入时，触发器 F0 又翻转，其输出 Q_0 由 1 变为 0。Q_0 的负跳变送到触发器 F1 的时钟脉冲输入端，触发器 F1 翻转，其输出 Q_1 由 0 变为 1。Q_1 的正跳变送到触发器 F2 的时钟脉冲输入端，触发器 F2 不翻转，计数器状态为 010。

按照上述规律，当第七个计数脉冲输入时，计数器状态为 111。如果输入第八个计数脉冲，计数器状态变为 000，并产生一个进位信号。

由图 7-3-3 可得到进位的逻辑表达式为

$$C=Q_2^nQ_1^nQ_0^n$$

(3) 逻辑功能

根据三位异步二进制递增计数器的工作原理可以得到其状态表（见表 7-3-1）。

表 7-3-1　三位异步二进制递增计数器的状态表

输入计数脉冲个数	计数器状态			进位 C
	Q_2^n	Q_1^n	Q_0^n	
0	0	0	0	0
1	0	0	1	0
2	0	1	0	0
3	0	1	1	0
4	1	0	0	0
5	1	0	1	0
6	1	1	0	0
7	1	1	1	1
8	0	0	0	0

三位异步二进制递增计数器的波形如图 7-3-4 所示。

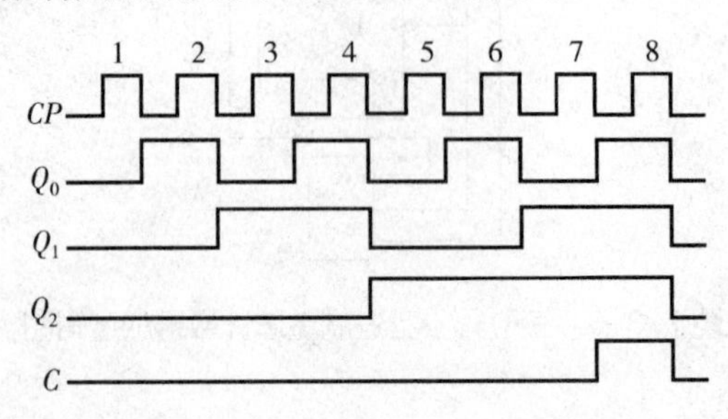

图 7-3-4　三位异步二进制递增计数器的波形

2. 二-五-十进制计数器

在计数器中，十进制数通常是用二进制代码表示的，因此十进制计数器是指二-十进制编码的计数器。74LS290 是常用的集成二-五-十进制计数器。

(1) 电路组成和引脚排列

74LS290 由 1 个一位二进制计数器和 1 个五进制计数器组成，其逻辑图如图 7-3-5a 所示，引脚排列如图 7-3-5b 所示。

各引脚功能如下：

C_0——一位二进制计数器的计数脉冲输入端。

Q_0——一位二进制计数器的输出端。

C_1——五进制计数器的计数脉冲输入端。

Q_3、Q_2、Q_1——五进制计数器的输出端。

$R_{0(1)}$、$R_{0(2)}$ ——二-五-十进制计数器的置“0”端，高电平有效。

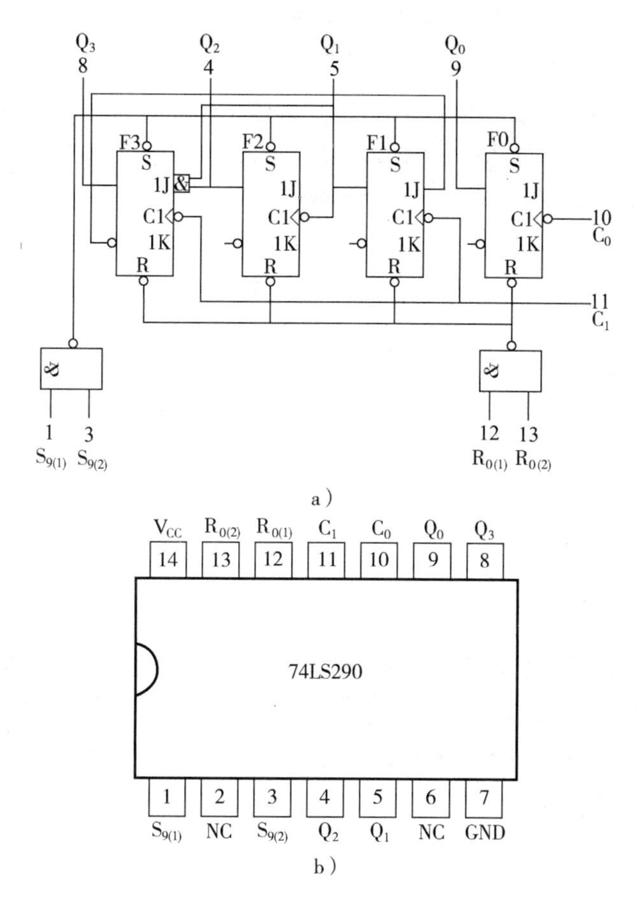

图 7-3-5　74LS290 型二-五-十进制计数器

a）逻辑图　b）引脚排列

$R_{9(1)}$、$R_{9(2)}$ ——二-五-十进制计数器的置“9”端，高电平有效。

V_{CC}——电源端。

NC——空脚。

GND——地端。

74LS290 的功能表见表 7-3-2。

表 7-3-2　74LS290 的功能表

<table>
<tr><th>$R_{0(1)}$</th><th>$R_{0(2)}$</th><th>$S_{9(1)}$</th><th>$S_{9(2)}$</th><th>Q_3</th><th>Q_2</th><th>Q_1</th><th>Q_0</th></tr>
<tr><td rowspan="2">1</td><td rowspan="2">1</td><td>0</td><td>×</td><td rowspan="2">0</td><td rowspan="2">0</td><td rowspan="2">0</td><td rowspan="2">0</td></tr>
<tr><td>×</td><td>0</td></tr>
<tr><td>×</td><td>×</td><td>1</td><td>1</td><td>1</td><td>0</td><td>0</td><td>1</td></tr>
<tr><td>×</td><td>0</td><td>×</td><td>0</td><td colspan="4">计数</td></tr>
<tr><td>0</td><td>×</td><td>0</td><td>×</td><td colspan="4">计数</td></tr>
<tr><td>0</td><td>×</td><td>×</td><td>0</td><td colspan="4">计数</td></tr>
<tr><td>×</td><td>0</td><td>0</td><td>×</td><td colspan="4">计数</td></tr>
</table>

（2）工作原理

1）计数脉冲只从 C_0 端输入时，计数从 Q_0 端输出，此时为二进制计数器。

2）计数脉冲只从 C_1 端输入时，计数从 Q_3、Q_2、Q_1 端输出，此时为五进制计数器。由图 7-3-5a 可得出触发器 F1、F2、F3 的输入为

$$J_1=\overline{Q_3}，K_1=1$$
$$J_2=1，K_2=1$$
$$J_3=Q_1Q_2，K_3=1$$

因初始状态为 000，故

$$J_1=1，K_1=1$$
$$J_2=1，K_2=1$$
$$J_3=0，K_3=1$$

提示

根据 JK 触发器的特性表，触发器 F2 只有在触发器 F1 的输出 Q_1 从 1 变为 0 时才能翻转，由此得出下一状态为 001；然后以 001 继续分析，此时触发器 F1、F2 都翻转，由此得出下一状态为 010；直至分析到状态恢复为 000 为止。

五进制计数器的状态表见表 7-3-3。由表可知，每输入五个计数脉冲，计数器循环一次。

表 7-3-3 五进制计数器的状态表

输入计数脉冲个数	$J_3=Q_1Q_2$	$K_3=1$	$J_2=1$	$K_2=1$	$J_1=\overline{Q_3}$	$K_1=1$	Q_3	Q_2	Q_1
0	0	1	1	1	1	1	0	0	0
1	0	1	1	1	1	1	0	0	1
2	0	1	1	1	1	1	0	1	0
3	1	1	1	1	1	1	0	1	1
4	0	1	1	1	0	1	1	0	0
5	0	1	1	1	1	1	0	0	0

3）将 Q_0 端与 C_1 端连接，计数脉冲从 C_0 端输入时，计数从 Q_3、Q_2、Q_1、Q_0 端输出，此时构成十进制递增计数器，如图 7-3-6 所示，其状态表见表 7-3-4。

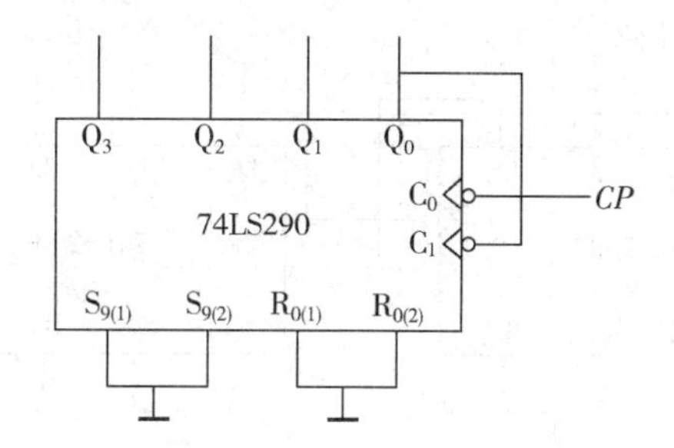

图 7-3-6　十进制递增计数器

表 7-3-4　十进制递增计数器的状态表

输入计数脉冲个数	计数器状态			
	Q_3^n	Q_2^n	Q_1^n	Q_0^n
0	0	0	0	0
1	0	0	0	1
2	0	0	1	0
3	0	0	1	1
4	0	1	0	0
5	0	1	0	1
6	0	1	1	0
7	0	1	1	1
8	1	0	0	0
9	1	0	0	1
10	0	0	0	0

（3）用 74LS290 构成六十进制计数器

提示

利用复位法可以得到 N 进制计数器，其方法一般是把第 N 个计数脉冲输入时所有触发器输出为 1 的输出端连接到一个与非门的输入端，并使与非门的输出控制计数器的置“0”端，从而在第 N 个计数脉冲作用时计数器回到 0，成为 N 进制计数器。

为得到六十进制计数器，可以将两片接成十进制计数器的 74LS290 串联起来，如图 7-3-7 所示。十位的状态（即输出 $Q_3Q_2Q_1Q_0$）为 0000 到 0101 时，计数器正常计数；当由 0101 变为 0110 时，与非门输出为 0，十位和个位的状态都变为 0000，从而实现六十进制计数。

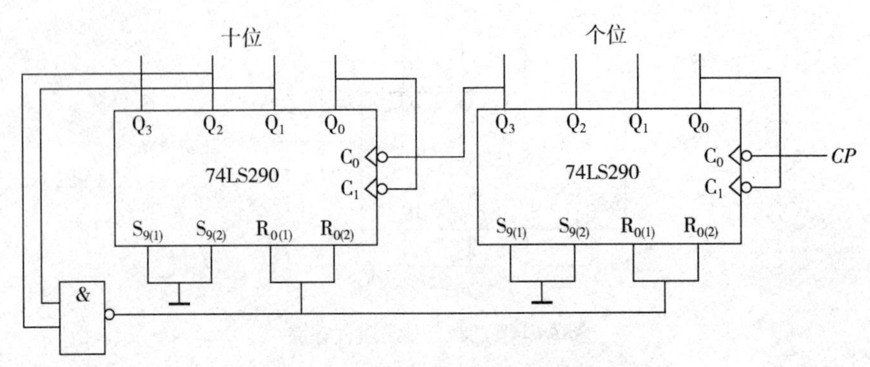

图 7-3-7　两片 74LS290 构成六十进制计数器

想一想

用 74LS290 构成二十四进制计数器时应如何连接？

二、寄存器

寄存器是能够接收、存放和传递数码的逻辑记忆元件，分为数码寄存器和移位寄存器两类。

1. 数码寄存器

数码寄存器是最简单的寄存器，只具有接收数码和清除数码的功能。

D 触发器构成的数码寄存器的逻辑图如图 7-3-8 所示。

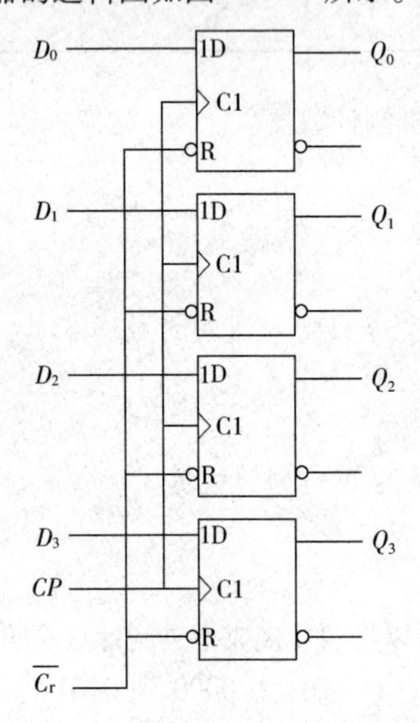

图 7-3-8　数码寄存器的逻辑图

$D_0 \sim D_3$ 为 4 位数码输入，$Q_0 \sim Q_3$ 为 4 位数码输出。

（1）当 $\overline{C_r}=0$ 时，寄存器清除原有数码（即清零），$Q_0 \sim Q_3$ 均为 0。

（2）清零后，$\overline{C_r}=1$。当 CP 上升沿到来时，输入 $D_0 \sim D_3$ 的数码并行存入 $Q_0 \sim Q_3$ 中。当 $\overline{C_r}=1$、$CP=0$ 时，各触发器处于保持状态。

2. 移位寄存器

移位寄存器不仅具有存放数码的功能，还具有移位的功能。移位寄存器分为单向移位寄存器和双向移位寄存器。

（1）单向移位寄存器

图 7-3-9a 所示是由 D 触发器构成的单向移位寄存器的逻辑图。当移位脉冲 CP 上升沿到来时，输入 D_0 移入最低位触发器 F0，而每个触发器的状态均移入高一位触发器，触发器 F3 的状态移出寄存器。设各触发器初始状态均为 0，输入为 1011，则经过四个移位脉冲之后，1011 全部存入寄存器，波形如图 7-3-9b 所示。

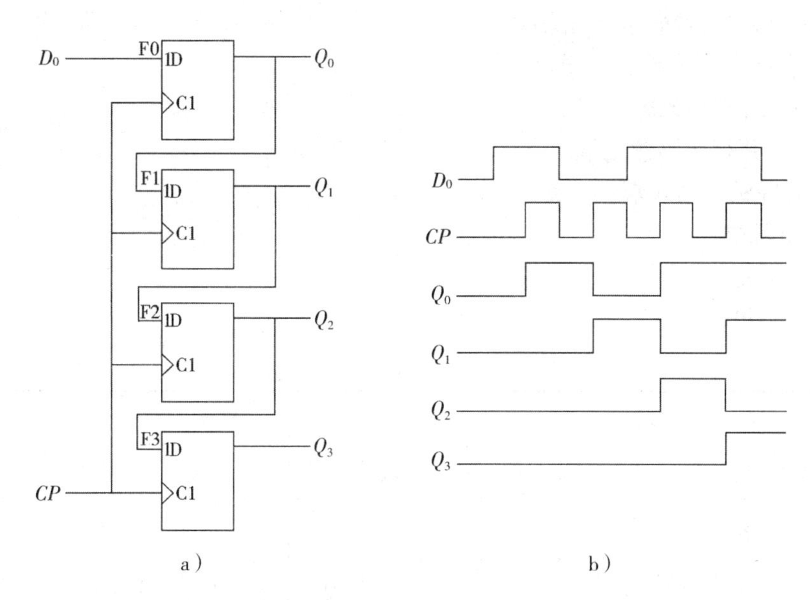

图 7-3-9　单向移位寄存器

a）逻辑图　b）波形

这种输入取自最低位触发器的输入 D_0，当输入一个移位脉冲 CP 时，各触发器的状态均移入高一位触发器的输入方式称为串行输入；输出取自各触发器的输出 Q 的方式称为并行输出；输出取自最高位触发器的输出 Q 的方式称为串行输出。因此，图 7-3-9a 所示的单向移位寄存器又称为串行输入、串行和并行输出单向移位寄存器。

（2）双向移位寄存器

74LS194 是具有双向移位、串行和并行输入、保持数码、清除数码等功能的双向四位 TTL 型集成移位寄存器，其外形如图 7-3-10 所示，引脚排列如图 7-3-11 所示。

各引脚功能如下：

$\overline{\text{CR}}$——清零端。

图 7-3-10　74LS194 的外形

V_{CC}	Q_0	Q_1	Q_2	Q_3	CP	M_B	M_A
16	15	14	13	12	11	10	9
74LS194							
1	2	3	4	5	6	7	8
$\overline{CR}$	D_{SR}	D_0	D_1	D_2	D_3	D_{SL}	GND

图 7-3-11　74LS194 的引脚排列

M_A、M_B——工作方式控制端。

D_{SL}——左移串行数码输入端。

D_{SR}——右移串行数码输入端。

$D_0 \sim D_3$——并行数码输入端。

$Q_0 \sim Q_3$——并行数码输出端。

CP——时钟脉冲输入端。

V_{CC}——电源端。

GND——地端。

74LS194 的功能表见表 7-3-5。

表 7-3-5　74LS194 的功能表

输入										输出				功能
$\overline{CR}$	M_B	M_A	D_{SR}	D_{SL}	CP	D_0	D_1	D_2	D_3	Q_0^{n+1}	Q_1^{n+1}	Q_2^{n+1}	Q_3^{n+1}	
0	×	×	×	×	×	×	×	×	×	0	0	0	0	清零
1	×	×	×	×	0	×	×	×	×	Q_0^n	Q_1^n	Q_2^n	Q_3^n	保持
1	1	1	×	×	↑	D_0	D_1	D_2	D_3	D_0	D_1	D_2	D_3	并行输入
1	0	1	1	×	↑	×	×	×	×	1	Q_0^n	Q_1^n	Q_2^n	右移输入 1
1	0	1	0	×	↑	×	×	×	×	0	Q_0^n	Q_1^n	Q_2^n	右移输入 0
1	1	0	×	1	↑	×	×	×	×	Q_1^n	Q_2^n	Q_3^n	1	左移输入 1
1	1	0	×	0	↑	×	×	×	×	Q_1^n	Q_2^n	Q_3^n	0	左移输入 0
1	0	0	×	×	×	×	×	×	×	Q_0^n	Q_1^n	Q_2^n	Q_3^n	保持

提示

在数字系统中，数码传输的方式分为串行和并行两种，可用移位寄存器作为数字接口，将并行数码串行输出，或将串行数码逐位接收形成并行数码。

任务实施

任务实施使用的秒计时显示电路如图 7-3-12 所示。图中虚线框中的秒脉冲信号发生电路就是本课题任务 2 的秒指示电路。

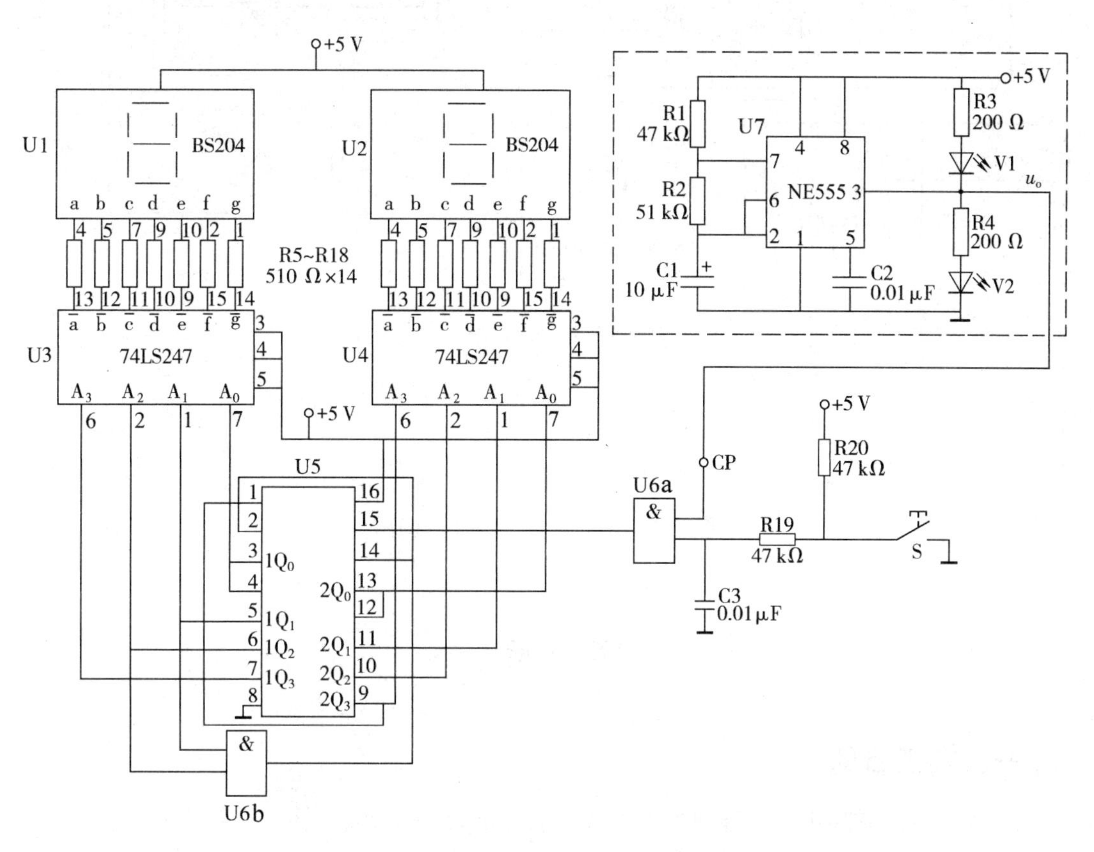

图 7-3-12 秒计时显示电路

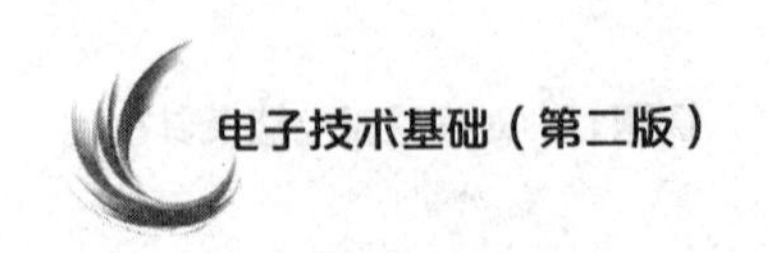

软件仿真

秒计时显示电路仿真如图 7-3-13 所示，观察并记录发光二极管和 LED 数码显示器的状态，分析电路的工作原理。

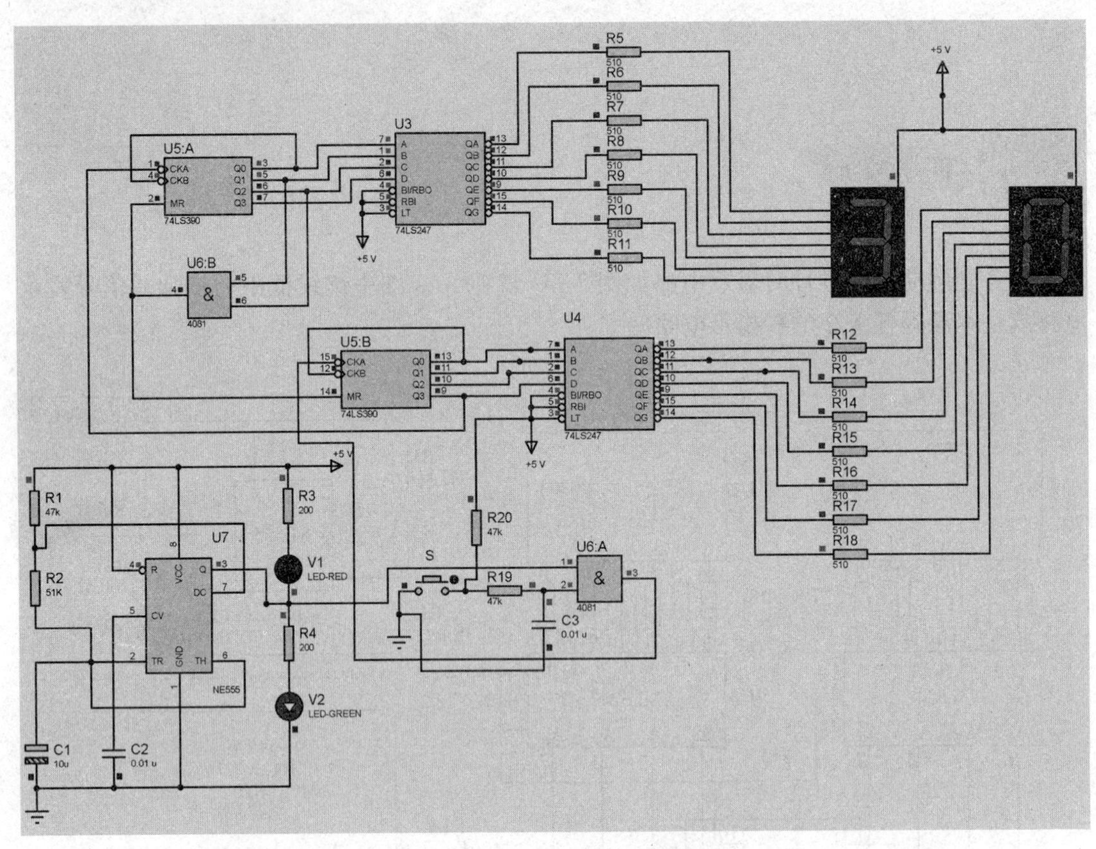

图 7-3-13　秒计时显示电路仿真

实训操作

一、实训目的

1. 熟悉双二-五-十进制计数器 74LS390 的外形和引脚功能。
2. 理解秒计时显示电路的工作原理。
3. 掌握秒计时显示电路的安装、调试与检修。

二、实训器材

实训器材明细表见表 7-3-6。

表 7-3-6 实训器材明细表

序号	名称		规格	数量
1	直流稳压电源		通用	1 台
2	数字式万用表		—	1 台
3	示波器		通用	1 台
4	常用工具		—	1 套
5	LED 数码显示器 U1、U2		BS204	2 只
6	显示译码器 U3、U4		74LS247	2 只
7	双二-五-十进制计数器 U5		74LS390	1 只
8	二输入四与门 U6		CD4081	1 只
9	555 定时器 U7		NE555	1 只
10	集成电路插座		16P	3 个
11	集成电路插座		14P	1 个
12	集成电路插座		8P	1 个
13	按钮 S		—	1 个
14	发光二极管	V1	红色	1 只
15		V2	绿色	1 只
16	电阻器	R1、R19、R20	47 kΩ	3 只
17		R2	51 kΩ	1 只
18		R3、R4	200 Ω	2 只
19		R5～R18	510 Ω	14 只
20	电容器	C1	10 μF	1 只
21		C2、C3	0.01 μF	2 只
22	实验板		—	1 块

三、实训内容

1. 集成电路的识别

（1）74LS390

双二-五-十进制计数器 74LS390 的外形和引脚排列如图 7-3-14 所示。

各引脚功能如下：

V_{CC}——电源端。

GND——地端。

$1CP_0$——第一个一位二进制计数器的计数脉冲输入端。

$1Q_0$——第一个一位二进制计数器的输出端。

$1CP_1$——第一个五进制计数器的计数脉冲输入端。

$1Q_3$、$1Q_2$、$1Q_1$——第一个五进制计数器的输出端。

a）

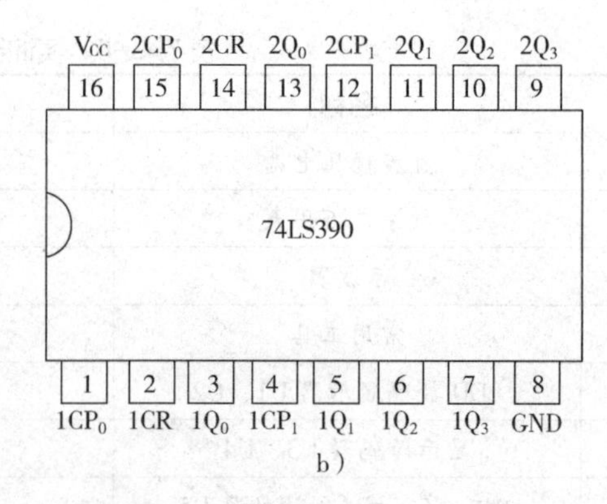

b）

图 7-3-14　74LS390

a）外形　b）引脚排列

1CR——第一个二-五-十进制计数器的复位端。

$2CP_0$——第二个一位二进制计数器的计数脉冲输入端。

$2Q_0$——第二个一位二进制计数器的输出端。

$2CP_1$——第二个五进制计数器的计数脉冲输入端。

$2Q_3$、$2Q_2$、$2Q_1$——第二个五进制计数器的输出端。

2CR——第二个二-五-十进制计数器的复位端。

（2）CD4081

二输入四与门 CD4081 的外形和引脚排列如图 7-3-15 所示。

a）

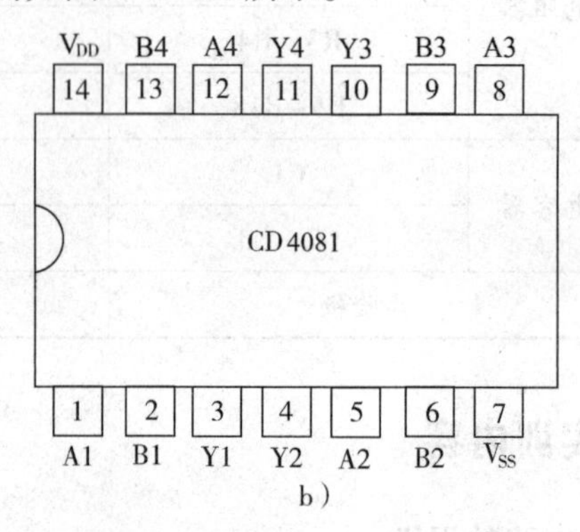

b）

图 7-3-15　CD4081

a）外形　b）引脚排列

各引脚功能如下：

V_{DD}——电源端。

V_{SS}——地端。

A1、B1——第一个与门的输入端。

Y1——第一个与门的输出端。

A2、B2——第二个与门的输入端。

Y2——第二个与门的输出端。

A3、B3——第三个与门的输入端。
Y3——第三个与门的输出端。
A4、B4——第四个与门的输入端。
Y4——第四个与门的输出端。

提示

按表 7-3-6 核对实训器材的数量、型号和规格，如有短缺、差错应及时补充和更换。用万用表对 LED 数码显示器、按钮、电阻器、电容器、发光二极管等元器件进行检测，对不符合质量要求的元器件进行更换。

2. 秒计时显示电路的安装

（1）安装图绘制

根据图 7-3-12 进行安装图的设计。

（2）实验板插装与焊接

根据安装图和安装要求将元器件插装在实验板上，并进行焊接。

安装完成的秒计时显示电路板如图 7-3-16 所示。

图 7-3-16 秒计时显示电路板

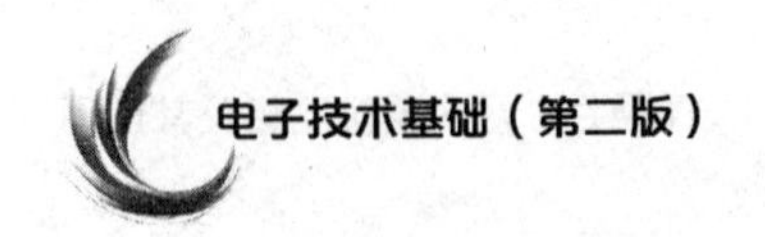

3. 秒计时显示电路的调试

（1）电路安装完毕，应对照电路图和安装图进行检查，仔细检查电路中各元器件是否安装正确，导线、焊点是否符合要求，有极性器件是否安装、连接正确。

（2）用万用表检测电源是否短路，若发现短路，应检查并排除短路点。

（3）检查无误后，按集成电路标记口的方向插上集成电路，方可通电调试。

（4）调试要求

1）不按按钮 S，将秒脉冲信号发生电路的输出脉冲送至 CP 端，观察并记录 LED 数码显示器的变化，用示波器观察并记录 555 定时器引脚 2 或引脚 6、引脚 3 的波形。

2）按下按钮 S，将秒脉冲信号发生电路的输出脉冲送至 CP 端，观察并记录 LED 数码显示器的变化。

想一想

根据调试记录，分析按钮 S 在电路中的作用。

4. 秒计时显示电路的检修

秒计时显示电路 LED 数码显示器无显示故障的检修流程如图 7-3-17 所示。

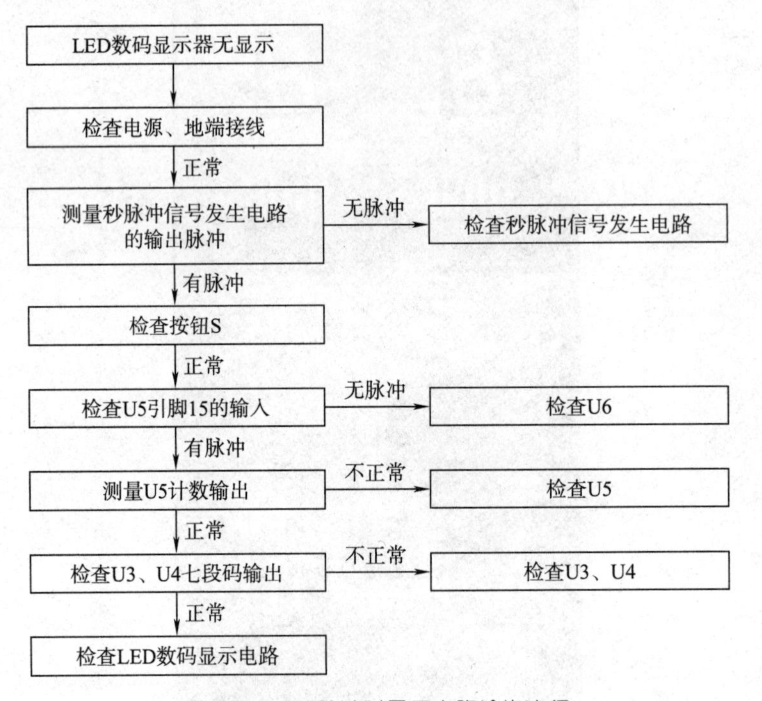

图 7-3-17　秒计时显示电路检修流程

四、实训报告要求

1. 分别画出秒计时显示电路原理图和安装图。

2. 完成调试记录。

3. 分析说明 74LS390、CD4081、74LS247 和 LED 数码显示器的功能及其在电路中的作用。

4. 若要将电路改成 00～99 秒计时显示，如何修改电路？

五、评分标准

评分标准见表 7-3-7。

表 7-3-7 评分标准

姓名：________ 学号：________ 合计得分：________

内容	要求	评分标准	配分	扣分	得分
元器件识别	元器件识别、选用正确	一处错误，扣 5 分	15		
电路安装	电路安装正确、完整	一处不符合，扣 5 分	15		
	元器件完好，无损坏	一件损坏，扣 2.5 分	5		
	布局层次合理，主次分清	一处不符合，扣 2 分	10		
	接线规范，布线美观，横平竖直，接线牢固，无虚焊，焊点符合要求	一处不符合，扣 2 分	10		
电路调试	通电调试成功	通电调试不成功，扣 10 分	10		
波形测量	示波器使用正确，测量方法、结果正确	一处不符合，扣 5 分	25		
安全生产	遵守国家颁布的安全生产法规或企业自定的安全生产规范	1. 违反安全生产相关规定，每项扣 2 分 2. 发生重大事故加倍扣分	10		
合计			100		

知识链接

移位寄存器控制流水灯

74HC164 是 8 位边沿触发式移位寄存器，串行输入、并行输出，其引脚排列如图 7-3-18 所示。

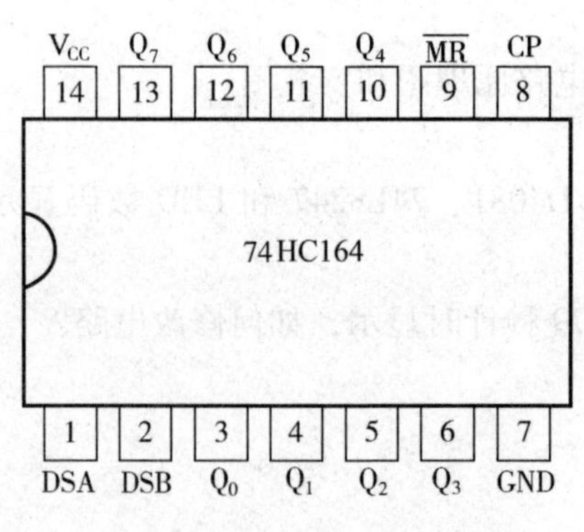

图 7-3-18　74HC164 的引脚排列

各引脚功能如下：

DSA、DSB——数码输入端。

Q_0 ~ Q_7——数码输出端。

CP——时钟脉冲输入端。

$\overline{MR}$——复位输入端，低电平有效。

V_{CC}——电源端。

GND——地端。

数码通过两个输入端中的一个输入，任一输入端都可以用作高电平使能端，控制另一输入端的数码输入。两个输入端须连接在一起或者把不用的输入端接高电平，切记不能悬空。

每当时钟脉冲 CP 上升沿到来时，数码右移一位，移入到 Q_0，Q_0 是两个数码输入端的逻辑与。复位输入端输入低电平时，将使其他输入端都无效，同时非同步地清除寄存器原有数码，强制所有的输出都为低电平。

移位寄存器控制流水灯电路如图 7-3-19 所示。当按下复位开关 S 时，寄存器的输出全部清零，使所有的三极管都导通，所有的发光二极管点亮；每输入一个时钟脉冲 CP，一个发光二极管熄灭，以此类推，直至所有的发光二极管都熄灭。移位寄存器控制流水灯的功能表见表 7-3-8。

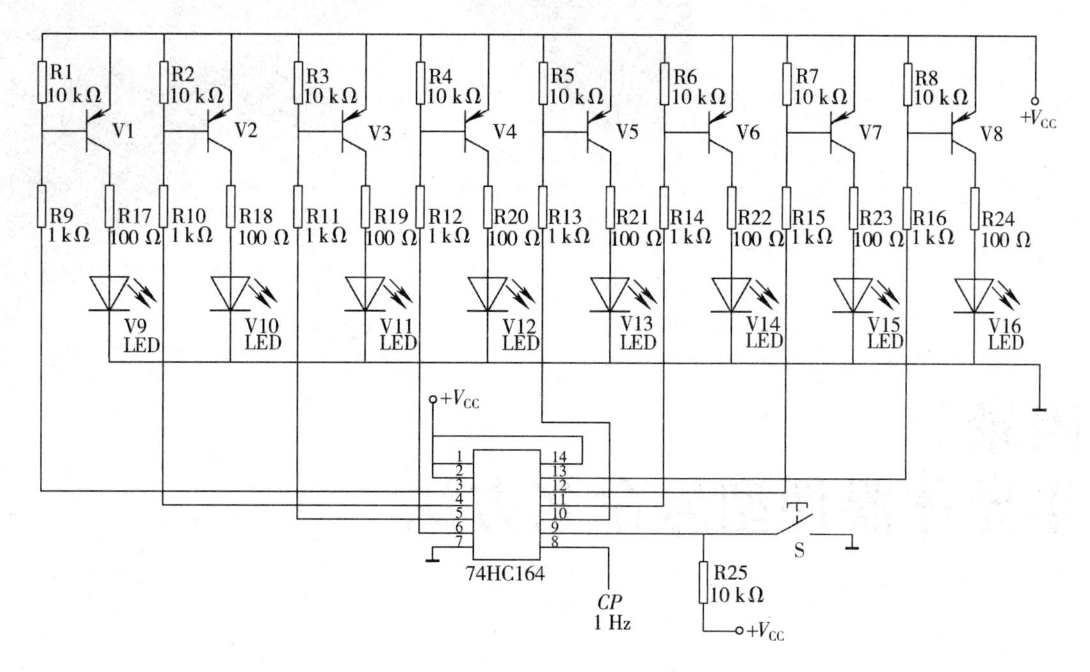

图 7-3-19 移位寄存器控制流水灯电路

表 7-3-8 移位寄存器控制流水灯的功能表

输入			输出								功能
S	***CP***	***DSA*** (***DSB***)	Q_0	Q_1	Q_2	Q_3	Q_4	Q_5	Q_6	Q_7	
0	0	×	0	0	0	0	0	0	0	0	复位（清零），全亮
1	↑	×	1	0	0	0	0	0	0	0	右移输入 1，V9 灭
1	↑	1	1	1	0	0	0	0	0	0	右移输入 1，V9、V10 灭
1	↑	1	1	1	1	0	0	0	0	0	右移输入 1，V9～V11 灭
1	↑	1	1	1	1	1	0	0	0	0	右移输入 1，V9～V12 灭
1	↑	1	1	1	1	1	1	0	0	0	右移输入 1，V9～V13 灭
1	↑	1	1	1	1	1	1	1	0	0	右移输入 1，V9～V14 灭
1	↑	1	1	1	1	1	1	1	1	0	右移输入 1，V9～V15 灭
1	↑	1	1	1	1	1	1	1	1	1	右移输入 1，V9～V16 灭

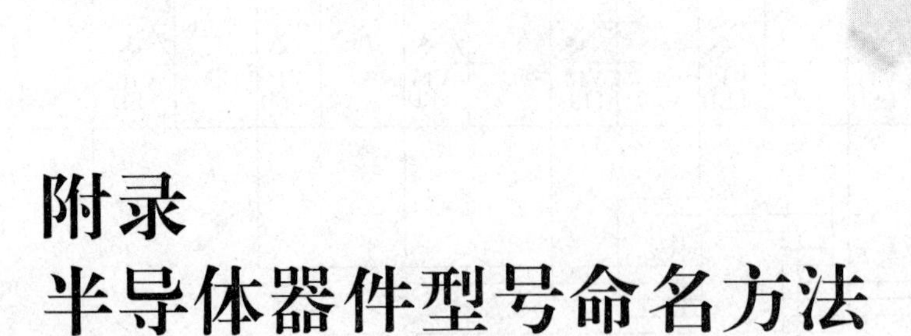

附录 半导体器件型号命名方法

一、中国半导体器件型号命名方法

根据国家标准《半导体分立器件型号命名方法》（GB/T 249—2017），半导体器件的型号由五部分组成，各组成部分的符号及其意义见附表1。

附表1　中国半导体器件型号组成部分的符号及其意义

第一部分		第二部分		第三部分		第四部分	第五部分
用数字表示器件的电极数目		用汉语拼音字母表示器件的材料和极性		用汉语拼音字母表示器件的类别		用数字表示登记顺序号	用汉语拼音字母表示规格号
符号	意义	符号	意义	符号	意义		
2	二极管	A	N型，锗材料	P	小信号管		
		B	P型，锗材料	H	混频管		
		C	N型，硅材料	V	检波管		
		D	P型，硅材料	W	电压调整管和电压基准管		
		E	化学物或合金材料	C	变容管		

续表

符号	意义	符号	意义	符号	意义		
3	三极管	A	PNP 型，锗材料	Z	整流管		
		B	NPN 型，锗材料	L	整流堆		
		C	PNP 型，硅材料	S	隧道管		
		D	NPN 型，硅材料	K	开关管		
		E	化学物或合金材料	N	噪声管		
				F	限幅管		
				X	低频小功率管 (f_a<3 MHz，P_C<1 W)		
				G	高频小功率管 (f_a≥3 MHz，P_C<1 W)		
				D	低频大功率 (f_a<3 MHz，P_C≥1 W)		
				A	高频大功率 (f_a≥3 MHz，P_C≥1 W)		
				T	闸流管		
				Y	体效应管		
				B	雪崩管		
				J	阶跃恢复管		

例如，3AD50C 表示低频大功率 PNP 型锗三极管，3DG6E 表示高频小功率 NPN 型硅三极管。

二、美国半导体器件型号命名方法

根据美国电子工业协会的规定，半导体器件的型号由五部分组成，各组成部分的符号及其意义见附表 2。

附表 2 美国半导体器件型号组成部分的符号及其意义

第一部分		第二部分		第三部分		第四部分	第五部分
用符号表示器件类型		用数字表示 PN 结数目		美国电子工业协会注册标志		用数字表示登记顺序号	用字母表示同一型号器件的档别
符号	意义	符号	意义	符号	意义		
J	军用品	1	二极管	N	该器件已在美国电子工业协会注册登记		
		2	三极管				
无	非军用品	3	3 个 PN 结器件				
		n	n 个 PN 结器件				

例如，1N4148 表示开关二极管，2N3464 表示高频大功率 NPN 型硅三极管。

三、日本半导体器件型号命名方法

根据日本工业标准的规定，半导体器件的型号由五部分组成，各组成部分的符号及其意义见附表 3。

附表 3　日本半导体器件型号组成部分的符号及其意义

第一部分		第二部分		第三部分		第四部分	第五部分
用数字表示器件的电极数目或类型		日本电子工业协会注册标志		用字母表示器件的极性和类型		用数字表示登记顺序号	用字母表示同一型号器件的改进型
符号	意义	符号	意义	符号	意义		
0	光电器件	S	该器件已在日本电子工业协会注册登记	A	高频 PNP 型三极管		
1	二极管			B	低频 PNP 型三极管		
2	三极管或具有 3 个电极的其他器件			C	高频 NPN 型三极管		
3	具有 4 个电极的器件			D	低频 NPN 型三极管		
$n-1$	具有 n 个电极的器件			F	P 控制极晶闸管		
				G	N 控制极晶闸管		
				H	N 基极单结晶体管		
				J	P 沟道场效应管		
				K	N 沟道场效应管		
				M	双向晶闸管		

例如，2SA53 表示高频 PNP 型三极管，1S92 表示二极管。